高等教育安全工程系列“十一五”规划教材

安全生产标准化教程

王新泉　邬燕云　编著

机 械 工 业 出 版 社

本书是为了适应安全工程专业讲授安全生产标准化知识的教学需要，由安全工程专业教材编审委员会组织编写的，是安全工程专业核心课程系列教材之一。全书主要内容由三大部分构成，即标准学与安全生产标准化的基本知识、标准学理论基础知识、安全标准编制技术。全书分8章详细讲述：标准学基础、安全生产标准化通论、标准化行政管理体制、标准化的数学基础、标准化理论与方法、安全标准的编制技术、安全标准的实施与监督、企业安全生产标准化建设。本书每章均有独具特色的复习思考题，附录载有丰富的相关文献资料。

熟悉安全生产标准化知识，了解我国安全生产标准化法规体系与行政管理体制，掌握安全标准编制技术，是从事安全生产工作各方面各层次人员必须具备的基本业务素质。本书内容全面、丰富，理论与实践有机结合，基本知识点与注册安全工程师执业资格考试大纲对安全生产标准化知识的要求密切关联，既可作为高等院校安全工程专业教材，又可作为企业安全生产标准化建设培训教材，同时可供从事安全科学与工程领域的科研、设计等有关技术人员学习参考。

图书在版编目（CIP）数据

安全生产标准化教程/王新泉，邬燕云编著. —北京：机械工业出版社，2011.3（2024.1重印）

高等教育安全工程系列“十一五”规划教材

ISBN 978-7-111-33311-1

Ⅰ.①安… Ⅱ.①王…②邬… Ⅲ.①企业管理—安全生产—标准化—高等学校—教材 Ⅳ.①X931

中国版本图书馆CIP数据核字（2011）第021841号

机械工业出版社（北京市百万庄大街22号 邮政编码100037）

策划编辑：冷 彬 责任编辑：冷 彬

版式设计：张世琴 责任校对：赵 蕊

封面设计：张 静 责任印制：张 博

北京建宏印刷有限公司印刷

2024年1月第1版第5次印刷

169mm×239mm · 17.5印张 · 326千字

标准书号：ISBN 978-7-111-33311-1

定价：45.00元

电话服务

客服电话：010-88361066

010-88379833

010-68326294

网络服务

机 工 官 网：www.cmpbook.com

机 工 官 博：weibo.com/cmp1952

金 书 网：www.golden-book.com

机工教育服务网：www.cmpedu.com

安全工程专业教材编审委员会

序

"安全工程"本科专业是在1958年建立的"工业安全技术"、"工业卫生技术"和1983年建立的"矿山通风与安全"本科专业基础上发展起来的。1984年，国家教委将"安全工程"专业作为试办专业列入普通高等学校本科专业目录之中。1998年7月6日，教育部发文颁布《普通高等学校本科专业目录》，"安全工程"本科专业(代号:081002)属于工学门类的"环境与安全类"(代号:0810)学科下的两个专业之一㊀。据"安全工程专业教学指导委员会"1997年的调查结果显示，自1958～1996年年底，全国各高校累计培养安全工程专业本科生8130人。近年，安全工程本科专业得到快速发展，到2005年底，在教育部备案的设有安全工程本科专业的高校已达75所，2005年全国安全工程专业本科招生人数近3900名。

按照《普通高等学校本科专业目录》(1998)的要求，原来已设有与"安全工程专业"相近但专业名称有所差异的高校，现也大都更名为"安全工程"专业。专业名称统一后的"安全工程"专业，专业覆盖面大大拓宽。同时，随着经济社会发展对安全工程专业人才要求的更新，安全工程专业的内涵也发生很大变化，相应的专业培养目标、培养要求、主干学科、主要课程、主要实践性教学环节等都有了不同程度的变化，学生毕业后的执业身份是注册安全工程师。但是，安全工程专业的教材建设与专业的发展出现尚不适应的新情况，无法满足和适应高等教育培养人才的需要。为此，组织编写、出版一套新的安全工程专业系列教材已成为众多院校的翘首之盼。

机械工业出版社是有着悠久历史的国家级优秀出版社，在高等学校安全工程学科教学指导委员会的指导和支持下，根据当前安全工程专业教育的发展现状，本着"大安全"的教育思想，进行了大量的调查研究工作，聘请了安全科学与工程领域一批学术造诣深、实践经验丰富的教授、专家，组织成立了"安全工程专业教材编审委员会"(以下简称编审委)，决定组织编写"高等教育安全工程系列'十一五'规划教材"㊁。并先后于2004年8月(衡阳)、

㊀ 按《普通高等学校本科专业目录》(2012版)，"安全工程"本科专业(专业代码:082901)属于工学学科的"安全科学与工程类"(专业代码:0829)下的专业。

㊁ 自2011年10月，更名为"高等教育安全科学与工程类系列教材"。

2005年8月(葫芦岛)、2005年12月(北京)、2006年4月(福州)组织召开了一系列安全工程专业本科教材建设研讨会，就安全工程专业本科教育的课程体系、课程教学内容、教材建设等问题反复进行了研讨，在总结以往教学改革、教材编写经验的基础上，以推动安全工程专业教学改革和教材建设为宗旨，进行顶层设计，制订总体规划、出版进度和编写原则，计划分期分批出版近30余门课程的教材，以尽快满足全国众多院校的教学需要，以后再根据专业方向的需要逐步增补。

由安全学原理、安全系统工程、安全人机工程学、安全管理学等课程构成学科的基础平台课程，已被安全科学与工程领域学者认可并达成共识。本套系列教材编写、出版的基本思路是，在学科基础平台上，构建支撑安全工程专业的工程学原理与由关键性的主体技术组成的专业技术平台课程体系，编写、出版系列教材来支撑这个体系。

本套系列教材体系设计的原则是，重基本理论，重学科发展，理论联系实际，结合学生现状，体现人才培养要求。为保证教材的编写质量，本着“主编负责，主审把关”的原则，编审委组织专家分别对各门课程教材的编写大纲进行认真仔细的评审。教材初稿完成后又组织同行专家对书稿进行研讨，编者数易其稿，经反复推敲定稿后才最终进入出版流程。

作为一套全新的安全工程专业系列教材，其“新”主要体现在以下几点：

体系新。本套系列教材从“大安全”的专业要求出发，从整体上考虑各门课程的内容安排，构建支撑安全工程学科专业技术平台的课程体系，按照教学改革方向要求的学时，统一协调与整合，形成一个完整的、各门课程之间有机联系的系列教材体系。

内容新。本套系列教材的突出特点是内容体系上的创新。它既注重知识的系统性、完整性，又特别注意各门学科基础平台课之间的关联，更注意后续的各门专业技术课与先修的学科基础平台课的衔接，充分考虑了安全工程学科知识体系的连贯性和各门课程教材间知识点的衔接、交叉和融合问题，努力消除相互关联课程中内容重复的现象，突出安全工程学科的工程学原理与关键性的主体技术，有利于学生的知识和技能的发展，有利于教学改革。

知识新。本套系列教材的主编大多由长期从事安全工程专业本科教学的教授担任，他们一直处于教学和科研的第一线，学术造诣深厚，教学经验丰富。在编写教材时，他们十分重视理论联系实际，注重引入新理论、新知识、新技术、新方法、新材料、新装备、新法规等理论研究、工程技术实践成果和各校教学改革的阶段性成果，充实与更新了知识点，增加部分学科前沿方面的内容，充分体现了教材的先进性和前瞻性，以适应时代对安全工程高级专业技术人才的培育要求。本套教材中凡涉及安全生产的法律法规、技术标准、行业规范，全部采用最新颁布的版本。

安全是人类最重要和最基本的需求，是人民生命与健康的基本保障。一切生活、生产活动都源于生命的存在。如果人们失去了生命，生存也就无从谈起，生活也就失去了意义。全世界平均每天发生约68.5万起事故，造成约2200人死亡的事实，使我们确认，安全不是别的什么，安全就是生命。安全生产是社会文明和进步的重要标志，是经济社会发展的综合反映，是落实以人为本的科学发展观的重要实践，是构建和谐社会的有力保障，是全面建设小康社会、统筹经济社会全面发展的重要内容，是实施可持续发展战略的组成部分，是各级政府履行市场监管和社会管理职能的基本任务，是企业生存、发展的基本要求。国内外实践证明，安全生产具有全局性、社会性、长期性、复杂性、科学性和规律性的特点，随着社会的不断进步，工业化进程的加快，安全生产工作的内涵发生了重大变化，它突破了时间和空间的限制，存在于人们日常生活和生产活动的全过程中，成为一个复杂多变的社会问题在安全领域的集中反映。安全问题不仅对生命个体非常重要，而且对社会稳定和经济发展产生重要影响。党的十六届五中全会提出"安全发展"的重要战略理念。安全发展是科学发展观理论体系的重要组成部分，安全发展与构建和谐社会有着密切的内在联系，以人为本，首先就是要以人的生命为本。"安全·生命·稳定·发展"是一个良性循环。安全科技工作者在促进、保证这一良性循环中起着重要作用。安全科技人才匮乏是我国安全生产形势严峻的重要原因之一。加快培养安全科技人才也是解开安全难题的钥匙之一。

高等院校安全工程专业是培养现代安全科学技术人才的基地。我深信，本套系列教材的出版，将对我国安全工程本科教育的发展和高级安全工程专业人才的培养起到十分积极的推进作用，同时，也为安全生产领域众多实际工作者提高专业理论水平提供了学习资料。当然，由于这是第一套基于专业技术平台课程体系的教材，尽管我们的编审者、出版者夙兴夜寐，尽心竭力，但由于安全学科具有在理论上的综合性与应用上的广泛性相交叉的特性，开办安全工程专业的高等院校所依托的行业类型又涉及军工、航空、化工、石油、矿业、土木、交通、能源、环境、经济等诸多领域，安全科学与工程的应用也涉及人类生产、生活和生存的各个方面，因此，本套系列教材依然会存在这样和那样的缺点、不足，难免挂一漏万，诚恳地希望得到有关专家、学者的关心与支持，希望选用本套教材的广大师生在使用过程中给我们多提意见和建议。谨祝本系列教材在编者、出版者、授课教师和学生的共同努力下，通过教学实践，获得进一步的完善和提高。

“嘤其鸣矣，求其友声”，高等院校安全工程专业正面临着前所未有的发展机遇，在此我们祝愿各个高校的安全工程专业越办越好，办出特色，为我国安全生产战线输送更多的优秀人才。让我们共同努力，为我国安全工程教育事业的发展做出贡献。

中国科学技术协会书记处书记
中国职业安全健康协会副理事长
中国灾害防御协会副会长
亚洲安全工程学会主席
高等学校安全工程学科教学指导委员会副主任
安全工程专业教材编审委员会主任
北京理工大学教授、博士生导师

冯长根

2006年5月

前　言

本书是为适应安全工程专业教学需要，由安全工程专业教材编审委员会组织编写的，是安全工程专业人才培养的教育内容和知识体系中的核心课程系列教材之一，可满足对安全工程专业学生和从事安全生产工作的各类人员讲授安全生产标准化知识的教学需要。本书内容丰富，与“注册安全工程师执业资格考试大纲”对安全生产标准化知识的要求密切关联，可作为“注册安全工程师执业资格考试”的参考用书。

全书分八章，讲述三部分内容。第一部分内容是关于标准学与安全生产标准化的基本知识，在1~3章和第7章讲述；主要介绍标准与标准化，标准的种类、体系、作用，标准学研究对象和内容，标准化发展脉络和安全生产标准化的概念、特征、体系与发展历程，我国标准化法规体系、管理体制、行业管理系统、技术工作体系、中介服务体系与安全标准的实施与监督等方面知识。第二部分内容是关于标准学理论基础的知识，在第4章、第5章讲述；主要介绍标准化的数学基础、基本原理、基本形式与方法。第三部分内容是安全标准编制技术，在第6章和第8章讲述；详尽、具体地讲解了安全标准制定(修订)的一般程序、基本原则与要求、一般性技术、要素性内容编写技术和安全工作标准、管理标准等的编制方法，企业安全生产标准化建设策划和标准体系表、方针与目标、员工安全教育培训管理标准等的编制技术。

本书每章的复习思考题是该书内容的重要的有机组成部分。这些题目是作者根据每章内容精心设计、认真编写的。这些题目对读者掌握基本知识、深刻理解相关知识点、拓展知识面都是有益的。它不仅是作者30多年从事教育教学与科学研究成果的提炼与升华，也体现了作者的教育教学理念、实践经验和对知识点的调度安排。

本书编著时参阅了许多文献，在此向文献作者表示衷心感谢并对他们的学术研究成果及所付出的辛勤劳动表示崇高的敬意。作者将这些文献一并列于书末，总计300多篇，读者可将之视为一个较为详细的文献资料目录。这对有兴趣深入探究安全生产标准化相关专题的读者是有用的。

"标准化"是一门科学(请参阅本书"1.5 节"),安全生产标准化建设是安全生产法制建设的重要环节(请参阅本书"2.3 节")。熟悉安全生产标准化知识,了解我国安全生产标准化法规体系与行政管理体制,掌握各类安全标准编制技术,是从事安全生产工作的各类人员都必须具备的基本业务素质;也是安全工程专业学生必须掌握的基本专业知识。为此,2005 年初,安全工程专业教材编审委员会将《安全生产标准化教程》教材编写工作列入所制定的"高等教育安全工程系列'十一五'规划教材建设计划"中,由作者牵头组织编写。

国内外已出版很多有关"标准化"的专著(请参阅本书后所附"参考文献"),其中适合作为高等院校教材的当首推李春田[㊀]先生主编的《标准化概论》。但鲜见"安全生产标准化"有关的专著与教材。作者寡闻,承接编撰本书任务后,即与本书责任编辑检索了中国国家图书馆的"馆藏中文印本图书"、"馆藏西文印本图书"和中国版本图书馆(新闻出版总署信息中心)的馆藏全国各级各类出版物样本数据检索库,检出与"安全生产标准化"有关的图书可谓甚少,仅有十多种。除一书名为《涂装作业安全标准化实证分析》(沈立,2008)、另一书名为《安全质量标准化》(北京英达管理培训中心,2005)的书籍外,其余皆为行业性的安全作业操作规程、工作指南或安全标准汇编。此外,作者就力所能及之范围,也未搜索到一本内部交流性质的资料。作者接触标准与标准化工作是在 1971 年。那时,作者接受了一项将一台 1936 年英制船用小型康尼许锅炉(cornish boiler,也称单火筒锅炉)改造成燃烧煤矸石的沸腾炉的设计、改制、安装任务。在完成这项工作过程应用到很多有关工业锅炉的各种技术标准。此后,作者在工程实践和科学研究中也经常学习、应用标准化知识与相关标准。尽管如此,作者在完成本书写作任务过

㊀ 李春田,著名标准化专家,教授级高级工程师,辽宁清原人,1934 年生。1961 年毕业于中国人民大学工业经济系,是我国第一位标准化领域的研究生。长期潜心于标准化理论与应用研究,是标准化界公认的中国标准化理论的主要创立者,标准化教育的奠基人。为我国标准化事业的发展作出了突出贡献。曾任中国标准化综合研究所所长、国家技术监督局政策法规司司长、国家技术监督局科学技术委员会主任、中国标准化协会副理事长等。

程中，仍感到困难重重。主要是安全生产标准化的理论研究刚刚起步，有关安全标准的基本概念、理论构架、标准与标准化体系及内容、标准学与安全生产标准化在理论上的对接点、理论的应用与实践等，都正在探索、研究、实践中。这样，本书在写作过程中，首先要新架构理论体系(知识体系)、结构体系、内容体系；其次是规划知识点的分布结构与关联；再次是界定读者阅读本书的既有知识范畴；最后是本书必须体现教材的属性，要有一定的特色，且不能写成纯粹的学术专著，全书的篇幅一定要有所控制，详略得体。为此，作者竭尽全力，力图凭借长期工程实践、科学研究与教育教学的工作体验，使本书能综合实现上述各项要求，然非易事也。本书从2005年底着手拟纲，至2010年10月串简为册，七度春秋始脱稿付梓，筚路蓝缕，其苦其累其难非亲历者不能体其味。尽管如此，因作者功力所限，亦难免以管窥蛙见之识，举长略短，狂戆僭越，本书的体系、结构、内容等，可批可点可评之处多多，为利修改、完善，恳望方家赐正，不胜感激，在此先致谢意。

安全工程专业教材编审委员会与机械工业出版社近年来组织召开的一系列安全工程专业教材建设研讨会的与会专家、学者，均对本书的体系、结构、内容提出了许多很有见地的意见与建议。这些意见与建议对本书质量的提高起到了重要作用，作者在此致以最诚挚的谢意。

为了适应和满足使用本书的教学需要，本书除配有ppt格式课件外，还配备有“《安全生产标准化教程》数字化教学资源库”，为教师提高课程教学质量提供数字化资源支撑，教师可利用本资源库提供的资料素材集成具有个性化的课程教学方案，欢迎使用。有需要者，请和本书作者(Email:safetywxq@126.com;QQ:542729460)联系。同时欢迎提供资源，参与本资源库建设。

另外，本书配有“企业安全生产标准化管理系统”、“安全标准编制模板(word格式)”、“企业安全生产标准化建设文献资料汇编”(光盘)，有需要者可与江苏大学安全工程技术中心王明贤先生(Email:mxwang@ujs.edu.cn;QQ:631452490)联系。

王新泉

目　录

第1章 标准学基础

1.1 标准与标准化

"标准"(standard)是标准化系统最基本的要素。"标准"与"标准化"(standardization)是"标准科学技术(又名标准学,参见本书1.5节)"[1-4]学科中最基本的两个概念。概念是人们思维的基础。人们在认识事物过程中，把感觉到的事物共性抽象出来，加以概括就成为概念。它往往用一个术语或一个符号来表述或反映客观事物的一般特征和本质特征[4]。长期以来，各国标准科技工作者一直力图对"什么是标准"、"什么是标准化"作出科学、正确的回答[1,5-29]。经过标准科技工作者不断地总结、提炼、补充、修改和完善，形成的具有代表性的"标准"与"标准化"定义，作者将之汇集于表1-1。

关于"标准"的定义，从表1-1可以看出：

J·盖拉德定义比较全面而明确地概括了20世纪30年代时，标准化对象与活动领域内产生的标准化成果，在标准化历史上起到的重要引导作用。

桑德斯定义强调的标准是标准化工作的成果，但要经权威机构批准。由于桑德斯的著作[6]是由ISO出版的，因此被广泛流传，影响较大。

ISO定义明确指出，制定标准的目的、基础、对象、本质和作用。由于它具有国际权威性和科学性，无疑应该是世界各国，尤其是ISO和IEC成员应该遵循的。ISO的标准化原理委员会(STACO)㊀一直致力于标准化基本概念的研究，先后以"指南"的形式给"标准"的定义作出统一规定。

㊀ ISO标准化原理委员会，原名"标准化研究原理常设委员会"，是ISO理事会设立的工作委员会之一。其主要任务是明确确定和指导：标准化对象的鉴别方法及选优方法，包括标准化效果的计算方法；不同标准类型的分类及其互相关系的定义和标准化基本工作的定义；研究制定标准化工作的原理；标准实施的监督方法；有关的培训方法等。

表 1-1 具有代表性的“标准”与“标准化”定义

	J·盖拉德定义[5]	桑德斯定义[6]	ISO⊖定义[7]	SAC 定义[8,9]
标准定义	标准是对计量单位或基准、物体、动作、程序、方式、常用方法、能力、职能、办法、设置、状态、义务、权限、责任、行为、态度、概念和构思的某些特性给出定义，作出规定和详细说明。它是为了在某一时期内运用，而用语言、文件、图样等方式或模型、样本及其他表现方法所作出的统一规定	标准是经公认的权威机构批准的一个个标准化工作成果。它可以采用以下形式：①文件形式，内容是记述一系列必须达到的要求，②规定基本单位或物理常数，如安培、米、绝对零度等	标准是由一个公认的机构制定和批准的文件。它对活动或活动的结果规定了规则、导则或特性值，供共同和反复使用，以实现在预定领域内最佳秩序的效益（注：标准应建立在科学技术和实践经验的综合成果基础上，并以促进最佳社会效益为目的）	标准是对重复性事物或概念所作的统一规定，它以科学、技术和实践经验的综合成果为基础，经有关方面协商一致，由主管部门批准，以特定形式发布，作为共同遵守的准则和依据（GB 3935—1983） 为了在一定的范围内获得最佳秩序，经协商一致制定，并由公认机构批准，共同使用和重复使用的一种规范性文件（GB/T 20000.1—2002）
标准化定义		标准化是为了所有有关方面的利益，特别是为了促进最佳的经济，并适当考虑产品的使用条件与安全要求，在所有有关方面的协作下，进行有秩序的特定活动所制定并实施各项规定的过程 标准化以科学技术与实践的综合成果为依据，它不仅奠定了当前的基础，而且还决定了将来的发展，它始终与发展的步伐保持一致。标准化的一些应用如：①计量单位；②术语及符号表示；③产品及其生产方法；④人身安全与商品安全	标准化是对实际与潜在问题作出统一规定，供共同和重复使用，以在领导的领域内获取最佳秩序的效益活动（注：①实际上，标准化活动由制定、发布和实施标准所构成。②标准化的重要意义在于改进产品、过程和服务的使用性，以便于技术协作，消除贸易壁垒）	在经济、技术、科学及管理等社会时间中，对重复性事物或概念，通过制定、发布和实施标准，达到统一，以获得最佳秩序和社会效益（GB 3935—1983） 在 GB 3935.1—1996 中已采用 ISO 关于“标准化”的定义

⊖ 缩略词见本书附录 1。

SAC 定义先是由 GB 3935—1983《标准化基本术语》给出的，当我国成为 ISO 和 IEC 的正式成员后就采用国际标准关于“标准”的定义。

表 1-1 中具有代表性的“标准”定义在文字表述上尽管有所不同，但都具体地涵盖了以下四个方面的内容：

（1）制定标准的对象是“重复性事物或概念”。制定标准的对象，虽早已从生产、技术领域延伸到经济工作、社会活动等诸多领域，但也不是所有事物或概念都是制定标准的对象，制定标准的对象应是比较稳定的重复性（重复投入、重复生产、重复加工、重复出现）事物或概念。

（2）标准产生的客观基础是“科学、技术和实践经验的综合成果”。这就是说，标准产生的客观基础一是科学技术成果，二是实践经验的总结，但这些成果与经验都必须经过分析、比较和选择、综合，确认是反映客观规律性的“成果”。

（3）标准在制定过程中要“经有关方面协商一致”。标准是利益分配的工具，涉及标准的拥有者、管理者和使用者，涉及企业利益、产业利益和国家利益，也是相关各方共同遵守的准则。这就是说，标准在制定过程中不能只考虑某几个方面的意见（也就是利益），而应与各相关方面协商一致。如安全防护产品标准，若仅由生产、制造部门来决定，不考虑或很少考虑其他方面尤其是使用方的利益，那么制定出来的标准就不是从防护从业人员的安全来考虑，可能就是生产企业获得利润的工具，违背了国家制定标准的本意和目的。这样标准就不具有权威性、科学性和适用性，也不易贯彻、实施。

（4）标准的本质特征是统一。这是说，标准是“由标准主管机构批准以特定形式发布，作为共同遵守的准则和依据”的统一规定。不同级别的标准是在不同适用范围内进行统一。不同类型的标准是从不同侧面进行统一。标准的编写格式也是统一的，各类各种标准都有自己统一的“特定形式”，有统一的编写顺序和方法。“标准”的这种编写顺序、方法、印刷、幅面格式和编号方法的统一，既可保证标准的编写质量，又便于标准的使用和管理，同时也体现出“标准”的严肃性和权威性。这些规定最终表现为一种文件（称之为“标准的载体”，最初为纸质的文件，现在也有磁盘、光碟等电子介质的文件）。

从表 1-1 中关于“标准化”的三个定义，可以看出：桑德斯定义局限于工业标准化，文字繁多。SAC 定义和 ISO 定义的含义相近，但 ISO 的定义内容深刻、文字简明、适用范围广。三个定义的文字表述尽管有所差异，但其内涵基本上是一致的，都认为标准化是一个包括制定标准、发布标准和实施标准的活动过程，都指出了标准化的目的为了获取最佳秩序的效益活动。具体来说，“标准化”的定义包括以下五个方面的内容：

（1）标准化不是一个孤立的事物，而是一项有组织的活动过程。主要活动就是制定标准、贯彻标准、实施标准，进而修订标准，再实施标准，如此反复循环，螺旋式上升，每完成一次循环，标准化水平就提高一步。

标准化作为一门学科就是标准学，它主要研究标准化活动过程中的原理、规律和方法(参见第1.5节)。标准化作为一项工作，就是制定标准，组织实施标准和对标准的实施进行监督或检查，它要根据国民经济等客观环境条件的变化而不断地促进标准化循环过程的正常进行，以促进国民经济的发展，提高社会文明生活水平。

(2) 标准化是标准的实施过程。标准化的效能和目的是通过制定和实施标准来体现的，所以制定各类标准，组织实施标准和对标准的实施进行监督或检查构成了标准化的基本任务和主要活动内容。

(3) 标准化是共同与重复运用标准的效果。只有当标准在实践中付诸实施之后其效能才能表现出来。标准化成效绝不仅仅体现为制定一个或一组标准，不论标准或标准体系的数量有多少、质量有多好、水平有多高，如果没有共同与重复运用，就没有任何效果。因此在标准化的全部活动中，实施标准是个十分重要而不可忽视的环节，这个环节中断，标准化循环发展过程也就中止了。

(4) 标准化的对象和领域不断拓展。随着时间的推移，标准得到不断地扩展和深化。如从制定产品标准、技术标准扩展到制定管理标准、工作标准；从主要在工农业生产领域制定标准扩展到在管理、安全、卫生、环境保护、人口普查、行政管理等领域也要制定标准；从只对实际问题进行标准化到对潜在的问题也要实行标准化。这充分说明标准化正随着社会客观需要不断地发展和深化着，并具有相对性。标准化的这种相对性，表现在标准化与非标准化的互相转化上，非标准事物中包含有标准化的因素，标准的事物中也允许非标准的东西存在，使标准适合社会多样化的需要。

(5) 标准化的目的和意义。在于改进活动过程和产品的使用性，提高活动质量、过程质量和产品质量，同时便于交流和协作。

1.2 标准的种类

基于不同的目的(如应用、研究等)，可从不同的角度或按标准的属性对标准进行分类[1-44]，作者将之汇集于表1-2，分述于后。

1.2.1 按标准实施的法律约束性分类

标准是法律的延伸。根据标准实施过程中法律对其约束程度，可把标准分为强制标准、试行标准和推荐标准。

(1) 强制性标准。强制性标准是根据法律或法规规定，应强制实施的标准。强制性标准的强制性不是标准固有的，而是法律法规所赋予的。具体体现在标准的应用方式上，即利用法律强制实施。

表 1-2 标准的分类

分类方法	类别	分类方法	类别
按标准实施的法律约束性分类	强制性标准	按标准对象分类	数据标准
	推荐性标准		过程标准
	标准化指导性技术文件		接口标准
按标准层次级别分类	国际标准	按标准性质特征分类	技术标准
	区域标准		管理标准
	国家标准		工作标准
	行业标准	按标准文件形式分类	国际标准(ISO)
	地方标准		技术规范(TS)
	组织(企业、公司)标准		技术报告(TR)
按标准对象分类	基础标准		指南(Guide)
	产品标准		可公开提供的技术性规范(PAS)
	工程建设标准		
	方法标准		国际研讨会协议(IWA)
	安全标准		我国发布的标准按行业(专业)来划分的，各类标准代号见附录4
	卫生标准		
	环境保护标准		
	服务标准	按标准信息载体分类	标准文件
	包装标准		标准样品

(2) 试行标准。试行标准是由一个标准化机构制定并公开发布试行的文件，以使其作为一个标准，在应用中获得必要的经验[7]。试行标准一般应规定一个试行期限，试行期内达不到的某些要求和指标，可呈报有关部门酌情放宽执行。

(3) 推荐性标准。推荐性标准是推荐采用、自愿执行的标准。推荐性标准的对象一般是具有指导意义，但又不宜强制执行的技术和管理要求。

1. 我国的强制性标准和推荐性标准

按标准实施的约束力，《中华人民共和国标准化法》[30]（以下简称《标准化法》）把标准分为“强制性标准”和“推荐性标准”。

(1) 强制性标准。凡是涉及保障人体健康、生命、财产安全的标准和法律法规规定必须严格强制执行的标准均为强制性标准。根据“标准化法”规定，企业和有关部门对涉及其经营、生产、服务、管理有关的强制性标准都必须严格执行，任何单位和个人不得擅自更改或降低标准。对违反强制性标准而造成不良后果以至重大事故者，由法律、行政法规规定的行政主管部门依法根据情节轻重给予行政处罚，构成犯罪的由司法机关追究刑事责任。我国强制性标准的适用范围严格限制在国家安全、防止欺诈行为、保护人身健康与安全、保护动物植物的生命和健康以及保护环境五个方面。我国强制性国家标准的代号是GB，它的表示方法如图1-1所示。此外，国务院有关部门或机构制定的有关安全卫生要求的行业标准，在本行业（领域）内是强制性标准，如安全生产标准（代号为AQ）。由省、自治区、直辖市标准化行政主管部门制定的工业产品的安全和卫生要求的地方标准，在本行政区域内是强制性标准。

（2）推荐性标准。由公认机构批准的，非强制性的，为了通用或反复使用的目的，为产品或相关生产方法提供规则、指南或特性的文件，称之为推荐性标准，也称为非强制性标准或自愿性标准。推荐性标准也可以包括或专门规定用于产品、加工或生产方法的术语、符号、包装的标准或标签要求。它是指生产、交换、使用等方面，通过经济手段或市场调节而自愿采用的一类标准。推荐性标准是倡导性、指导性、自愿性的标准，属于自愿性的协调一致文件，不具有强制性。它不受政府和社会团体的利益干预，任何单位均有权决定是否采用。即使违反这类标准，也不构成法律或经济方面的责任。我国推荐性国家标准的代号是“GB/T”（见图1-1）。一般来说，国家和行业主管部门积极鼓励企业采用推荐性标准，企业则完全按自愿原则自主决定是否采用。有些情况下，国家和行业主管部门会制定某种优惠措施鼓励企业采用推荐性标准。企业采用推荐性标准的自愿性和积极性一方面来自于市场需要和顾客要求，另一方面来自于企业发展和竞争的需要。

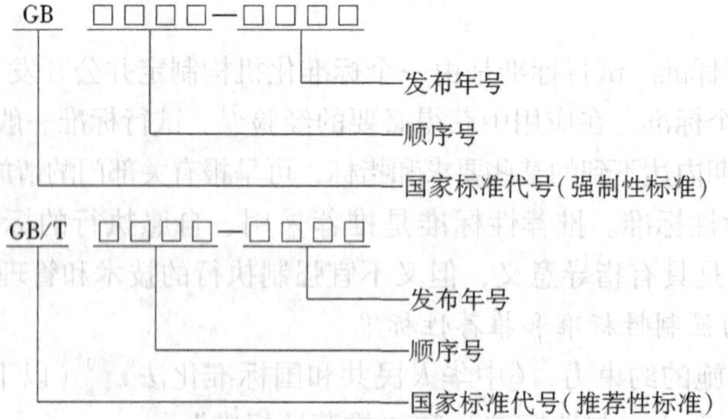

图1-1　我国国家强制性标准和推荐性标准编号的表示方法

企业一旦采用了某推荐性标准作为产品出厂标准，或与各方商定将某推荐性标准作为合同条款，那么该推荐性标准就具有了相应的约束力，就成为各方必须共同遵守的技术依据，就具有了法律上的约束性。

为了防止企业利用标准欺诈消费者，《标准化法》要求企业如采用低于推荐性标准的企业标准所组织生产的产品，必须向消费者明示其产品的标准水平。

省级标准化行政管理部门制定的工业产品安全、卫生要求方面地方标准，在本行政区域内也是强制性标准，其他标准则是推荐性标准。

（3）标准化指导性技术文件。标准化指导性技术文件是为仍处于技术发展过程中的标准化工作提供指南或信息，供科研、设计、生产、使用和管理等有关人员使用，为引导其发展而制定的文件。这类文件就其文件形式而言，与ISO、IEC及其他国际组织的技术报告类似；就其实施约束力而言，可认为是推荐性标准，具有标准价值，但尚不能制定为标准。

标准化指导性技术文件的管理工作，包括编制计划、组织草拟、统一审批、编号、发布等由国务院标准化行政主管部门统一负责[33]。指导性技术文件编号由指导性技术文件代号、顺序号和年代号构成，它的表示方法如图1-2所示。

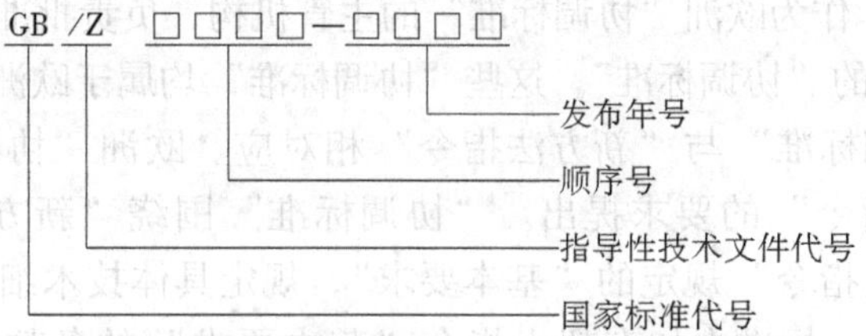

图1-2 国家标准（指导性技术文件）的编号表示方法

2. 世界贸易组织的技术法规和标准

在世界贸易组织的《贸易技术壁垒协议》（WTO/TBT）中，具有强制性的文件称之为“技术法规”，它体现了国家对贸易的干预；而“标准”则是自愿性文件，它反映了市场对贸易的要求[33,34]。

（1）技术法规。技术法规是指规定技术要求的法规，WTO/TBT对“技术法规”的定义是：“强制执行的规定产品特性或相应加工和生产方法（包括可适用的行政或管理规定在内）的文件。技术法规也可以包括或专门规定用于产品、加工或生产方法的术语、符号、包装、标志或标签要求。”技术法规可直接规定技术要求，也可通过引用标准、技术规范或规程来规定技术要求，或者将标准、技术规范或规程的内容纳入法规中。技术法规可附带技术指导，列出为了符合法规要求可采取的某些途径，即权益性条款。

（2）标准。WTO/TBT对“标准”的定义是：由公认机构批准的、非强制性的、为了通用或反复使用的目的，为产品或相关加工和生产方法提供规则、指南或特性的文件。标准也可以包括或专门规定用于产品、加工或生产方法的术语、符号、包装、标志或标签要求（注：ISO/IEC 指南2定义的标准可以是强制性的，也可以是自愿性的。本协议中“标准”定义为自愿性文件，技术法规定义为强制性文件)。

3. 欧盟的指令和标准

欧盟采用了“新方法指令”和“协调标准”来规范其所采取的技术手段的强制性程度及法律的约束性[35,36]。

(1) 新方法指令。欧盟对涉及产品安全、工业安全、人体健康、保护消费者和保护环境方面的技术要求，制定了“新方法指令”。“新方法指令”的性质是技术法规，各成员国依法强制实施。欧盟“新方法指令”的特点是只针对少数关键的共性问题制定，内容限定为：只规定“基本要求”，不规定具体技术细节，技术细节由相关标准来规定。

(2) 协调标准。协调标准是指“不同标准化机构各自针对同一标准化对象批准的具有下列特性的若干标准，按照这些标准提供的产品、过程或服务具有互换性，提供的试验结果或资料能够相互理解”。欧洲区域标准化组织 CEN、CENELEC、ETSI 作为欧洲“协调标准”的主管机构，负责批准与其专业范围相关的指令所涉及的“协调标准”。这些“协调标准”均属于欧洲标准(EN)。

欧洲“协调标准”与“新方法指令”相对应。欧洲“协调标准”的目录依据“新方法指令”的要求提出。“协调标准”围绕“新方法指令”展开，为达到“新方法指令”规定的“基本要求”，规定具体技术细节，起到技术支持和保证的作用。标准中如有超出指令“基本要求”的条款，应将这些条款与基本条款区别开来；标准在内容上如果未能全部覆盖指令“基本要求”时，应采用相应的技术规范，以满足指令规定的所有“基本要求”。

欧洲“协调标准”尽管与强制性“新方法指令”相对应，但其性质仍然是自愿性标准，企业按自愿原则采用。“协调标准”的作用在于：凡按照这些标准生产的产品，可被推定为符合相应《新方法指令》规定的基本要求。企业自愿采用欧洲《协调标准》的驱动力主要是市场需求。企业也可以不采用《协调标准》，但必须用其他办法和可靠证据来证实其产品符合《新方法指令》规定的基本要求。这种做法可以在一定程度上避免强制性标准对技术进步的阻碍作用，为企业留出了自由选择的余地。

1.2.2　按标准层次级别分类

按照标准化层次、标准适用范围(作用的有效范围)，可以将标准划分为不同层次和级别的标准。如国际标准、区域标准、国家标准、行业标准、地方标准和企业(组织)标准。我国《标准化法》将标准划分为国家标准、行业标准、地方标准和企业标准四级。

1. 国际标准

国际标准一般是指由 ISO、IEC 和 ITU 制定并公开发布的标准，以及 ISO

为促进《关贸总协定——贸易技术壁垒协议》(GATT/TBT)即标准守则的贯彻实施所出版的《国际标准题内关键词索引(KWIC Index)》中收录的其他国际组织(如BIPM、CAC、WHO等,参见本书附录2)制定、发布的标准。ISO推荐列入KWIC索引的国际组织的名称和代号参见本书附录2。ISO希望《KWIC Index》能作为执行(GATT/TBT)标准守则的国际标准的权威性目录被接受,尽可能接受该目录作为成员国的本国国家标准和技术标准法规的基础。所列国际组织,根据ISO第2号指南的定义,均属于国际标准化机构,但它们所发布的文件并不一定都可作为国际标准。只有经ISO认可并收入《KWIC Index》中的国际组织所制定、发布的标准才被确认为是国际标准。但也有一部分国际组织,虽未列入《KWIC Index》,但也是被国际上所公认的国际组织(参见本书附录2),其制定的某些标准也被认为是国际标准。

在上述正式的国际标准以外,一些国际组织、专业组织和跨国公司制定的标准在国际经济技术活动中客观上起着国际标准的作用,人们将其称为“事实上的国际标准”。这些标准在形式上、名义上不是国际标准,但在事实上起着国际标准的作用。

例如,欧洲的OKO-TEX 100标准是各国普遍承认的生态纺织品标准,在国际贸易中作为产品检验和授予“生态纺织品”标志的依据。美国率先提出的HACCP食品危害分析和关键控制点标准已发展成为国际食品行业普遍采用的食品安全管理标准,作为食品企业质量安全体系认证的依据。英国标准协会(BSI)、挪威船级社(DNV)等13个组织提出的OHSAS职业健康安全管理体系标准,作为企业职业健康安全体系认证的依据。

我国《标准化法》[30]把国际上有权威的区域性标准、世界经济技术发达国家的国家标准㊀、国际公认的行业性团体标准、国际公认的先进企业(如IBM、HP、NOKIA、BOEING、SIMEIS等企业)的标准称之为“国外先进标准”。

2. 区域标准

区域标准是“由某一区域标准化或标准组织通过,并公开发布的标准”[7]。如CEN发布的EN就是当今世界上最重要的区域标准。GOST也是区域标准。

3. 国家标准

国家标准是“由国家标准机构通过并公开发布的标准”[7],如GB、ANSI、BS、NF、DIN、JIS标准就是中、美、英、法、德、日的国家标准。

按《标准化法》的规定,中国的国家标准是由国务院标准化行政主管部门㊁

㊀ 随着欧洲联盟的发展和欧洲统一市场的完善,如德、法等欧盟国家标准有逐步被欧洲标准EN取代的趋势。

㊁ 我国国务院标准化行政主管部门为国家标准化管理委员会。

制定的，在全国范围内统一使用的标准，称为“国家标准”，简称“国标”。国家标准的编号由国家标准代号(由大写的汉语拼音字母GB构成)、标准顺序号和发布年代号组成[37,38]。它的表示方法如图1-1所示。我国国家标准中包含了全国一些最基本、最重要的标准，涉及面广，影响大，对全国经济发展和技术进步有重要作用。

4. 行业标准

由行业标准化团体或机构批准、发布，在某行业范围内统一实施的标准是行业标准，又称为团体标准。如ASTM、API、ASME、LR等标准都是国际上有权威性的团体标准，在各自的行业内享有很高的信誉。

按《标准化法》的规定，我国的行业标准是“对没有国家标准而又需要在全国某个行业范围内统一的技术要求所制定的标准”[8]由国务院有关行政主管部门制定并报国务院标准化行政主管部门备案的标准称为行业标准。某项行业标准在国家公布国家标准之后，该行业标准即废止。行业标准的编号由行业标准代号(由大写的汉语拼音字母构成)、标准顺序号和发布年代号组成[39,40]。例如，机械行业标准编号的表示方法如图1-3所示。不同行业的代号各不相同(见附录4)，如安全生产行业标准的代号为AQ，煤炭行业标准的代号为MT，化工行业标准的代号为HG，机械行业标准的代号为JB，铁路运输行业标准的代号为TB。中国行业标准的代号由国务院标准化行政主管部门规定。

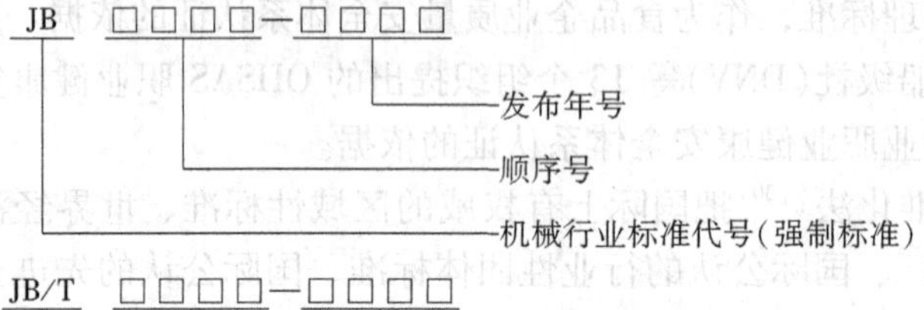

图1-3 机械行业标准编号的表示方法

5. 地方标准

地方标准是“由一个国家的地区通过并公开发布的标准”[7]。按《标准化法》的规定，我国的地方标准是对“没有国家标准和行业标准而又需要在省、自治区、直辖市范畴内统一的产品安全、卫生要求、环境保护、仪器卫生、节能等有关要求”[8]所制定的标准，它由省级标准化行政主管部门统一组织制定、审批、编号和发布，并报国务院标准化行政主管部门和国务院有关行业行政主管部门备案的标准，称为地方标准。某项地方标准在国家或行业公布国家标准或者行业标准之后，该地方标准即行废止。但《环境保护法》、《食品卫生法》等法律规定应制定的地方环保标准、地方卫生标准仍依照有关法律规定执行。地方标准的编号由地方标准代号、标准顺序号和发布代号组成[41,42]。它的表示方法如图 1-4 所示。我国地方标准的代号由“DB”加上 GB 2260—2002《行政区划代码》(见附录5)中前两位数字组成。如 DB11 为北京市地方标准的代号，DB33 为浙江省地方标准的代号，DB52 为贵州省地方标准的代号。

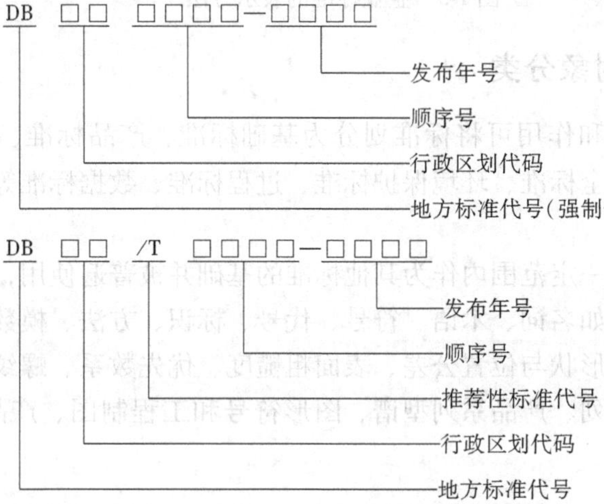

图 1-4 地方标准的表示方法

6. 企业标准

企业标准也称组织标准。它是由企业(公司)自行制定、审批和发布的标准，也是“对企业范围内需要协调、统一的技术要求、管理要求和工作要求所制定的标准”[7]。例如，美国波音飞机公司(BOEING)、德国西门子电器公司(SIMEIS)、新日本钢铁公司等企业发布的企业标准都是国际上有影响的先进公司标准。随着标准化活动的广泛深入发展，企业标准已经扩展为各类事业单位以及其他组织的组织标准。

按《标准化法》的规定，企业生产的产品没有国家标准、行业标准和地方标准的，由企业制定作为组织生产依据的相应的企业标准，或在企业内制定适用的严于国家标准、行业标准或地方标准的企业(内控)标准。由企业自行组织制定的企业标准必须报当地政府标准化行政部门和有关主管部门备案。国家鼓励企业制定严于现行国际标准或行业标准的企业标准。企业标准的编号由企业标准代号、标准顺序号和发布年代号组成。中国企业标准代号由汉语拼音字母“Q”加斜线再加企业代号组成[43,44]。它的表示方法如图 1-5 所示。

必须提请读者注意的是，层次分级主要是指标准的适用范围不同，它并不表明标准的技术水平高低。

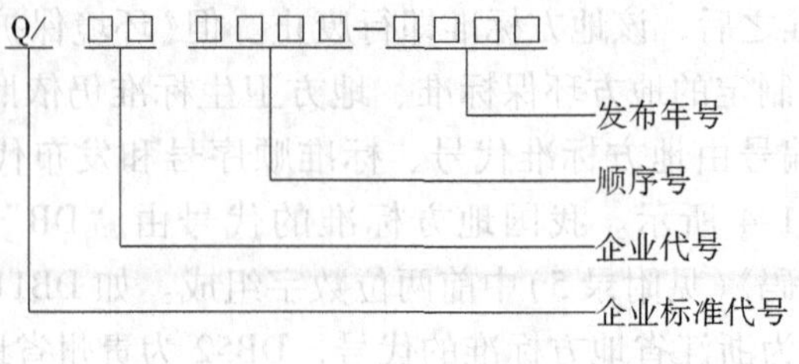

图 1-5 企业标准的表示方法

1.2.3 按标准对象分类

根据标准对象和作用可将标准划分为基础标准、产品标准、工程建设标准、方法标准、安全标准、环境保护标准、过程标准、数据标准等[1-44]。

1. 基础标准

基础标准是在一定范围内作为其他标准的基础并被普遍使用，具有广泛指导意义的标准。例如名词、术语、符号、代号、标识、方法、模数、计量单位制、公差与配合、形状与位置公差、表面粗糙度、优先数系、螺纹及齿轮模数标准、基本参数系列、产品系列型谱、图形符号和工程制图、产品环境条件、可靠性要求等。

2. 产品标准

产品标准是为了保证产品的适用性，对产品必须达到的某些或全部特性要求所制定的标准。产品标准是设计、生产、制造、质量检验、使用维护和贸易洽谈的技术依据，其范围包括品种、规格、技术要求、抽样、试验方法、检验规则、包装、标志、运输和储存要求等，有时还可包括工艺方面的要求。

3. 工程建设标准

工程建设标准是对工程建设中各类工程的勘察、规划、设计、施工、安装、验收等需要协调统一的事项所制定的标准。

4. 方法标准

方法标准是以试验、检查、分析、抽样、统计、计算、测定、作业等各种方法为对象而制定的标准。

5. 安全标准

安全标准是以保护人的生命健康和财产安全为目的而制定的标准。例如，通风、防火、防水、危险物品存放、矿井瓦斯抽放等一系列涉及安全生产、劳动保护的标准。

6. 卫生标准

卫生标准是为了保护人的健康，针对食品、医药及其他与人的健康相关方面的必须达到的卫生要求而制定的标准。

7. 环境保护标准

环境保护标准是为了保护环境和有利于生态平衡，对大气、水体、土壤、噪声、振动、电磁波等环境质量、污染源等检验、监测方法及其他事项为对象所制定的标准。

8. 服务标准

服务标准是规定服务应满足的要求以确保其适用性的标准，又称为服务规范。它们一般由交通运输、饭店宾馆、邮电银行、商业旅游等服务机构制定和使用。

9. 包装标准

包装标准是为保障物品在储藏、运输和销售中的安全和科学管理的需要，以包装的有关事项为对象所制定的标准。

10. 数据标准

数据标准是包含有特性值和数据表的标准，它对产品、过程或服务的特性值或其他数据做出了规定[7]。

11. 过程标准

过程标准是规定过程应满足的要求，以确保其适用性的标准[7]。

12. 接口标准

接口标准是规定关于产品或系统在其互连部位与兼容性有关要求的标准[7]。

1.2.4　按标准性质特征分类

按照标准的性质特征可把标准划分为技术标准、管理标准和工作标准等[1-44]。

1. 技术标准

技术标准是对某领域中需要协调统一的技术事项所制定的标准。

2. 管理标准

管理标准是对某领域中需要协调统一的管理事项所制定的标准。显然，对企业生产经营领域中需要协调统一的管理事项(如生产、质量、能源、计量、工艺、设备、安全、卫生、环保、物资等管理领域与实施技术标准有关的重复性管理事项)所制定的标准是企业管理标准[43]。

3. 工作标准

工作标准是对某领域中需要协调统一的工作事项所制定的标准。如操作岗位的工作标准又称作业标准。显然，对企业生产经营领域中需要协调统一的工作事项(即在执行相应技术标准和管理标准时，与工作岗位的工作范围、责任、权限、方法、质量与考核等以及与工作程序有关的事项)所制定的标准是企业工作标准[43]。

1.2.5 同一个标准化机构发布的标准文件分类

同一个标准化机构可以制定并发布不同形式、不同名称的标准文件。如国际标准化组织(ISO)把其发布的标准文件分为下列六种[1-44]。

1. 国际标准(ISO)

国际标准(ISO)是ISO正式发布的标准文件，是最基本的规范性文件形式。依据标准草案的所处阶段，又可以称为ISO/WD(工作组草案)、ISO/CD(技术委员会草案)、ISO/DIS(国际标准草案)、ISO/FDIS(最终国际标准草案)。

2. 技术规范(TS)

技术规范(TS)是规定产品、过程或服务应满足的技术要求的文件，适宜时，技术规范应指明可以判定其要求是否得到满足的程序。它的主题一般处于技术发展阶段，这是在ISO技术委员会内达成一致的标准文件。技术规范可以是标准、标准的一个部分或与标准无关的文件。

3. 技术报告(TR)

技术报告(TR)是ISO提供信息的标准文件。当ISO的技术委员会或分技术委员会在制定国际标准的过程中，对某一项目已经作出文件，但还没有达成共识或没有获得国际标准发布所需要的支持时，经正式成员简单多数赞同，就可以将这些信息以技术报告的形式出版，供临时使用。技术报告发布后3年内，通过评审决定是否将其转为国际标准。TR特点是对产品、过程等对象作出详尽的描述，特别是对有关特性给出各项技术数据。在国际贸易中，技术报告可以成为某一行业、区域内共同遵守的准则，可以作为双方、多方一致同意的合同条款，也可以仅仅是一种规范性的技术说明作为顾客在市场上知情选择的依据。

4. 指南(Guide)

指南(Guide)是ISO提供指导性文件的标准文件。Guide特点是文件的内容不作为某一领域共同遵守的准则，而是作为一种专业或行业的指南、指导、倡导或参考，或作为企业(组织)内部的一种技术工具或管理工具。

5. 可公开提供的技术性规范(PAS)

可公开提供的技术性规范(PAS)是ISO提供的一种公开性的技术性规范文件，有效期为3年，可在今后纳入标准化技术委员会的正式工作计划，按标准制定程序转换为国际标准。

6. 国际研讨会协议(IWA)

国际研讨会协议(IWA)是为了适应市场需要由ISO支持的国际标准研讨会

参加者一致同意的规范性文件，它一般使用于高速发展的技术领域，但不允许与现行的 ISO 标准发生矛盾和冲突。

我国标准化行政主管部门发布的标准是按行业(专业)来划分标准种类的。不同的行业有不同的国家标准代号(见附录 4)。

1.2.6 按标准信息载体分类

按标准信息载体，标准分为标准文件和标准样品[1-44]。

1. 标准文件

标准文件按标准信息载体的介质不同可分为纸介质标准文件和电子介质标准文件。

2. 标准样品

标准样品也称实物标准，是具有准确的标准值、均匀性和稳定性的一种或多种化学的、物理的、生物学的、工程技术的或感官的等性能特征，经国务院标准化行政主管部门或者国务院有关行政主管部门鉴定、批准，取得证书和标志并附有说明有关性能数据的一批样品。其作用主要是提供实物，作为质量检验、鉴定的对比依据，测量设备检定、校准的依据，以及作为判断测试数据准确性和精确度的依据。标准样品作为实物形式的标准，按其权威性和适用范围分为有证标准样品和内部标准样品。

(1) 有证标准样品。有证标准样品是具有一种或多种性能特征，经过技术鉴定附有说明上述性能特征的证书，并经国家标准化管理机构批准的标准样品。有证标准样品的特点是经过国家标准化管理机构批准并发给证书，并由经过审核和准许的组织生产和销售。有证标准样品既广泛用于企业内部质量控制和产品出厂检验，又大量用于社会上或国际贸易中的质量检验、鉴定，测量设备检定、校准，以及环境监测等方面。

(2) 内部标准样品。内部标准样品是在企业、事业单位或其他组织内部使用的标准样品，其性质是一种实物形式的企业内控标准。例如，涂料生产企业用于控制各批产品色差的涂料标样就是一种内部标准样品。内部标准样品可以由组织自行研制，也可以从外部购买。

1.2.7 四类标准之间的相互关系

标准化工作是一项复杂的系统工程[1]。标准为适应不同的要求而构成一个庞大而复杂的系统，为便于研究和应用，人们从不同的角度和属性对标准进行分类，确定其代号。这些都是人为的，都是为了满足人们标准化管理的不同需要，但它们是标准学最基本的概念，应熟练掌握、应用。根据我国标准化实施情况和常用标准分类方法，按标准实施的法律约束性、层次级别、性质特征、对象与作用进行分类的相互关系如图 1-6 所示。

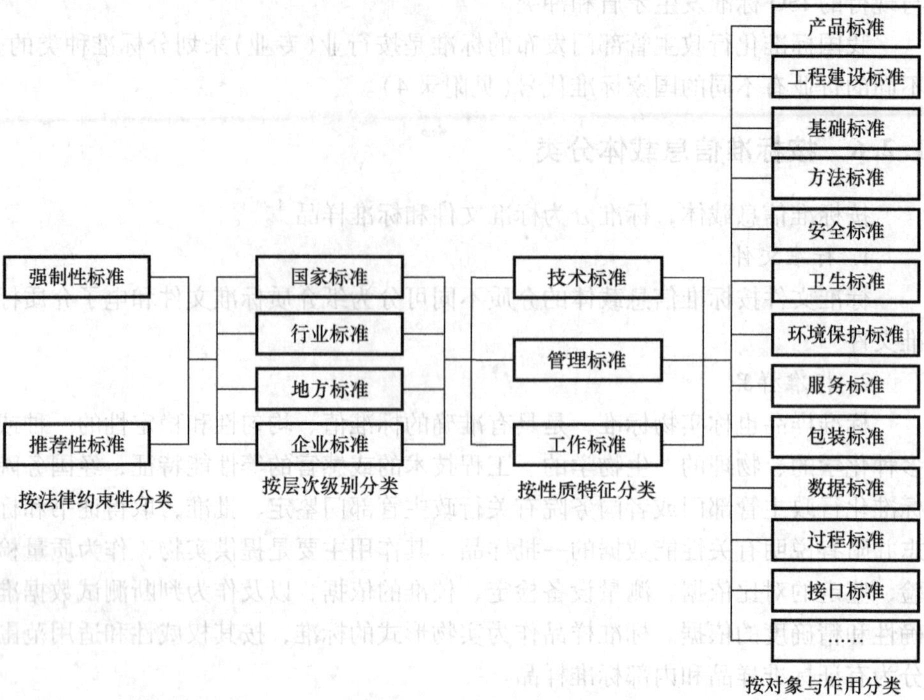

图 1-6　四种标准分类法的相互关系

1.3　标准体系

1.3.1　标准体系定义

一定领域内相互关联或相互作用的一组要素按其内在联系，相互依存、相互衔接、相互补充而构成的有机整体，通常称之为"体系"。标准体系是指一定范围内的标准按其内在联系形成的科学的有机整体[8,9,44]。这里所说的"一定范围"，既可以指产品、项目、技术、事务之类的范围，也可以指国际、区域、国家、行业、地区、企业之类的范围。这里所说的"有机整体"是指标准体系是个整体，体系内各项标准之间具有内在的有机联系。

1.3.2　标准体系的特征

1. 结构性

标准体系内的标准按其内在联系分类排列，就形成了标准体系的结构形式。标准体系的基本结构形式有层次结构和过程结构。

(1) 层次结构。标准体系的层次结构是由标准对象的层次性决定的(参见本书1.2.2节)，它反映了标准对象的隶属或包含关系。层次高的标准反映了对象的抽象性和共性；层次低的标准反映了对象的具体性和个性。

(2) 过程结构。标准体系的过程形式是由标准对象的过程结构决定的，它反映标准对象的活动过程和顺序关系。

2. 协调性

协调性也称相关性。标准体系内各项标准的相关性是由标准对象的内在联系所决定的。制定或修改其中任何一个标准，都必须考虑到对其他各相关标准的影响，使所有相关标准协调，相互配合，避免相互矛盾。

3. 整体性

标准体系内的各个标准在一定范围内是相互关联、相互作用、相互依存、相互衔接、相互补充的，而并非是个体标准的简单相加。对某项标准来说，人们往往就把它看做是单独的标准，关注的是该标准提出的具体要求是否合理。可是如果把这个标准置于标准体系中，人们就会看到，要实现该项标准规定的要求，需要其他一系列标准相配合。如果标准体系不完备，那么该标准所规定的要求是难以实现的。

4. 目的性

任何标准体系都有其明确的目的。标准体系的目的性决定了标准体系内各项标准应具备的内容和应达到的水平，从而能以较少的投入获得较理想的效应。

1.3.3 标准体系的形成过程

1. 从局部到整体

无论是企业、行业和国家的标准体系，通常都不是先进行系统总体设计，而是根据实际需要制定急需的标准，再根据新的需要增加新标准，渐渐形成一个“小”体系；在逐步实施过程中接受检验，并根据客观要求和标准化目标的扩展，不断调整、修改、补充、完善，产生新的“小”体系及为多个“小”体系所通用的基础标准、管理标准等，最终形成“大”体系。它实际上是一个由不成体系的少数零散标准，到足够数量标准的累积过程；由标准之间联系不很密切到标准之间的联系更加紧密的调整、完善过程。这个过程是无止境的。世界各国标准化发展历史基本上都呈现这样的规律，越是高层次的标准体系，这个规律性越明显。

2. 从整体到局部

从整体到局部是指在确立标准化目标的同时，规划、设计实现该目标所需要的一系列标准(可称之为“系统总体设计”),据此分步骤、分阶段制定出总体设计所列的全部标准,并及时做好标准之间的协调、优化工作,从而建立起一个具有一定规模、功能的标准体系。这里需要注意的是,在建体系的目标尚不明确(如为建体系而建体系)的情况下,急于求成,图快、图省事,错误地认为体系越大越好、越全越好,所定标准基本上是管理现状和工作实况的描述,未经优化便以标准的形式把现状加以固定。这种用“大会战”的方式批量生产的标准的致命缺陷是标准之间未经协调或协调不足,结果是体系越庞大越快,遗留的隐患越多,瘫痪得越快,寿命也就越短。实践证明,从整体到局部的体系建设,对于有限目标和小范围的局部标准体系是可行的。标准体系的覆盖面越宽,体系的要素越多,要素的更新越频繁,需要协调的因素越多,难度越大。

1.3.4 标准体系表

标准体系表是为了直观、形象地反映标准体系特性,把标准体系内的标准按其内在关联性以一定形式排列绘制的图表。标准体系表(以下均简称为“体系表”)的组成单元是应有的标准,不是产品、过程、体系或服务。如果说标准体系是对现有的和准备将来发展的标准的全面规划,那么体系表则就是这个规划的蓝图,它是标准体系的一种表现形式。

编制体系表的一般要求如下:

1. 明确的目的性

每个标准体系都应围绕一个特定的标准化目的而建立,体系表的组成必须有明确的目的,从而使标准体系为实现技术和管理的有序化服务。

2. 严密的层次性

标准体系表的构成有严密的层次性。国家标准体系表由国家标准、行业标准、地方标准和企业标准等不同层次的标准构成;企业标准体系由各个岗位的个性标准逐层上升为职能共性标准的层次结构。

3. 协调的一致性

体系表内的各标准之间,以及体系表内标准与体系表外的相关标准之间,必须相互协调一致。标准之间存在着相互连接、相互依存、相互制约的内在联系。

4. 完整的成套性

为实现特定的标准化目的所需要的各项标准要完整配套,一般要包括基础标准、产品标准检验方法标准、工艺过程标准、安全标准、环境保护标准、管理标准、工作标准等,才能保证生产的产品符合顾客和相关方的要求和期望。

5. 适应的动态性

标准运行的外部存在是千变万化的，标准体系必须适应环境条件和科学技术发展的需要。要根据科学技术进步和现代化管理的需要，不断修订标准和标准体系表。

体系表一般由组织结构图、体系表(技术标准体系表、管理标准体系表、工作标准体系表)、标准明细表、标准统计表(汇总表)、体系表编制说明 5 个文件组成。通过这几部分资料可以了解标准体系的现状、水平、薄弱环节、发展方向和重点。

1.3.5 全国标准体系表

我国的全国标准体系表基本上由七个层次构成，其总体结构如图 1-7 所示[45]。

1. 全国通用综合性基础标准体系表(第一层)

在全国标准体系中，第一层是标准体系的基础。因此，必须把“全国通用综合性基础标准体系表”贯彻到第二层到第五层各行业、专业标准体系中去，使各行业、专业标准体系中的有关标准建立在全国标准体系第一层标准的共同准则和统一要求上。

全国标准体系第一层到第五层的所有标准只有贯彻应用到企业中才有意义，才能发挥作用。因此，建立第一层到第五层标准的目的，是使体系中的标准能应用到企业和纳入到企业标准体系中去。换句话说，建立和健全企业标准体系是贯彻一切上层标准的直接和有效手段。

2. 各行业、专业标准体系表(第二层到第五层)

图 1-7 的左边为行业标准体系基本结构。标准体系表中的“行业”和“专业”是不同的。在 GB/T 4754—2002《国民经济行业分类与代码》内，行业分“大、中、小”三种。GB/T 13016—2009《标准体系表编制原则与要求》给“专业”的定义为“小于行业”，实际上就是 GB 4754—2002 中所指的“中、小行业”，习惯上称“专业”。

在标准体系表中，还可看到“门类”这一概念。“门类”是在“专业”之下的一个类别，相当于是“小‘小行业’”。“专业”下可分若干个“门类”。有的“门类”下还可再分若干个“子门类”。

3. 地方标准体系表(第六层)

地方标准体系表是在没有相应的国家标准和行业标准的情况下，各省、自治区、直辖市根据需要制定和建立的本地区范围内的工业产品的安全卫生方面的标准体系表。

说明：

1.表中的第一层为“全国通用综合性基础标准体系表”。该层包括21种全国通用综合性基础标准体系表，其中有几种表是属于行业或专业标准范围的，把这些标准列入全国标准体系第一层，表明它们在应用方面仍具有的基础性和普遍性。

2.第二～五层为“各行业、专业标准体系表”。该层包括32种行业或专业的标准体系表。表中的“行业”和“专业”是不同的。在GB/T 4754—2002《国民经济行业分类与代码》内，行业分“大、中、小”三种。GB/T 13016—2009《标准体系表编制原则与要求》给“专业”的定义为“小于行业”，实际上就是GB 4754—2002中所指的中、小行业，习惯上称“专业”。在标准体系表中，有时还可看到“门类”这一概念。“门类”在“专业”之下，“专业”下可分若干个“门类”。有的“门类”下还可再分若干个“子门类”。

图 1-7 全国标准体系表总结构图

4. 企业标准体系表(第七层)

企业标准体系以技术标准为主体，包括管理标准和工作标准。企业标准体系的组成标准包括企业所贯彻和采用的上层标准和本企业制定的企业标准。所有标准都是在上级标准化法规、本企业的标准化规定和本企业的方针目标及各种相关国家法规的指导下形成的。

企业标准体系可按层次结构、功能归口型结构和序列结构形式列出。前两者适用于综合和全局性管理，后者适用于以产品为中心、专利或局部工作的管理。只有某一品种的产品或服务的企业可只用序列结构形式列出(参见本书第1.3.6节)。

1.3.6 企业标准体系表

企业标准体系表的结构形式应符合GB/T 13017—2008《企业标准体系表编制指南》[44]的要求，结构形式一般有层次结构(见图1-8)和并列结构(见图1-9)两种。

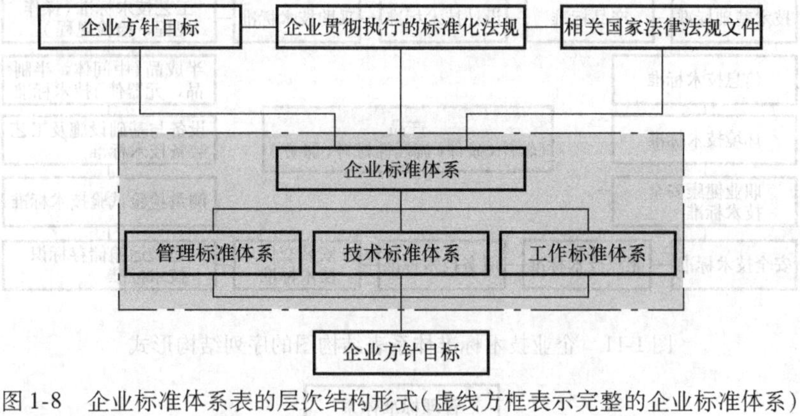

图1-8 企业标准体系表的层次结构形式(虚线方框表示完整的企业标准体系)

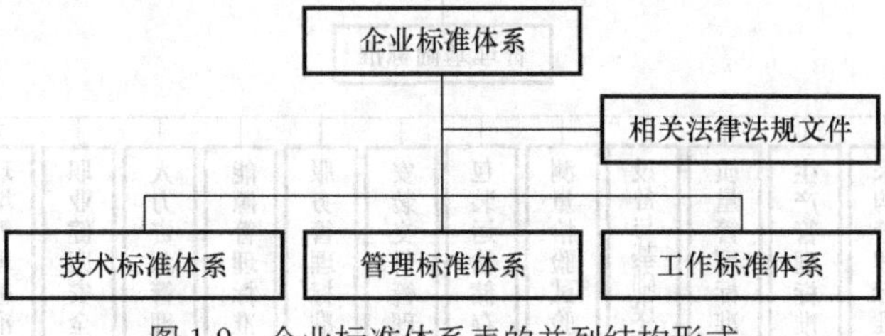

图1-9 企业标准体系表的并列结构形式

企业技术标准体系表结构图有采用层次结构形式的(图1-10)，也有采用序列结构形式的(图1-11)。企业技术标准体系的内容包括技术基础标准、技术标准、规范、规程、守则、操作卡、作业指导书等要素。企业管理标准体系结构图多采用层次结构(见图1-12)，其层次的多少视技术和管理事项的难易、复杂程度而定，各子体系的层次数不要求相同。企业工作标准体系结构图也多采用层次结构形式(见图 1-13)。

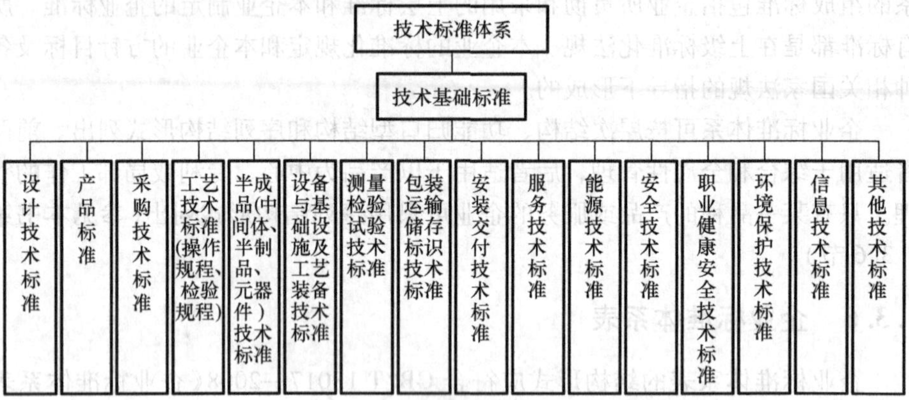

图 1-10　企业技术标准体系表结构图的层次结构形式

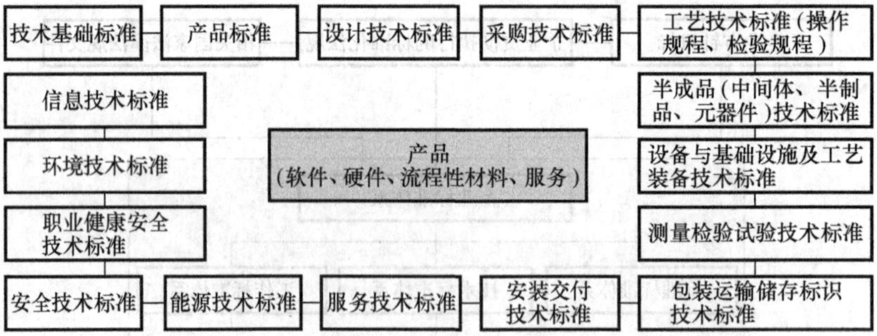

图 1-11　企业技术标准体系表结构图的序列结构形式

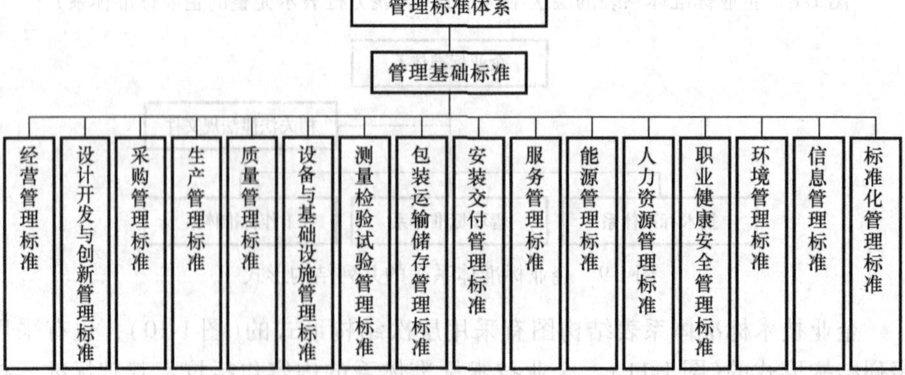

图 1-12　企业管理标准体系表结构图的层次结构形式

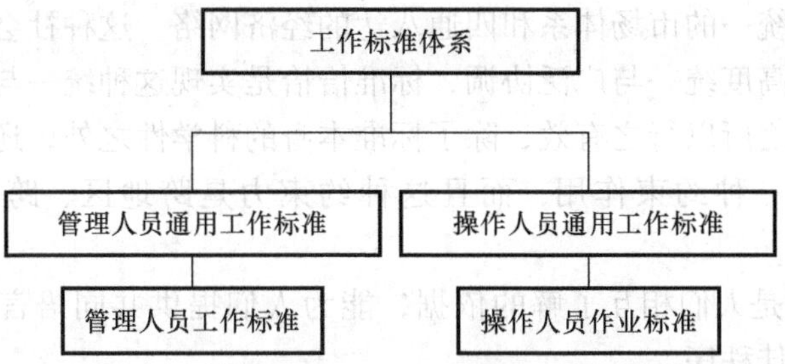

图1-13　企业工作标准体系表结构图的层次结构形式

标准化工作水平、发展程度不一致，企业在技术、管理等方面制定、实施标准的广度、深度也不一致，企业要根据实际需要和发展水平来具体确定本企业标准体系的构成。有的企业可能只建立技术标准体系，而管理方面、岗位工作及操作方面的规范化要求，则由企业的有关规章制度来解决，暂不纳入或不全部纳入企业标准体系，这也是可行的。

1.4　标准在社会经济发展中的作用

从标准的定义和它的本质属性来看，标准自身所具有的作用是客观存在的。可是，标准作用的发挥是与它所处的社会环境和人们对它的认识密切相关的，并且标准的作用会随着科技进步和社会经济发展的而转变和发展。实践已经证明，标准化在人类社会经济发展中具有不可替代的重要作用[15,18,20,45-55]。因此，近几年发达国家纷纷将标准作为一种国家战略[51,55]，我国也在2002年将“技术标准”列为三大国家战略之一㊀。

1.4.1　标准利于促进经济社会全面、协调、可持续发展

1．标准化是现代化大生产的必要条件

随着科学技术进步和市场经济的发展，现代化生产的特征，一是以先进的科学技术为支撑，加快了生产速度，增强了生产连续性与节奏性，提高了产品质量；二是生产分工更细，技术要求严，横向协作更广泛，经济联系更紧密，生产经营规模更大，社会化程度越来越高，管理越来越科学化、规范化、精细

㊀　我国加入WTO后，为了迅速提高我国的国际竞争力，2002年科技部提出实施“人才、专利和技术标准”三大战略，并投入50多亿元的科技经费全面启动实施12个重大关键技术攻关与产业化示范科技专项，这些项目主要包括：超大规模集成电路和软件、信息安全与电子政务及电子金融、功能基因组与生物芯片、电动汽车、高速磁悬浮列车、创新药物与中药现代化、主要农产品深加工、奶业发展、食品安全、节水农业、水污染治理、重要技术标准等。

化；三是形成统一的市场体系和四通八达的经济网络。这种社会化大生产的前提是技术上的高度统一与广泛协调，标准恰恰是实现这种统一与协调的有力手段。这个手段之所以行之有效，除了标准本身的科学性之外，还由于它能够对人们活动起到一种约束作用，而且这种约束力是跨地区、跨国界的。这是因为：

（1）标准是人们相互了解的依据，能为人们提供共同语言，为人们的工作过程建立最佳秩序。

（2）标准比一般行政规定更具有科学性，它为人们的活动确立了必须达到的目标，并能促进人们的活动科学化、合理化，受到人们的尊重。

（3）标准的约束是一种无偏见的约束，它从全局出发，在充分考虑各方面利益的基础上，经过充分协商确立的。所以，标准的约束力（标准的社会功能）就是一种权威，就是一种能从技术上和管理上对现代化大生产进行协调和统一的权威。

2. 标准是规范市场经济运行秩序的重要条件和技术依据

国家“十五”期间重大科技专项之一的“重要技术标准研究”[㊀]专项研究报告指出，标准化工作与经济体制是紧密相关的，不同的历史发展阶段，标准所起的作用和所发挥的作用是不同的。在计划经济时期，标准是政府组织企业进行生产的技术依据，企业只需要也只能按照国家统一制定的标准组织生产。在计划经济体制向市场经济体制转型阶段，标准是政府治理市场失序和无序的有效手段，企业则利用标准及开展标准化工作达到提高产品质量、提高生产效率、降低生产成本的目的，这是标准最基础的作用。

在市场经济体制下，标准已由“生产型”转变为“生产贸易型”，作用也有了新的重大转变和发展，在为企业创造价值和促进国家社会经济发展的过程中的地位和作用不断得到强化，甚至起到了关键性的作用。

市场经济是法制经济，政府对市场的管理是依法进行的。为了治理市场，政府必须在充分发挥市场机制的前提下，对市场经济进行宏观调控和实行微观规制。由于标准是法律的延伸的特性，是市场经济体制的有机组成部分，是规范和协调市场经济正常运行秩序的一项重要条件和技术依据，于是标准就和法律法规一起，成为政府管理市场有序运行的两种必备的手段。两

㊀ 我国加入 WTO 后，为了迅速提高我国的国际竞争力，2002 年科技部提出实施“人才、专利和技术标准”三大战略，并投入 50 多亿元的科技经费全面启动实施 12 个重大关键技术攻关与产业化示范科技专项，这些项目主要包括：超大规模集成电路和软件、信息安全与电子政务及电子金融、功能基因组与生物芯片、电动汽车、高速磁悬浮列车、创新药物与中药现代化、主要农产品深加工、奶业发展、食品安全、节水农业、水污染治理、重要技术标准等。

者之间在一定范围和一定领域中是相互依存、相互渗透、相互交叉和相互支持的。

市场经济的有效性依赖于公平、公正、竞争的市场秩序，而健全的市场竞争秩序要靠市场运行过程中的行为规则和制度规范来建立和维护。而标准能够在规范市场经济秩序方面发挥重要作用。如果说市场行为的主体(市场中的各类组织的法人和个人)是由国家制定的法律法规(包括技术法规)来规范的，那么市场行为的客体(市场上经营和交换的成千上万种商品与服务)主要是依靠标准来规范的。只有实行统一而严格的标准，才能保证市场上流通的商品与服务的质量、安全、卫生、环保和能效等符合一定的要求，市场经济才能正常、有效运行。所以，标准对市场主、客体的行为都起到了规范作用，是市场准入和退出的基本尺度。健全的标准体系既是法律法规的技术支撑，同时还是法律法规的重要补充，是市场经济正常运行的重要条件。

市场经济也是契约经济。标准能够成为供需双方签订契约合同所必需的基础性和原则性的技术文件，以满足签约双方的使用要求或服务要求，成为契约合同和质量纠纷仲裁的依据。标准还可以作为减少市场交易中信息不对称的信号载体，减少事前的信息不对称，防止逆向选择；减少事后的信息不对称，预防道德风险；使市场有效运行。

3. 标准是实施可持续发展战略的重要保证

标准是规范和促进资源可持续利用的基础依据。通过制定、实施和修改与水、土壤、森林、矿产、海洋等自然资源保护和合理利用水平的相关标准指标以及与能源消耗相关的标准，能够达到规范、促进和引导资源保护和合理利用，限制高消耗、高污染、资源利用效率低的生产工艺和生产方式，最大限度地减少废弃物的产生，实现自然资源的合理利用与再生利用，实现循环经济模式，使可持续发展战略落到实处。

标准是实现生态环境可持续发展的重要保证。环境标准是环境法律体系的有机组成部分，环境质量评价、排污行为的合法性和环境纠纷的裁决都要以环境标准为依据，它是国家进行环境管理的技术基础和基本准则。因此，通过制定和适时修订环境标准，维护、恢复、扩展和提高受损生态系统的功能和环境条件是生态环境可持续发展的重要保证。

标准是预防和控制工业污染的有效手段。企业制定、实施环境标准，对产品生命周期内各个环节具有或可能具有潜在环境影响的因素加以控制，建立以环境标准为依据的操作控制程序，预防环境污染的发生。标准的这种预防措施更加有利于构筑良好、有效的环境保护体系，进而使企业自觉地实行清洁生产、预防和减少工业污染物的排放，节约资源消耗，从而使环境法律、法规与其他环境要求落到实处。

4. 标准利于加快产业结构调整和产业升级

标准是产业结构调解的技术手段。政府可将标准与产业政策有效结合，依据标准制定和实施宏观调控政策进行产业结构调整。此外，还可以在市场机制的作用下，通过技术、质量、环境、安全、能耗等方面标准的制定和实施，强化符合标准的产品的市场竞争力，提高企业不执行标准的生产成本和管理成本，限制和淘汰能耗高、污染重、安全条件差、技术水平低、生产方式和生产工艺落后的企业。例如，我国为了解决棉纺行业规模经济不明显、资产专用性高、品牌效应不明显等问题，于1997年实行结构调整，其核心是压锭，界线是由政府按照标准划定的。通过结构调整，节约了大量的生产资料，提高了产品的技术等级，使纺织行业走上了健康发展的轨道。

标准是产业升级的技术支撑。产品的更新换代和产业升级需要修订和提高原来落后的标准，甚至是重新制定新一代标准。具体而言，某一产业或产业环节对新标准的采纳，会对处于该产业上下游产业以及相关产业产生巨大的波及效应。在高标准企业的影响下，处于产业上游的企业必须加快技术创新的速度，提高其配套产品的技术水平。处于产业下游的企业由于应用高标准的产品，其生产技术水平、产品质量与经济效益也会得到相应的提高。

5. 标准有助于建立贸易优势地位

标准是进行贸易的基本条件。贸易双方进行货物和服务交换时，标准对贸易对象的形式、功能和其他技术特性所作的一致性规定，为贸易双方提供了一种共同背景、共同语言和共同的客观依据，这是贸易得以顺利进行的基本要求。在一定意义上说，没有标准就没有贸易。

标准是贸易仲裁的依据。如果贸易双方发生关于商品质量、性能、规格等问题的争议，可利用相关标准所规定的试验、检验、抽样等方法进行符合性测试，并依据共同商定的标准或国家有关法律法规指定引用的标准进行仲裁。标准为解决贸易纠纷创造了公正的条件。例如，我国吉林某五金工具厂将板斧出口到外国时，对方以2万把板斧的斧把松动，安全不合格为由，向该厂提出索赔要求，质量监督人员对板斧的斧把进行了质量检验，检验得出板斧的斧把平均安装拉力达到1tf($1\text{tf}=9.806\times10^3\text{N}$)。该厂在上海工具研究所找到了该国板斧的斧把安全标准，其标准规定斧把的安装拉力为450磅力(bf，$1\text{bf}=4.448\text{N}$)，大大低于我国五金工具厂出口的板斧的实际指标，通过谈判，外国公司撤销了索赔要求。再如，我国进口的GCB六氟化硫断路器，发现有明显质量问题。在向对方索赔时，对方不承认，我方通过检测，利用IEC国际标准，据理索赔，最终对方赔偿我方损失300多万元。

标准是建立贸易优势地位的保证。发达国家充分利用西方经济学有关国际贸易的绝对成本理论、比较成本理论、要素禀赋理论，通常采取以下四种方式，将标准作为建立贸易优势地位的重要手段。

(1) 频繁修订技术法规、标准，增加标准所涉及的技术指标种类和数量，提高技术要求，使发展中国家很难达到。

(2) 对很多商品都规定了严格的合格评定和认证程序，其程序复杂、繁琐，费用昂贵，发展中国家难以承受和适应。

(3) 控制和垄断国际标准(包括法定标准和事实标准)。

(4) 充分利用某项标准被国际标准采纳所产生的标准化的规模经济，取得成本、质量、价格等方面的优势。

可见，标准作为非传统的非关税壁垒为 WTO 规则所允许，发达国家往往利用标准加大对发展中国家的要素禀赋差异，削弱发展中国家资源的比较优势，形成市场影响力，排除竞争，垄断世界市场，提高本国产品在国际市场上的竞争能力，从而建立贸易优势地位。

6. 标准利于提高经济效益和社会总福利水平

(1) 标准利于提高企业经济效益。主要表现在：

1) 由于标准的简化、规范化、系列化和通用化等功能，使企业内部的生产分工更加科学合理和专业化，降低了生产成本，提高了劳动生产率，产生供给方的规模经济。

2) 通过制定和执行先进的标准，抢占世界市场，并在较长时期内保持个体的持续竞争优势，实现企业利润的持续增长，是企业打开世界市场的战略性手段。

3) 标准能产生“需求方规模经济”，这种规模经济随用户预期的变化而变化。

(2) 标准能够提高国民经济效益。主要表现在：

1) 通过标准活动，可以提高资源(自然资源、劳动、资本和技术等)的利用效率，减少资源的耗费，促进国家经济的持续发展。

2) 通过制定标准，在提高本国产品竞争力的同时，削弱其他国家产品的比较优势，促进和扩大本国技术和产品的出口，获取更大的经济效益。

3) 标准推广的速度、应用的范围和产生的效益要远远高于技术成果本身，其带来的国民经济效益的增长更加明显和迅速。

(3) 标准利于提升社会总福利水平。福利经济学理论认为，社会总体福利是个体福利之和。通过标准化，提高个体经济的福利水平，进而显著提高了社会总福利水平。由于社会总福利水平的提高，有利于提高人们的生活质量和生活水平，为实践以人为本的思想创造了良好的条件。

7. 标准是维护国家安全的重要武器

对国家安全有重要影响的主要是国防安全、科技安全和经济安全。

标准是国防安全的保证。标准作为国防军事技术基础，历史地成为武器装备系统工程的重要组成部分。军事装备的研制和生产是一个复杂庞大的系统。在这个系统中，如果没有标准的运用，那将是不可想象的。只有通过制定先进的国家军用标准和国防工业标准，充分利用标准的科学性、规范性、协调性等功能，才能使国防建设与武器装备水平达到或领先于世界先进水平。

标准是国家科技安全的关键。将科技成果上升至标准后，能够加速科技成果转化，提升整个产业的技术水平，进而增强国家的整体科技实力(参阅本书1.4.2节)。

标准是国家经济安全的基础。影响国家经济安全的主要因素有自然资源、经济实力、经济运行质量和高新技术产业化程度等，标准对这些因素都能够产生积极的影响。标准对经济安全的主要作用体现在：

（1）促进自然资源，尤其是国家战略资源的合理利用和优化配置，实现自然资源的合理利用与再生利用，为经济安全提供资源保障。

（2）标准能够加速科技成果转化，带动科技进步，促进经济发展，进而提高国家经济实力。

（3）标准的协调、统一功能，可以使国家经济有序运行，提高经济运行质量。

（4）标准能促进高科技研发，加速高新技术产业化，使科技优势转变经济优势，以提高国家经济安全。

1.4.2 标准利于推动技术创新、科技进步和成果产业化[46-51,55-61]

1. 标准与科技研发、成果转化密切相关

在传统工业化大规模生产时代，标准是后补型的。在当今科学技术是第一生产力和经济全球化时代，标准是前导型的。根据系统论，运用系统的整体性、动态性、开放性、综合性及并行作用原理，从系统的角度对标准与科技研发、成果转化之间关系进行分析，可知，三者之间既相互促进、相互制约，又相互依存、相互融合，关系十分紧密，形成三位一体化的复杂系统(见图1-14～图1-16)。在科技研发立项时，就应同步考虑整个过程系统的所有影响因素，充分论证形成标准或对现有的标准进行修订的可能性，并确定技术路线，初步提出标准指标体系，形成标准框架，用以指导研发工作。在研发过程中，对相关的标准指标进行深入研究，在形成研发成果的同时形成初级阶段的标准。在成果转化过程中，要用事前制定的标准进行实时监控、比较和分析，确保研究工作和成果产业化过程，按照预定的目标进行；及时进行反馈控制与评价，对初级阶段的标准进一步提炼、修改、补充、完善与提高，并进一步吸收、融合其他学科的最新研究成果和标准化成果，形成能够指导整个产业发展的产业标

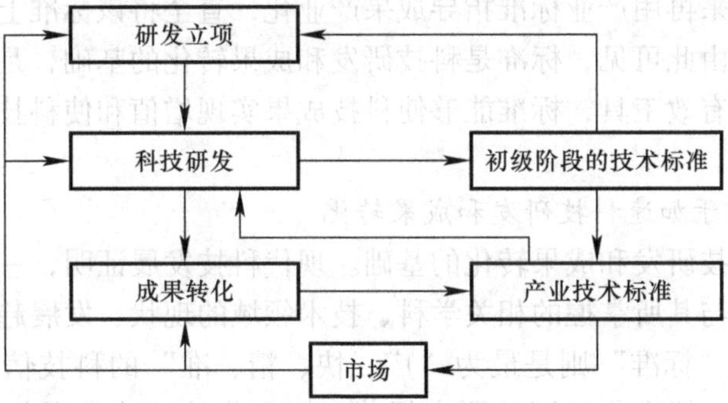

图 1-14　技术标准、科技研发和成果转化三位一体的关系

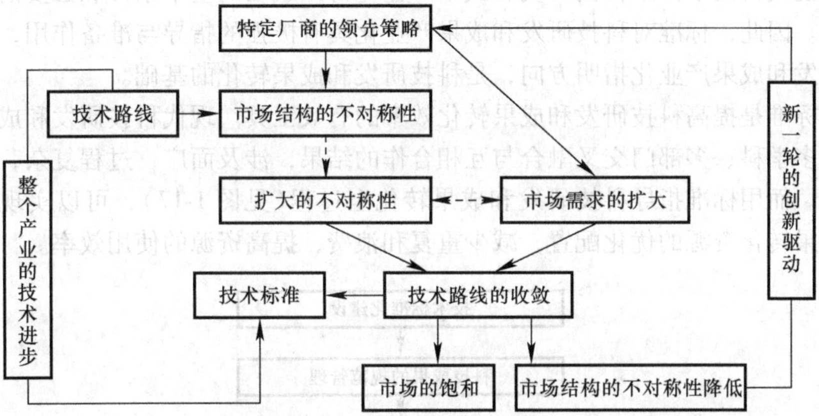

图 1-15　科技研发到标准的机制

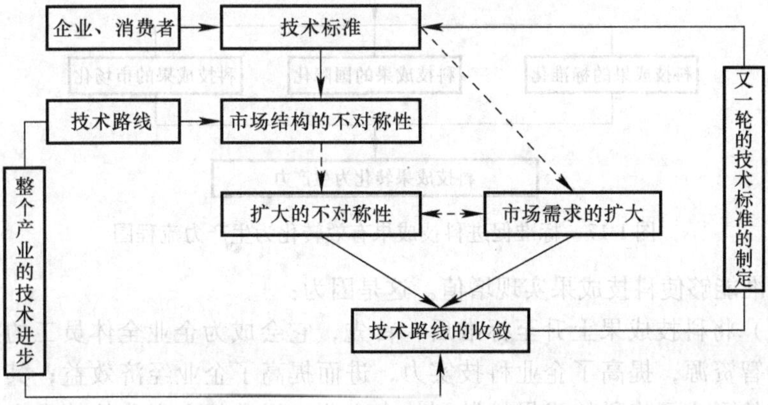

图 1-16　标准到科技研发的机制

准，然后反过来再用产业标准指导成果产业化，直至将该标准上升到国家标准或国际标准。由此可见，标准是科技研发和成果转化的基础，是降低研发与成果转化风险的有效工具，标准能够使科技成果实现增值和使科技成果的贡献作用倍增。

2. 标准利于加速科技研发和成果转化

标准是科技研发和成果转化的基础。现代科技发展证明，一项科技研发能否取得成功，与其所掌握的相关学科、技术领域的现状、发展趋势及应用前景密切相关。而“标准”则是最为“广、快、精、准”的科技信息资源。标准化的检测手段、标准化的试验研究规范、标准化的试验数据与工程数据的采集、加工与处理方法和标准化的设备校准技术以及标准化的过程控制手段等，都是现代科技条件下科技研发和成果产业化得以成功的基本条件和必要的技术支撑。因此，标准对科技研发和成果产业化具有极强的指导与准备作用，它能为研发和成果产业化指明方向，是科技研发和成果转化的基础。

标准是提高科技研发和成果转化效率的有效工具。现代科技研发和成果转化是多学科、多部门交叉融合与互相合作的结果，涉及面广，过程复杂，成本巨大。而用标准指导科技研发和成果转化全过程（见图 1-17），可以实现研发和成果转化资源的优化配置，减少重复和浪费，提高资源的使用效率。

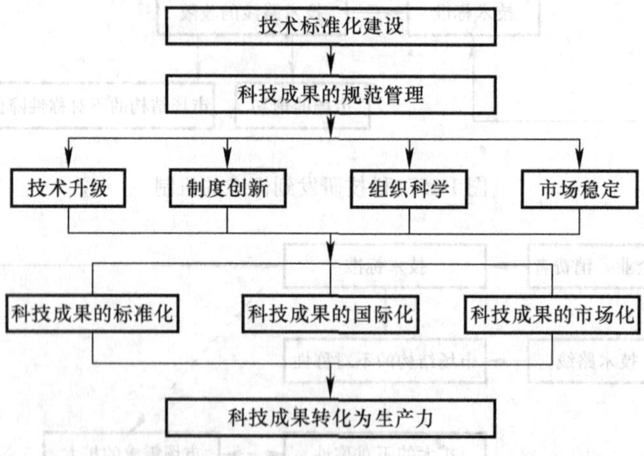

图 1-17　标准促进科技成果有效转化为生产力流程图

标准能够使科技成果实现增值。这是因为：

（1）将科技成果上升至标准后，首先，它会成为企业全体员工的共有知识和心智资源，提高了企业科技实力，进而提高了企业经济效益；其次，通过标准的形式可将科技成果扩散到整个产业，提升整个产业的技术水平，促进产业结构调整、升级，增加整个产业的经济效益；最后，标准如在全国推广应用，则增强了整个国家的科技实力，从而使标准的贡献作用成倍地增长。

（2）采用标准、研发和科技成果转化的三位一体化战略，研制标准所增加的费用比独立进行标准研制所需的投入要少得多，从而使标准贡献作用进一步放大。因此，标准应该成为专利和科技成果追求的最高表现形式。

3. 标准利于带动技术创新和科技进步

标准化是技术创新的平台之一。标准的制定过程就是将科技成果和实践中积累的先进的技术、理论、方法和经验进行综合提炼与升华，纳入标准的过程，其本身就是科学技术和经验的积累创新过程。因此可以说，一项标准的“制定—实施—修订”的过程就是科学技术和经验的“创新—推广普及—再创新”的过程（见图1-18）。

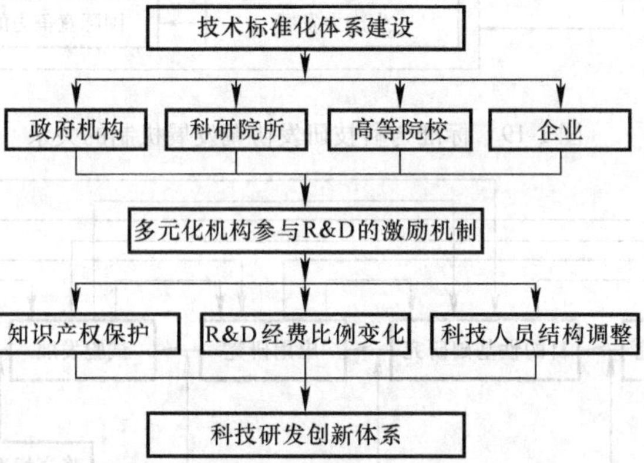

图1-18　标准促进科技研发创新示意图

标准是科技成果加速扩散的平台。将一项科技成果标准化，也就是将科技成果制定成标准，能使科技成果在传输者和接受者之间更好地匹配，减少价值损耗，降低交易费用，从而加快转移与扩散的速度。

标准的发展推动科技进步。首先，体现在由于市场准入条件因科技进步、社会经济发展的提高，进而引导、促使企业增加研发投入，加大技术开发的力度和速度，以适应不断提高的市场准入条件；其次，以先进的科技成果为支撑的标准显现的经济效益和社会效果所产生的示范效应，反过来会刺激科技成果需求的增加，从而带动研发活动的进一步发展，拉动科技进步（见图1-19）。各类标准在技术研发的各个阶段起到的作用是不同的（见图1-20），但总体上看，标准化对科技进步具有正向推动作用。

标准化有助于提高劳动者的素质。标准的制定、实施能使劳动者不断地重复同样的程序，以利于劳动者尽快掌握新技术、新工艺和新方法，进而不断地提高了全体劳动者的科技文化素质。

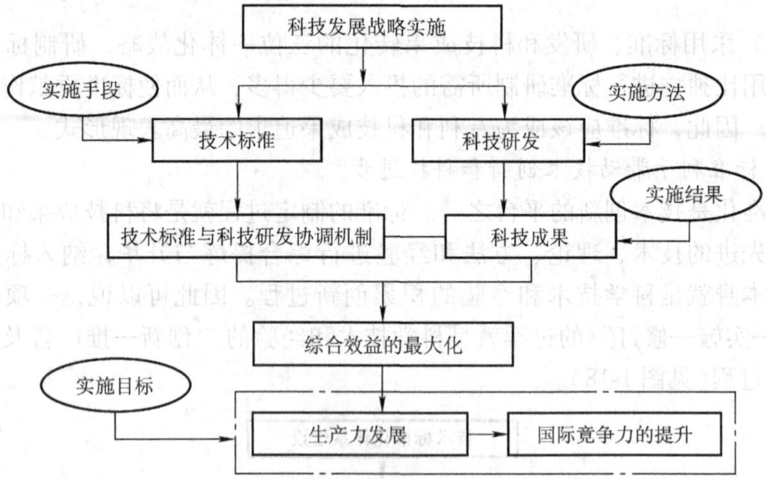

图 1-19 标准与科技研发协调发展机制的关系

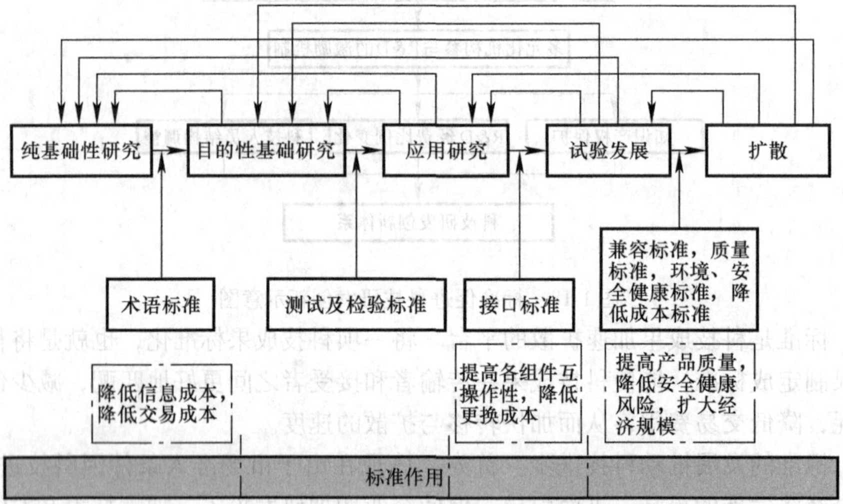

图 1-20 各类标准在技术研发各个阶段中的作用

1.4.3 标准利于提升企业竞争力

1. 标准是企业科学管理的基石

标准是实现科学管理的基础。把标准化引进了管理科学的是科学管理的创始人泰勒，他把“使所有的工具和工作条件实现标准化和完美化”列入科学管理四大原理的首要原理，后来他又重申“使所有专业工具、设备以及工人做各种工作时的每一个操作都达到标准化”。

标准为管理提供目标和依据。产品标准、期量标准是企业编制计划、设计和制造产品的科学依据；各种技术标准和管理标准是企业进行技术、生产、质量、物资、设备等管理的基本依据；而统一的符号、代号、名词、术语、编号制度、标准的管理程序和生产流程，统一的报表格式等，不仅改进了当前的管理，也是实现信息化管理的基本条件。

标准能保证企业整个管理系统发挥正常功能。企业通过制定各种技术标准和管理标准，把企业内各子系统之间的业务活动内容、业务衔接关系、工作程序、责任等都用标准的形式加以确定，能保证整个管理系统发挥正常功能，使管理工作规范化、程序化、科学化，是企业加强管理的有效措施。

标准使企业管理系统与企业外部约束条件相协调。这样不仅有利于企业解决原材料、配套产品、外购件等的供应问题，而且可以使企业具有适应市场变化的应变能力，并为企业实行精益生产方式、供应链管理等先进管理模式创造条件。

2. 标准是提升企业竞争力的有效工具

标准化有利于先进的生产组织和制造技术的推广应用。生产专业化和协作是社会生产组织的先进形式之一，标准化对巩固和发展专业化协作有着非常重要的意义。首先，标准的通用化、系列化、组合化、模块化等形式有利于进行专业化协作的各企业之间缩减产品类型、稳定产品结构、扩大生产批量，促进新技术的应用和专业化水平的提高。其次，标准化(如模块化)产品是解决企业目标与客户需求矛盾的极好对策。它能充分利用成熟技术和标准的、可批量预制的模块设计、制造产品，从而可以大幅度地减少企业内部的多样化，保持批量生产的效率优势；对市场而言，由于增加了产品的外部多样化，从而可以满足客户的特殊需求。

开展标准化有利于提高产品质量和发展产品品种。首先，树立企业质量标准可起到揭示质量差距、提高质量、创新品种的作用。其次，企业的产品质量取决于企业质量保证能力，而标准化是企业实施质量保证体系的基础。第三，企业贯彻、实施标准化(如通过系列化以最佳的品种构成满足较广泛的市场需求等)，有利于在激烈的市场竞争中快速响应市场需求，取得竞争优势。

标准化是消除浪费、节约活劳动和物化劳动的有效手段。这是因为标准化的重要功能就是对重复发生的事物尽量减少或消除不必要的重复，并且促使以往的劳动成果的重复利用。标准化的任何一种形式，都会产生这种类型的节约。

1.5 标准学的学科地位及其研究对象和内容

1.5.1 标准学的学科地位

“标准化也是一门系统工程”[1]，标准化是一门科学[10,24,62-64]，它是人类数千年来从事标准化实践活动的科学总结和理论概括，它来源于成千上万项标准化实践活动，并接受实践的检验，反过来又作用于实践，指导人们的标准化活动。

长期以来，人们都把标准化作为工程学科的一个分支。这是因为近代标准化活动是先在工业领域展开，所制定的标准多是纯技术性内容，制定者也多是工程师，人们习惯上也把标准化活动称之为“工业标准化”。由于标准化理论和方法的广泛适用性，标准化科学活动[24]突破了工业领域，扩展到人类社会活动的各个方面而得到广泛应用，“标准”的内容也不再局限于技术性问题。这样，“标准”除了与“工艺”和“规范”等传统“关键词”相关联外，还与“战略”、“决策”、“知识产权”、“创新”和“市场”等“关键词”息息相关，围绕“标准”而形成的知识也越加丰富和多元化[55-61]。尽管如此，“标准”在社会、经济和技术发展中的基础性特征、理论和方法的广泛适用性和支撑作用越发明显。所以，我国学科分类标准把标准化列为工程学科的基础部分。在国家标准 GB 13745—1992《学科分类与代码》中，“标准化”的学科名称为“标准化科学技术”，也称之为“标准化学”。被定位为工程与技术科学基础学科中的二级学科，代码为 410·50。

学科名称一般是以学科的研究对象来命名的。标准化活动的核心是“标准”。一切标准化科学活动都是围绕着“标准”这个核心进行的，标准化的目的和作用也必须通过制定标准、实施标准来实现。因而可以说，围绕着“标准”和“标准化”所展开的科学活动的对象是“标准”[4]。那么，围绕着“标准”和“标准化”所形成的知识体系以及由此而构建的学科应称之为“标准学”[1,4,62-64]。基于这种认识，我国标准化领域学者和从事学科分类研究的学者在修改后的国家标准 GB 13745—2009《学科分类与代码》中，把“标准化”的学科名称由“标准化科学技术”（又称为“标准化学”）更改为“标准科学技术”（又名“标准学”），仍被定位为“工程与技术科学基础学科”中的二级学科，代码为“41050”[3]，见表 1-3。

表1-3 GB 13745—2009《学科分类与代码》中与标准学科有关的代码

学科代码	学科名称	备注
410	工程与技术科学基础学科	
41050	标准科学技术	又名“标准学”
4105010	标准原理与方法*	包括标准原理、标准体系、标准一致性测试、标准统计方法、标准化认证与认可方法、标准规程与格式等方面的研究
4105020	标准基础学*	包括标准化发展史、标准经济学、术语标准化、信息分类编码标准化、图形符号标准化、标准物质研究、标准文献学等
4105050	标准工程与应用*	包括标准化机制与体制研究、标准管理学、质量控制与评价标准化、人类工效标准化等
4105099	标准科学技术其他学科	

* 为新增的三级学科。

1.5.2 标准学的研究对象和内容

在标准化活动的早期，标准化被认为是工业化时代生产高速发展的三大支柱(简化、标准化、专业化)之一，有的学者甚至把标准化列为工业化时代的一项重要特征。但这个时期围绕标准和标准化活动形成的知识零散而又薄弱，没有体系化。由于标准化原理和方法具有广泛适用性的特征，加上信息化推动了经济一体化的进程，使标准化活动达到了前所未有的实践广度。标准在社会、经济和技术发展中发挥着基础性的支撑作用。当今标准化早已从最初产生的机器制造业扩展到化学工业、冶金工业、石油工业、纺织工业、食品工业等各类工业领域，尤其是到了20世纪末期，标准化应用领域已突破工业领域而进一步扩展到采矿业、运输业、农业、林业、商业、金融业和工程建设、科学研究、教育、行政管理、社会公共事业等各个领域。可以说，凡是需要通过制定和实施标准实现统一化、规范化、有序化的部门和行业，都要有组织、有计划地开展标准化工作，将制定和实施标准作为实行科学管理的基础。所以，标准学的应用领域宽广，研究内容宽阔，研究对象不仅为数众多，而且种类各异。围绕“标准”和标准化活动形成的知识也从简单转为丰富和多元起来，并逐步走向体系化。如上所述，标准学的研究对象可概括为“标准”，具体说来有以下五个方面[1,4,6,10-21]：

(1) 研究标准化活动的一般过程和过程中每一环节的内容。也就是说，研究探索从确立标准化项目计划到标准的制定、修订、贯彻实施、效果评价、信息反馈、监督检查等各个活动环节的一般特点，以及各环节之间的相互关系，使标准化活动符合客观实际，取得良好的社会效益。

（2）研究标准系统的构成要素的确定及其相互之间的关系。也就是说，研究各种类型的标准、标准系统的结构和功能，以及对标准系统进行管理的理论和方法。这是标准学的核心研究内容之一。

（3）研究标准的作用机理、标准化基本规律和开发标准化的各种具体形式及其特点。例如，简化、统一化、系列化、通用化、组合化和模块化等，这些形式是标准化内容的存在方式[14]，它事实上表述了“通过什么方式完成标准化内容，从而实现标准化目的”。但在制定标准（作出统一规定）时，不可能是一种固定模式。哪些该统一，哪些该灵活，哪些要在什么范围内统一，都必须因事、因时、因地制宜。至于统一到什么程度，则必须要有科学依据。这是确定标准内容的基本原则，ISO 对此也提出了一些原则要求，如目的性原则、最大自由度原则和可检验性原则等。为此，ISO 颁布的一系列“标准化工作导则”（被人们戏称为“制定标准的标准”）就是对不同类型标准（如职业安全卫生标准编写规定、产品标准编写规定、化学分析方法标准编写规定等）应包括的内容及其编写方法，分别作了原则性规定，其主要功能就是指导标准编写者合理的设定标准化内容。这是标准学另一个核心研究内容。

（4）研究标准系统的环境和外部联系。这种联系是多维的，是立体的，也是标准化发展的外部动力。

（5）标准化管理技术。包括管理机制体制、方针政策、法律法规、组织架构、信息系统、人才培养、科学研究（如标准化战略设计、标准化体系建设、标准化效益测算和评价、进度控制、知识产权问题及解决方案等）等，以指导、控制标准化活动过程的科学性、有效性。

1.6 标准化发展历程概要㊀

1.6.1 人类标准化实践的萌芽

标准化的发展历史源远流长，可以上溯到远古时代[6,10]。当人类还处在茹毛饮血时代，由于群居生活和共同劳动，为了互相之间传达信息和交流思想感情，人们的吼叫声逐渐发展成为能被理解的声音，这种公认的原始语言就含有一定的标准化意义，可以说是人类最早、最基本的标准化活动[6]。在此基础上，人类创造了符号、记号，进而创造了象形文字，最后发展到一定范围（氏

㊀ 本节和 1.7 节的内容，除注明者外，均为作者根据本书所附参考文献第 6、10、15、48 ~ 54、66 ~ 76 条文献中的相关内容，经筛选后撷要综合编撰而成，文中不再一一详细注明出处。

族、民族、地区、国家等)内通用的书面语言(文字)。这些语言、符号和文字的产生过程就是一个不断地标准化的过程。建筑是人类最早的生产活动之一。自从人类用石、土、草、木、藤等天然材料构筑栖身场所抵御风寒雨雪虫蛇猛兽开始，无论是西方以石制梁柱为基本构件的古典建筑，还是中国古代木构架建筑㊀，都说明人类很早就迈开了建筑标准化的步伐[65]。人类这些标准化实践活动虽然处于萌芽状态，但它是当今标准化“大厦”的基础。

1.6.2 手工业时代的标准

人类有意识地制定标准是由社会分工所引起的。社会分工发展了生产力并引起产品交换。既然是交换，无论交换方式多么简单，也必须遵循等价交换原则。只有对交换物进行计量，才能在交换过程中体现等价原则。尽管人们最初建立的“计量标准”比较粗略(如在不同时期里分别用麦粒、黍粒、竹筒、手指、前腕、两臂等做过计量单位)，但随着生产的发展，人们不断地对计量器具和计量单位进行改进和统一。计量器具和计量单位在本质上起着标准的作用，这就是当时的计量器具和计量单位的标准化工作。

随着手工业技术的进步，手工业内部的细密分工和手工业技术开始规范化。春秋末期齐国人著的《考工记》记述了30项手工业生产的技术规范、制造工艺等，可以说是一部手工业生产技术规范的汇集，对当时手工业生产有一定的规范和指导意义。

手工业时代的劳动工具多是青铜器，后来出现了铁器。无论是其冶炼技术，还是产品加工技术，如果当时没有一定标准化，那是不可想象的。

活字印刷术更可以说是标准化发展史上的一个里程碑。它成功地运用标准件、互换性、分解组合、重复利用等一系列标准化原则和方法。

1.6.3 工业化时期的标准化

近代工业标准化始于18世纪70年代。工业化时代的大机器工业化生产方式大大推进了工业标准化的发展。于是，人类开始有目的地系统地组织标准化活动，促进了标准化发展。

1798年，美国人艾利·惠特尼(Eli Whitney)在制造武器的过程中运用样板和量规，成批地制造了具有互换性的零部件，发明了工序生产方法，首创了生产分工专业化、产品零件标准化的生产方式，因此而被誉为“标准化之父”[6]。

㊀ 浙江余姚河姆渡村遗址中发现有距今六七千年的大量木制榫卯构件；河南安阳殷墟遗址中发现距今四千年的夯土台基上排列整齐的卵石柱础和木柱的遗迹。

1843年，英国人J. B. 惠特沃思(J. B. Whitworth)提出了第一个螺纹牙型标准(被称为“惠氏螺纹”)，此后，螺纹、各种零件和材料等也先后实现了标准化，成百倍地提高了劳动生产率[6]。

1897年，英国钢铁商人H. J. 斯开尔顿(H. J. Skelton)建议钢梁的生产规格和图样应系列化、标准化[6]。

1901年，美国商务部设立了美国国家标准局(NBS)。1918年，在美国商务部、陆军部和海军部三个政府部门的参与下，由美国试验与材料协会等五个民间团体创建了美国工程标准委员会(AESC)，1928年改为美国标准协会(ASA)，1966年改为美利坚合众国标准学会(USASI)，从1969年起又改为现在的美国国家标准学会(ANSI)。

1901年，英国工程标准委员会(ESC)成立。ESC是由英国土木工程师学会、机械工程师学会、造船师学会和钢铁学会共同创立的全国性的标准化机构，也是世界上最早的标准化组织的雏形，其主要工作是对桥梁、铁路和船舶所用的钢铁部件进行标准化。1929年，ESC更名为英国工程标准协会(BESA)，并被授予皇家宪章，从而划定了该协会的目标。1931年，该协会更名为英国标准学会(BSI)，同时也整合了英国电气技术委员会(BEC)的标准化工作。该协会性质上为独立的、非营利性的民间团体，但英国政府通过向它授予皇家宪章(Royal Charter)而予以特殊承认并赋予其特殊地位。它是英国唯一的全国性标准化机构，负责制定和修订英国标准(BS)，并促进其贯彻执行。

1906年，英国电气技术委员会(BEC)成立。同年，国际电工委员会(IEC)成立。BEC是IEC的创办机构，IEC总部最初就设在伦敦。IEC是在各国电器工业迅速发展的基础上成立的，是世界上最早的国际标准化团体。

1911年，美国人泰勒发表了《科学管理原理》，把标准化的方法应用于制定“标准作业方法”和“标准时间”，开创了科学管理的新时代。

1914~1920年间，美国福特汽车公司创造了制造汽车的连续生产流水线，采用标准化基础上的流水作业法，促进了大规模流水生产的发展。

1917年，德国成立公益性标准化民间机构DIN，其总部设在首都柏林。1917年5月18日，德国工程师协会(VDI)在柏林皇家制造局召开会议，决定成立通用机械制造标准委员会，其任务是制定VDI规则。同年7月，标准委员会建议将各工业协会制定的标准与德国工程师协会的标准合并，通称为DIN。1917年12月22日，通用机械制造标准委员改组为德国工业标准委员会(NADI)，该委员会鉴于其标准化活动早已超越了工业领域，遂于1926年11月6日改名为德国标准委员会(DNA)。

1921年，日本成立工业品规格统一调查会(JESC)，1946年JESC解散，并同时成立工业标准调查会。1949年7月1日，日本开始实施《工业标准化法》，根据该法设立全国性标准化管理机构——日本工业标准调查会(Japanese Industrial Standards Committee/JISC)，总部设在东京。该会主要任务是组织制定和审议日本工业标准(JIS)，调查和审议 JIS 标志指定产品和技术项目。

1926 年，法国标准化协会(Association Francaise de Normalisation / AFNOR)成立，AFNOR 是根据法国民法成立的公益性和非营利性的全国性标准化机构，政府承认并予以资助，总部设在巴黎。

1926 年，成立国家标准化协调国际联合会(ISA)。1942 年，由于第二次世界大战爆发而解体，1947 年 2 月又重新成立国际标准化组织(ISO)。这标志着国际标准化进入全面发展的阶段。

到 1932 年，世界上已有荷兰(1916)、菲律宾(1916)、瑞士(1918)、法国(1918)、瑞典(1919)、比利时(1919)、奥地利(1920)、意大利(1921)、日本(1921)、中国(1931)等 25 个国家相继成立了国家标准化组织。

这些标准化组织和机构成立后，积极开展国家标准化活动，致力于解决行业技术统一问题，制定和发布各种行业标准或团体标准甚至国家标准。自此，人类标准化活动，由企业规模步入了国家规模，进而扩展为世界规模。

工业化时期标准化的发展是与当时的外部环境密切相连的。工业化初期的市场较小，当时的工业标准使用范围仅限于有关工厂和当地用户。后来，运输业的发展扩大市场和交换范围，由于不同地区生产的相同用途的材料和零件相互不匹配，需经用户修整才能使用，于是标准化得以在更大范围内展开。此外，市场的发展使竞争加剧，各产业部门纷纷寻求提高生产率的途径。标准的制定在一定程度上提高了生产水平和生产效率，缓解了企业竞争压力。

快速发展的社会化大分工是促使工业化时期标准化迅猛发展的重要推动力。

1.6.4　现代标准化

第一次世界大战(1914 年 8 月 ~1918 年 11 月)和第二次世界大战(1939 年 9 月 1 日 ~1945 年 8 月 15 日)的发生在某种程度上促进了标准化发展。

“一战”期间，由于物资奇缺，美国军工局通过严格的标准化，对产品的品种规格加以限制，取得了显著成效。在战后恢复期(1922 ~ 1930 年)，有更多国家建立起国家标准化机构，他们先后开展了以标准化为重要内容的“产业合理化运行”。例如，德国仅用 10 年时间就使经济恢复到战前水平。又如，美国将电灯的式样从 55 种简化为 2 种；切削工业的种类减少 75%；蒸汽锅炉由 130 种简化为 13 种等。英国、法国等国的情况也大体如此。各国各行业通过实施标准化，使经济得以快速发展，许多国家都把制定标准活动列为重要任务。

“二战”期间，由于军需品的互换性差，规格不统一，致使盟军的供给异常紧张。为此，军需部门再度强调标准化。美国标准协会(ASA)颁布了军用标准制定程序。根据该程序建立的特殊委员会，调集1300个工程师制定了一批新军工标准(例如,质量控制、安全、军用和民用广播电台的摄影器材和设备部件等军工标准)，修订了老标准，促进了军事工业发展。

在战后恢复重建时期，恢复发展经济是各个国家的首要目标。当时，各国都已认识到标准对经济发展的重要影响，因此纷纷加大实施标准化的力度，因而加快了这一时期标准化的发展速度。

1969年，ISO理事会决定将每年的10月14日定为世界标准日。1975年，国际标准化情报网成立。这期间，出版了几部在世界标准化领域产生重要影响的标准化学术专著，如前苏联B. B. Ткаченко的《标准化的方法与实践》(1967年)[12]、印度Lalc Verman的《标准化是一门新学科》(1972年)[10]，T. R. B Sanders的《标准化的目的与原理》(1972年)[6]，日本松浦四郎的《标准化原理》(1973年)[11]。

1.6.5 标准的国际化

标准的国际化应该说从国际经济贸易交流一开始就起步了，但标准的国际化迅速繁荣发展却是在进入新世纪之后，其原因主要是以信息技术为标志的新技术革命和以WTO为标志的经济全球化在世界范围内的迅速发展。这是因为信息技术的发展不仅拓宽了标准制定的领域(生物工程、智能机器人、新材料等新兴领域)，而且加大了各国标准之间的联系，缩短了标准制定时间；除此之外，国际贸易的频繁与扩大、跨国公司的发展、地区经济的一体化直接影响着各国的标准化。各国都在积极地参与国际标准化活动，采用国际标准成为普遍的现象。为了减少或消除贸易壁垒，加强国际间经济贸易交往，促进国际经济发展，必然要求标准的国际化[26,34,35,47-50]。

美国　为了维护本国利益、争夺国际市场，美国积极参与国际标准化活动，与欧盟争夺ISO的控制权，推行标准化向外扩张的政策。2000年8月，ANSI批准了“美国国家标准战略(NSS)”，2002年出台“标准化战略”，2006年又推出“新标准化战略”。该战略的核心是：加强国际标准化活动，承担更多的ISO、IEC秘书处，使国际技术标准更多地反映美国的技术，更能够体现美国的国家利益，使其占据国际标准制定的主导地位，建立符合自己国家经济、安全利益的国际标准秩序，并以此保持其在高科技产业各个领域的发言权。

英国　英国于1991年在美国弗吉尼亚州的Reston设立了BSI美国分部，1995年在中国香港设立了其在亚洲的第一个分支机构。BSI从20世纪末开始在全球范围内开展了并购。2003年，英国贸工部(DTI)、工业联合会(CBI)和

BSI共同推出了为期三年的国家标准化战略框架(NSSF)。BSI前任主席Feilden博士提出的“要干就干对，一次干成国际化”的BS标准与国际标准“同步”的政策，成为英国国家标准化政策的生动体现。英国参加国际标准会议的代表团由BSI组织并带队，会上的发言必须代表英国观点。

德国　在制定国家标准工作计划时注重纳入国际标准项目，将德国国家标准工作的重点放在制定统一的国际标准方面。德国重视国际标准项目计划与DIN标准同步制定，将DIN认可的国际标准不作任何修改纳入DIN体系，并强调国际标准工作项目的优先权。德国利用所承担国际标准化组织秘书处数量多的优势，将工作重点从过去的欧洲标准化领域，转移和扩大到国际标准化工作领域，力争使EN标准和国际标准的工作同时进行。

法国　AFNOR于1947年加入ISO，又是CEN的创始成员团体，它开展的标准化活动中85%是CEN和ISO的活动。AFNOR承担着ISO的21个TC和63个SC秘书处及185个WG召集人的工作。AFNOR在2003年工作计划中规定，法国标准化的工作重点是国际标准化工作，要把其85%的精力放在国际标准化工作上。

日本　在1980年关贸总协定(GATT)条例生效后制定了“JIS与国际标准整合化工作的原则”，以指导JIS标准与ISO、IEC等国际标准的整合工作。2000年制定的《国家产业技术战略(总体战略)》中提出，要把标准化作为通向新技术与市场的工具。2000年编制的“面向21世纪标准化课题研讨特别委员会报告书”中提出，要致力于与广大标准化工作者密切合作，使各技术领域标准化课题迅速与现实相适应，建议制定各技术领域的标准化战略。2001年，JISC设立了“标准部”，该部的主要任务是制定国内和国际标准化的基本方针和规划。2001年，日本经产省提出了综合战略，其目的是牵制欧洲在电气产品方面推行的环境限制成为国际标准，提议与美国、韩国等共同制定独立标准，呼吁汽车领域积极采用日本的安全性检测、试验方法作为世界标准，号召日本企业积极参加ISO的相关活动，并将在人才培训方面提供支持。2001年，JISC制定了标准化战略。2006年，日本发表了一份由政府人士和专家学者共同研究的题为“国际标准综合战略”的报告。该报告全方位地阐述了日本争当国际标准制定者的重要性和实现的途径。

经济全球化打破了原有国家、地区间的狭小疆界，形成了全球范围的大生产、大流通，造就了统一的大市场，加深了各国间的相互联系。为了维持市场秩序和公平的竞争环境，充分提高市场运营和商品流通效率，标准化的作用凸现出来，并且被推上了前所未有的战略高度，走向国际化。标准的国际化主要是靠信息技术的发展和经济贸易全球化推动的。反过来，标准的国际化也促进了信息技术与经济贸易的发展。这一时期的标准化具有系统性、国际性、动态性、超前性、经济性等特点。

1.6.6 部分国家标准化发展特点

由上所述，可看出，每个国家标准化发展历程虽不同，但也呈现出一些共同点。

1. 必然性与漫长性

标准化是社会经济发展到一定阶段必然出现的人类科学实践活动，它随着社会经济和科学技术的发展而发展，为社会经济和科学技术发展创造了条件、开辟了道路。但是，它又受社会经济和科学技术发展水平的制约，所以它经历了一个漫长的发展历程。如果从远古时代标准化思想的萌芽算起，标准化已有数千年的发展史了。

2. 循序渐进发展性

在标准化发展初级阶段，标准往往都是针对某个行业或者领域而专门制定的，标准单一、分散而无体系，涉及领域狭窄。随着社会经济和科学技术的不断发展，国际标准化工作已由单纯的技术标准化逐渐扩大到社会生活与文化生活领域，标准渐趋完善，开始关注环境、安全、健康、社会服务等各个领域。特别是ISO提出的社会责任标准等，已越过技术标准的界限，跨入伦理、道德、法律等社会领域。进入21世纪，各国更是纷纷制定自己的标准化发展战略，制定自身的标准体系，从国内标准发展到国际标准，全面推动标准化不断走向完善。

3. 政府支持

不论哪个国家，在标准化发展进程中都碰到过许多困难，走过许多弯路，但都在不断前进，这与政府的支持是密不可分的。不仅标准化组织的成立需要政府的引领、支持与协调，标准的制定与实施更需要政府的认可与推动。

4. 外部条件的制约性

考查美、英、德、法、日等国的标准化发展过程可以看出，这些国家在标准化发展过程中都曾出现过几个转折点，而这些转折点恰恰是这些国家重大经济、政治事件的发生点。例如，第二次世界大战期间，美国制定军用标准的程序就与当时的战争状况有关。再如，进入21世纪后，英国在标准化领域进行海外扩张活动就与世界经济贸易一体化有关。标准化的发展是与社会经济、政治等外部环境紧密相连的。

5. 标准的趋同性

在全球经贸一体化进程中，由于标准发挥了不可替代的重要作用。“一个标准，一次检验，全球有效”不仅反映了国际贸易市场的需求，也是各国解决贸易冲突、促进经济贸易全球发展的必要措施。各国在纷纷制定自己的标准化发展战略的同时，也都积极参与国际标准化活动，大力协调本国标准与国际标准的一致性，以期达到与国际标准的一致性。随着国与国交流的增多，国家标准在逐渐减少，国际标准在逐渐增多，标准趋同的步伐也越来越快，标准的国际化将是一种不可避免的发展趋势。

6. 标准化体系的差异性

由于各个国家文化传统、政治制度、生活习俗等内部因素及其所处的外部政治、经济环境存在着巨大的差异，使得每个国家所制定的标准化战略存在着差异，进而在标准的国际化方面就必然存在着差异，这是不可避免的。

1.7 中国标准化发展脉络

公元前5000年~前4000年，浙江余姚县河姆渡村出土一批距今6000~7000年的建房用的构造类同的木质构体。

约公元前5世纪，春秋末年的《考工记》是一部含有丰富标准化内容的科技书。

约公元前372~前289年，孟子提出“不以规矩不能成方圆”的学说，成为古代标准化的理论基础。

公元前221年，秦始皇以政令统一货币、兵器等，实行“车同轨，书同文”。

1041~1048年，毕昇发明木制活字印刷术，应用了标准件、互换性、分解组合、重复利用的方法。

1100年，李诫编成《营造法式》，该书是中国现存最早、内容最丰富的建筑标准化的重要文献。

1273年，元朝鲁明善的《农桑辑要》刊印，该书是中国有关农业标准化的最早的书籍。

1578年，明代李时珍编成《本草纲目》。

1637年，明代宋应星的《天工开物》刊印，该书是记载中国古代农业、手工业技术和工具的规范，是中国古代标准化重要文献。

1734年，刊行《工程做法则例》，该书是清代官式建筑通行的标准设计规范。

1931年，中华民国政府工业标准委员会成立。

1935年，中华民国政府颁布《公营铁路条例》和《民营铁路条例》。这两个条例成为当时铁路建设的重要管理标准。

1946 年，中华民国政府发布《标准法》。

1947 年，中华民国政府度量衡局与工业标准委员会合并，成立中央标准局。

1949 年，中华人民共和国中央人民政府中央技术管理局成立，下设标准规格处。

1950 年，重工业部召开了首届全国钢铁标准化工作会议。

1953 年，《中华人民共和国药典》出版。

1957 年，国家科学技术委员会标准局成立，负责全国标准化工作。中国加入国际电工委员会(IEC)，并派代表以观察员身份参加了 IEC 第 22 届年会。

1958 年，中国《标准化》杂志创刊。国家技术委员会颁布第一号国家标准 GB1《标准幅面与格式、首页、续页与封面的要求》。

1962 年，国务院颁布我国第一个标准化管理法规《工业产品和工程建设技术标准管理办法》。社会主义国家标准化机构代表会议第七届年会在北京召开。

1963 年，国家科学技术委员会颁布国家标准、部标准、企业标准的统一标准代号、编号等规定。4 月，召开中国第一次全国标准计量工作会议，会上通过了《1963 ~1972 年标准化发展规划》，这是中国第一个标准化十年发展规划。9 月，经国家科委批准成立国家科委标准化综合研究所。10 月，经文化部批准成立技术标准出版社。

1972 年，国家标准计量局成立。

1976 年，国家标准计量局和第一机械工业部在上海召开在进行企业技术改造时搞好标准化工作的经验交流会。

1978 年，国家标准总局成立。中国标准化协会成立。中国重新加入国际标准化组织(ISO)。

1979 年，国务院颁布《中华人民共和国标准化管理条例》。国家标准总局颁布《关于加强工农业产品企业标准管理的几项规定》。中国标准化协会首次代表大会在杭州召开，协会组团参加了 ISO 第 11 届全体大会。国家标准化行政管理部门组建 234 个全国专业标准化技术委员会，400 多个分技术委员会。钱学森在《标准化通讯》第三期发表《标准化与标准学研究》文章。

1980 年，国家标准总局发布《参加国际标准化组织技术活动的暂行规定》。中国在第 45 届 IEC 年会上被选为 IEC 执行委员会委员。

1981 年，ISO/TC 46 文献标准化技术委员会第 19 届年会在中国召开。中国粉末冶金测氧方法标准被采纳为国际标准草案 ISO/DIS 4493。国家标准总局召开全国企业标准化工作会议。中国国家标准总局发布《工业企业标准化工作管理办法(试行)》。

1982年，国家标准总局更名为国家标准局。中国在ISO第12次全体会议上被选为ISO理事会成员国。国务院批转国家标准局《关于加标准化工作的报告》。李春田主编《标准化概论》，由中国人民大学出版社出版。

1983年，《标准新书目》创刊。

1984年，国家标准局、国家经济委员会、国家科学技术委员会联合发布《采用国际标准管理办法》。国务院、中央军委颁布《军用标准化管理办法》。国家标准局发布《专业标准管理办法(试行)》。国务院批转国家经济委员会《关于加快采用国际标准工作的报告》。国家标准局、国家计划委员会、国家经济委员会、国家科学技术委员会和对外经济贸易部联合发布《技术引进和设备进口标准化审查管理办法(试行)》。国家标准局颁布《专业标准管理保证(试行)》。

1985年，国家标准局和农牧渔业部联合召开第一次全国农业标准化工作会议。中国在ISO第13次全体会议上继续当选为ISO理事会成员国。

1986年，国家标准局发布《国家实物标准暂行管理办法》、《制定工农业产品国家标准工作程序的补充规定》、《主要工农业产品国家标准出版发行管理办法》。

1988年，第七届全国人民代表大会常务委员会第五次会议通过《中华人民共和国标准化法》，1989年4月1日起施行。《中华人民共和国标准化法》颁布。国家技术监督局成立，撤销国家标准局、国家计量局和国家经委质量管理局。

1990年，国务院颁布《中华人民共和国标准化法实施条例》。国家技术监督局发布《国家标准管理办法》、《行业标准管理办法》、《地方标准管理办法》、《企业标准管理办法》、《能源标准化管理办法》、《全国专业技术委员会章程》。IEC第54届大会在北京召开。

1991年，中国在ISO第15次全体会议上，第四次被选为ISO理事会成员国。

1992年，全国组织机构代码管理中心成立。

1993年，国家技术监督局对6400多项强制性国家标准进行了复审，最后确认其中1666项为强制性国家标准。国家技术监督局发布《采用国际标准和国外先进标准管理办法》、《采用国际标准产品标志管理办法》。

1994年，国家技术监督局要求推行采标产品标志制度，开展消灭无标生产活动，严格执行强制性标准，加快国家标准的制定、修订速度。

1995年，国家技术监督局开始建立农业标准化示范区。

1996年，国家技术监督局确定标准化工作“九五”计划和2010年远景规划。

1997年，国家技术监督局召开全国消灭无标生产经验交流暨工作会议。

1998年，国家技术监督局更名为国家质量技术监督局。国家质量技术监督局发布《国家标准化指导性技术文件管理规定》。国家质量技术监督局向各有关单位通告，从1999年3月1日起，废止1990年以前各部门批准、发布的专业标准和在对国家标准进行清理整顿中转为行业标准的国家标准。

1999年，国际标准化组织(ISO)第22届大会在北京召开。中国标准研究中心成立。至1999年底，我国已有国家标准19278项，其中强制性国家标准2653项，推荐性标准16625项，依法备案的行业标准30000项(其中强制性标准约占10%)，地方标准近9000项，依法备案的企业标准约35万项，基本形成了以国家标准为主，行业标准、地方标准衔接配套的标准体系。

2000年，国家质量技术监督局下发了《关于强制性标准实行条文强制的若干规定》。

2001年，国务院决定国家质量技术监督局与国家出入境检验检疫局合并，组建国家质量监督检验检疫总局。同时，成立国家标准化管理委员会(Standardization Administration of the People's Republic of China,英文缩写:SAC)和国家认证认可监督管理委员会。国家质量监督检验检疫总局发布《采用国际标准管理办法》。科技部提出实施“人才、专利和技术标准”三大战略。经国家科教领导小组第十次会议批准，科技部决定在“十五”期间组织实施国家重大科技专项“重要技术标准研究”。

2002年，国家“十五”重大科技专项“重要技术标准研究”中的战略性研究课题“中国技术标准发展战略研究”和“国家技术标准体系建设研究”启动。国际电工委员会(IEC)第66届大会在北京召开。

2003年，中国标准化研究院成立。《国务院办公厅关于进一步做好农业标准化工作的通知》(国办发[2003]97号)发布。

2004年，国家标准委部署并启动国家标准清理工作。国家标准委发布《全国专业标准化技术委员会管理办法》。

2005年:

(1) 7月9号，国务院颁布《工业产品生产许可证管理条例》。《条例》明确了企业要取得生产许可证，产品必须符合有关国家标准、行业标准以及保障人体健康和人身、财产安全的要求。

(2) 8月17日，国家质量监督检验检疫总局承担的国务院“国家知识产权战略制定工作”第17专题“标准中的知识产权问题研究”启动。

(3) 11月30日，国家“十五”重大科技专项“重要技术标准研究”中三项战略性研究课题[1]通过了由国家质检总局和国家标准委共同组织的验收，

---

[1] 这三项课题分别为《中国技术标准发展战略研究》，提出了我国技术标准发展的总体战略；《国家技术标准体系建设研究》，提出了新型国家技术标准体系建设方案；《技术性贸易措施战略与预警工程方案》，提出了我国技术性贸易措施的战略预警工程方案。

这在我国标准化发展史上具有里程碑意义。

（4）12月20日，国家“十五”重大科技专项“食品安全关键技术”中《主要食品安全标准的基础研究及技术措施》通过了由科技部、国家质检总局组织的验收。

（5）上海率先设立标准化工程师专业技术职务，首次资格考试于12月24日举行，实行统一大纲、统一命题、统一组织。

（6）12月，我国首次以新闻形式发布“2005年中国标准化大事回顾”，忠实地记录了2005年中国标准化事业的发展脉络，浓缩了中国标准化的发展进程。

2006年：

（1）2月2日，国家标准委会向国务院呈报《国家标准化发展纲要》，提出重点加强社会急需的农业、食品、安全、卫生、环境保护、资源节约、高新技术、服务等领域的标准化工作。

（2）2月9日，国务院发布《国家中长期科学和技术发展规划纲要(2006～2020年)》，指出中国要加快实施知识产权和技术标准战略。

（3）2月26日，国家“十五”重大科技专项“重要技术标准研究”通过验收。该专项于2002年启动，包括政策战略性研究、重要技术标准研制、关键计量检测技术研究和技术标准试点4个部分，共104项课题。经过300多个科研机构、70多所高校、50多个行业组织、400多家企业的4000多名科研人员3年多的攻关，取得了重大成效。这项研究首次整体研究了我国标准化发展的重大战略问题，确定了我国技术标准发展战略，构建了适应市场经济的国家技术标准体系，提出新型国家技术标准体系建设和实施方案以及技术性贸易措施战略，科学规划了我国未来标准化发展方向。

（4）4月29日，国家标准委、国家发改委等14个部门联合发布《2005～2007年资源节约与综合利用标准发展规划》，8个重点及清洁生产领域急需的926项国家标准和行业标准纳入其中。

（5）5月25日，国家标准委召开公开征集国家标准起草单位的工作推进会，公开征集国家标准起草单位的试点工作正式启动。这标志着国家标准开始实行“招标”制。

（6）6月27日，全国安全生产标准化技术委员会在京成立。

（7）7月11日，中国标准化专家委员会在京成立。中国标准化专家委员会由11位两院院士，1位国务院参事，1位原IEC副主席和15位标准化专家组成，刘源张㊀院士任主任委员。

㊀ 刘源张，男，1925年1月出生。中国工程院院士，著名质量管理专家，现为中国科学院数学与系统科学研究所研究员，中国标准化研究院名誉院长。

(8) 9月7日，国家标准委将于3年内完成修订近万项国家标准。

(9) 10月13日，首届“中国标准创新贡献奖”颁奖大会在京召开，共有79个标准项目获奖。

(10) 12月18日，吴仪在全国质检工作会议上对标准化工作作出重要指示。

2007年：

(1) 3月13日，国家标准委在京召开了全国标准化科技创新工作会议，发布了《标准化“十一五”发展规划》。

(2) 4月23日，胡锦涛主持中共中央政治局进行第41次集体学习，安排的内容是我国农业标准化和食品安全问题研究。

(3) 4月23日，中共中央政治局召开关于加快推进农业标准化，全面加强食品安全工作的会议。

(4) 5月17日，国家标准委提出切实抓好食品卫生和食品质量标准的十二条意见。

(5) 6月6日，国家《认证认可标准化“十一五”发展规划》出台，其重点将围绕质量、安全、节能、节水、环保、食品和农产品等领域的标准化工作。

(6) 7月30日，国家标准委组织相关部门召开《2008～2010年资源节约与综合利用标准发展规划》编制启动工作会议，这是国家标准委组织编制的第二个资源节约和综合利用标准规划。

(7) 温家宝总理在全国质量工作会议上强调要加快产品质量标准体系建设。

(8) 12月19日，全国采用国际标准工作会议在京召开，ISO主席莫尔比专程到会并致辞。会议为获得第二届中国标准创新贡献奖的119个标准颁奖，其中一等奖8项。

2008年：

(1) 1月4日，“十一五”国家科技支撑计划中“国际标准研制”课题通过审定。

(2) 2月26日，国家标准委指出，2008年中国国家标准总数年底将达到3.1万项，统一、科学、权威的标准体系将基本形成。

(3) 3月5日，温家宝总理在十一届全国人大一次会议上作政府工作报告时提出，要加快产品质量安全标准制定修订工作。

(4) 3月20日，国家标准委指出：我国已建立了食品国家标准1800多项、行业标准2900多项，初步形成门类齐全、结构合理、配套完整的食品质量安全标准体系。

（5）4 月 1 日，国家标准《学生用品的安全通用要求》开始全面实施。这是中国学生用品标准中第一部强制性国家标准，其标准水平达到了国际先进水平。

（6）5 月 8 日，由重庆市规划设计研究院主编的国家标准《城市消防规划规范》通过审查，在渝颁布。

（7）7 月10 日，国家发改委正式下达了 2008 年制修订行业标准 1761 项的项目计划，其中节能减排和安全标准是 66 项。

（8）10 月 1 日，由中国气象局主持编制的《建筑物防雷装置检测技术规范》及《地面气象观测规范》等 48 项气象行业标准开始实施。

（9）10 月 7 日，国家质检总局、国家标准委正式发布实施 GB/T 22388—2008《原料乳与乳制品中三聚氰胺检测方法》。

（10）10 月 15 日正式颁布实施 GB/T 22400—2008《原料乳中三聚氰胺快速检测液相色谱法》。

（11）10 月 16 日，在第 31 届国际标准化组织大会上，我国正式成为 ISO 常任理事国。它标志着我国标准化工作实现历史性突破。

（12）11 月 6 日，全国公共安全基础标准化技术委员会成立。

（13）11 月 18 日，我国首个标准化博士后科研工作站揭牌仪式在中国标准化研究院举行，今后将在基础标准化等 8 个研究领域招收博士生参与课题研究。

复习思考题

1-1 “标准”一词是外来语，其英文是“standard”是由“stand”与“ard”构成的。“stand”是站立的意思，“ard”是地点，连在一起有“基石、基地、旗帜、旗杆”的意思。我国标准化科技工作者把英文“standards”翻译成为“标准”。“standardize, standardization”是使某物或某事按照标准去做的意思，是按照标准校对或与标准相比较来评估。

我国在很早的时候就懂得了标准的重要性。中文“标准”的内涵要比“standards”宽泛、丰富得多，而且标准化工作者使用的“标准”的含义和广大公众所理解的“标准”一词的内涵不尽相同。《说文解字注》[㊀]对“标”的注释为：“标，木杪末也”（见图 1-21），是指树梢、树的最高处。本意是标志性的、目标性的，引申为标举、标志、标准。《说文解字》对“准”的注释为：“准，平也”（见图 1-21）。清朝语言学家段玉裁(1735—1815年)的注是“谓水之平也。天下莫平于水，水平谓之准”。“标准”一词出处多说初见于东晋孙绰(314—371 年)《丞相王导碑》，中有“信人伦之水镜，道德之标准也”的句子。“标准”在中国技术领域的运用则初见于北魏建昌四年(515 年)(见《全后魏文》卷二十，奏立表

㊀ 汉朝许慎撰写，清朝段玉裁评注，上海古籍出版社 1988 年出版。

伺辱度），为天文历法之标准。至唐，“标准”一词的含义已多样化，使用也已大众化，广泛应用于社会生活的不同领域，杜甫就有一名句：“示我百篇文，诗家一标准”（见《杜甫诗全集》卷221）。而对“标准”内涵作出严格定义的则是南宋朱熹（见《朱子语类》卷第七十九，尚书二）。通过对我国常见古籍文献研究分析发现，古籍所记载的技术文献相当一部分属于现在称之为“技术法规”、“强制性标准”等的范畴，常谓之曰“法式”、“程式”、“则例”、“准程”等。这些文件通常是以诏书、朝廷法令、律令、则例等形式（政府层面）发布，以确保实施推广的权威性和规范性。

汉语表述“standards”词义的单词还有“规矩”。《孟子》说：“规矩，方圆之至也”。《楚辞·离骚》说：“圆曰规，方曰矩”。日本沿袭了汉文化，至今还把标准称为规格，日本的“标准化协会”就称之为“日本规格协会”。

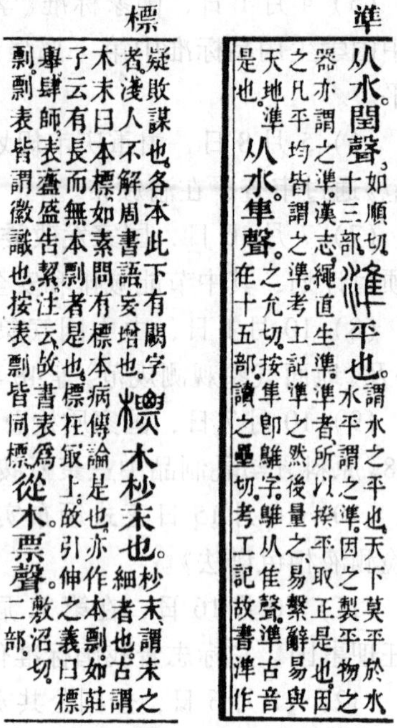

图1-21 “标”与“准”之本义

标准化是现代工业的产物，强调的是技术标准的内容、形式和形成的民主协商过程，这是毫无疑问的。但是，科学技术专家在传播科学技术知识的同时也在传承历史与文化，也应对文化的发展作出了贡献。何况标准化工作范围的扩大，使标准化术语的客体在延伸，“标准”的内涵也在扩大。以汉语为母语的标准化工作者了解汉语词语“标准”的文化内涵及演化，对于在从事标准化工作中，弘扬中华文明、建立基于中华文化根基的标准化理论和方法有着重要的理论和实践意义，对于实施我国标准化战略，推进国际标准化事业，推进经济、社会和文化的可持续发展，建设和谐社会有着重要的现实意义。

请查阅有关文献史料，撷取论之，以深化对“标准”和“标准化”的理解和认识。

1-2 关于“标准”的定义，具有代表性的有哪几种？这些定义在文字表述上各有所不同，但都具体地涵盖了哪些内容？

1-3 关于“标准化”的定义，具有代表性的有哪几种？这些定义在文字表述上各有所不同，但都具体地涵盖了哪些内容？

1-4 标准化包括哪些活动过程？标准化的目的是什么？

1-5 标准是如何分类的？试解释以下名词：国际标准、区域标准、国家标准、行业标准、地方标准、企业标准、组织标准、国外先进标准、基础标准、产品标准、工程建设标准、方法标准、安全标准、卫生标准、过程标准、技术标准、管理标准、工作标准、强制标准、试行标准、推荐标准、国际标准（ISO）、技术规范（TS）、技术报告（TR）、指南（Guide）、可公开提供的技术性规范（PAS）、国际研讨会协议（IWA）。

1-6 按照标准体系的定义，标准体系中的各个标准之间存在着“内在联系”并形成

“科学的有机整体”。“内在联系”与“有机整体”的内涵是什么？标准体系的特征是什么？

1-7 何谓标准体系表？全国标准体系表与企业标准体系表之间有什么关系？

1-8 为什么说“标准化在人类社会经济发展中具有不可替代的重要作用”？

1-9 为什么我国和许多国家都将标准列为国家战略？

1-10 为什么世界各国都积极采用国际标准？我国法律法规对采用国际标准和国外先进标准有哪些原则性规定？如何采用国际标准和国外先进标准？

1-11 目前被广泛使用的“QWERTY”键盘排列是1873年克里斯多夫·斯格勒设计的。尽管“QWERTY”键盘的设计不够合理，存在很多缺点，如打字速度太快就会引起机械式打字机卡壳等。但由于它已成为键盘排列的事实标准，得到了广泛使用。19世纪30年代，Dvorak等人对“QWERTY”键盘的合理性提出了质疑。他们用“时间—动作分析”的方法研究了键盘的250种变化，得出“QWERTY”键盘对于盲打是最差的一种排列。他们推出自己设计了一种布局更为合理的新键盘，称之为“DVORAK SIMPLIFIED”。后来有人对“DVORAK”键盘和“QWERTY”键盘作了比较研究，如Seibel在1932年指出“DVORAK”键盘的学会时间较短，输入速度较快；美国海军(1944年)和澳大利亚邮政部(1953年)的研究也认为“DVORAK”键盘较优。尽管“DVORAK”键盘在易学性、输入速度等指标都优于“QWERTY”键盘，但由于“QWERTY”键盘已经成为事实上的标准，所以“DVORAK”键盘并未能取代“QWERTY”键盘。请试用标准化理论分析此案例的意义。

1-12 1969年9月，ISO理事会发布的第1969/59号决议，决定把每年的10月14日定为世界标准日(World Standards Day)。这一天也是国际标准化组织(ISO)成立的纪念日。1970年10月14日，在世界范围内举行了第一届世界标准日庆祝活动，时任ISO主席的是Mr. Faruk Sunter(土耳其)。这个国际节日是献给全世界成千上万从事标准化工作的志愿者的礼物。世界标准日的目的是提高对国际标准化在世界经济活动中重要性的认识，以促进国际标准化工作适应世界范围内的商业、工业、政府和消费者的需要。

为了庆祝世界标准日，ISO理事会于1978年9月召开会议，通过决议，希望看到世界上有最大规模的标准化宣传活动。决定在每年10月14日庆祝世界标准日，并鼓励ISO成员在他们的国家里庆祝这个日子，规模越大越好。此后，每年的10月14日，就成为了世界各国标准化工作者开展标准化宣传活动、举行纪念活动的盛大节日。从第17届(1986年)起，世界标准日祝词开始赋予了主题(见表1-4)，以突出当年世界标准日的宣传重点。其中第22届(1991年)的主题是“劳动安全”，第36届(2005年)的主题是“标准使世界更安全”。

表1-4 第17～40届世界标准日主题

年　份	届　期	主　题
1986年	第17届	国际标准化
1987年	第18届	国际标准化
1988年	第19届	照明

（续）

年　份	届　期	主　题
1989 年	第 20 届	卫生技术标准
1990 年	第 21 届	国际标准为世界免遭破坏起的作用
1991 年	第 22 届	劳动安全
1992 年	第 23 届	国际标准：打开市场的关键
1993 年	第 24 届	全球标准使信息处理的更好
1994 年	第 25 届	标准与消费者：一个更加美好世界的伙伴
1995 年	第 26 届	一个移动着的世界
1996 年	第 27 届	呼唤服务标准
1997 年	第 28 届	世界贸易需要国际标准
1998 年	第 29 届	标准在日常生活中
1999 年	第 30 届	耸立在建筑上的标准
2000 年	第 31 届	国际标准促进和平与繁荣
2001 年	第 32 届	环境与标准紧密相连
2002 年	第 33 届	一个标准　一次检验　全球接受
2003 年	第 34 届	为全球信息社会制定全球标准
2004 年	第 35 届	标准连着世界
2005 年	第 36 届	标准使世界更安全
2006 年	第 37 届	标准为小企业创造大效益
2007 年	第 38 届	标准造福人与社会
2008 年	第 39 届	标准与智能绿色建筑
2009 年	第 40 届	标准应对气候变化

在第 23 届世界标准日以前，均是由 ISO 和 IEC 主席联合发出祝词，从第 24 届开始，国际电信联盟(ITU)也参加了世界标准日的纪念活动，由 ISO 和 IEC 主席及 ITU 秘书长联合发出祝词。ISO 和 IEC 中央办公室为庆祝世界标准日所做的工作主要由以下几项组成：ISO 主席和 IEC 秘书长向所有成员国发表联合祝词、世界标准日的宣传画、新闻公告。事实上所有成员国都使用这个祝词来强调标准化的重要性，并且很多国家充分利用每年的宣传画来突出世界标准日的主题。

我国自从1978年重新进入ISO以后，在每年的10月14日世界标准日，全国各大、中城市都要举办各种形式的报告会、座谈会、纪念会，紧密结合当年ISO的世界标准日的宣传主题，广泛宣传标准化活动在人类社会发展中的重要作用，提高人们的标准化意识。

请结合上年世界标准日的主题谈谈你对标准化的认识。

第2章

安全生产标准化通论

2.1 安全标准与安全生产标准化

2.1.1 安全标准的概念

所有事故的发生都因为“系统”存在着人的不安全行为、物的不安全状态、环境不利因素、管理欠缺因素[75-85]。在这里，为简化起见，从广义的角度将之统称为“危险源”。为了预防事故发生，就要对危险源形成有效控制。有效控制危险源的安全措施可以是功能性的(如温度超过规定值时关闭设备)、固定性的(如安全防护间距,高速公路安全行车间距)或者描述性的(如人员、机构资质和文化)等[4]。

国家(或权威性机构)在科学分析事故发生可能导致的人员伤亡、财产损失、环境破坏的严重程度的基础上，用法律形式(技术法规或强制性标准或强制性条款)明确地规定安全生产各个相关方(组织、机构、生产经营单位)的安全风险控制目标与指标，安全生产各个相关方再将各自的安全风险控制目标与指标分解到每个危险源，最终转化为对危险源实现控制的每个具体的安全相关系统的风险控制目标与指标。这样，就形成了由“国家→安全生产各个相关方→危险源控制”构成的安全风险控制体系(见图 2-1)。

在每一个危险源的安全风险控制目标与指标确定后，应用标准学原理和方法提出的数学模型和策略，将危险源的安全风险控制目标与指标转化为对危险源实行控制与保护的一系列强制性的统一的规范化安全要求。这一系列强制性的统一的规范化安全要求确定后，按照系统结构特点与环境，用数学方法将之分解为：①对系统中每个基本功能单元(包括子系统、设备、器件、技术措施、人员资格、能力等)的安全性能要求；②对系统全生命周期的安全管理程序要求；③对系统中每个组织或责任人的工作要求。这些强制性的统一的规范化安全要求由国家(或权威性机构)以技术法规的形式固定下来就是安全标准。

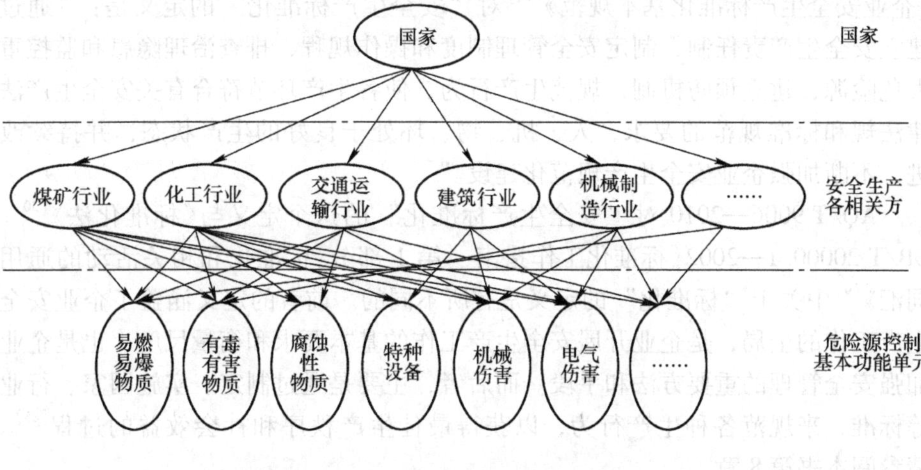

图 2-1　安全风险控制体系框架结构示意图

这样，安全标准(国家技术法规)规定的安全风险控制目标与指标，就通过“安全生产各个相关方(组织、机构、生产经营单位)→危险源→安全相关系统”直接分解到系统中的每个设备(包括所有测量、控制设备、逻辑运算、判断等计算机软硬件)、每种技术措施、每个相关的组织和作业人员、每步工作程序(包括人的应急动作)。这个过程同时也是一个系统优化的过程。系统安全完整性水平表现在系统内部诸要求之间及系统与外部环境之间保持着有机的联系。经过对系统的分解与优化，不仅可以发现系统中冗余过度的部分，也能发现系统的薄弱环节。

安全标准就是这样以系统安全风险控制目标与指标为原点，在对系统的安全责任与组织管理程序、构成系统的结构与每个基本功能单元(包括子系统、设备、技术措施、人员资格、组织能力等)进行科学分解与优化的基础上，对相关人员、组织的资格、各个相关子系统、元器件等每个基本功能单元明确提出强制性的统一的规范化安全要求与工作程序要求以及应承担的相关的法律责任，并用完善的技术与管理体系保证责任的可追溯性。由这些分解的整体构成有序的系统，在合理分工的基础上进行严密有效的协作，通过科学的组织管理体系和系统集成，最终实现安全风险控制的总体目标与指标。

安全标准的这个特点，使其既能作为国家安全生产法治化管理的依据，又能作为安全生产各个相关方(组织、机构、生产经营单位)从事安全生产微观管理的基础，还能作为安全工程技术的指导。

2.1.2　安全生产标准化的定义

国家安全生产监督管理总局于 2010 年 4 月 15 日颁布的 AQ/T 9006—2010

《企业安全生产标准化基本规范》[84]对“安全生产标准化”的定义是：“通过建立安全生产责任制，制定安全管理制度和操作规程，排查治理隐患和监控重大危险源，建立预防机制，规范生产行为，使各生产环节符合有关安全生产法律法规和标准规范的要求，人、机、物、环处于良好的生产状态，并持续改进，不断加强企业安全生产规范化建设。”

AQ/T 9006—2010 对“安全生产标准化”的这个定义与《标准化法》[30]、GB/T 20000.1—2002《标准化工作指南　第 1 部分:标准化和相关活动的通用词汇》[9]中关于“标准化”的定义是有所不同的。前者的定义涵盖了企业安全生产工作的全局，是企业开展安全生产工作的基本要求和衡量尺度，也是企业加强安全管理的重要方法和手段。而后者，主要是通过制定、实施国家、行业等标准，来规范各种生产行为，以获得最佳生产秩序和社会效益的过程[85]。请参阅本书第 8 章。

2.2　我国安全生产标准化发展历程

我国安全生产标准化是在煤矿质量标准化、煤矿安全质量标准化、安全质量标准化的基础上提出、发展而来的[86-109]。

煤矿质量标准化是原煤炭工业部在总结山东省肥城矿务局开展煤矿质量标准化工作经验的基础上提出来的[87]。1988 年初，原煤炭工业部发出[88]煤生字第 1 号文[86]，在全国煤炭企业开展“质量标准化、安全创水平”活动，当时亦称之为“矿井质量标准化”工作[87]。

煤矿安全质量标准化是国家煤矿安全监察局、中国煤炭工业协会总结了黑龙江省七台河矿业精煤(集团)公司的安全质量标准化工作的先进经验，通过 2003 年 10 月 20～23 日在黑龙江省七台河矿业精煤(集团)公司召开煤矿安全质量标准化现场会[106]向全国推广的。为了将七台河“安全质量标准化”工作现场会的精神向全国推广，国家煤矿安全监察局、中国煤炭工业协会提出了《关于在全国煤矿深入开展安全质量标准化活动的指导意见》[107]。

“安全质量标准化”概念的提出，是煤炭系统基层同志的一个创造，是建立在几十年质量标准化工作实践基础上的一次创新，既是对以往质量标准化工作的继承，也赋予了新的内涵[108,109]。

2003 年年底，国家安监局在政策法规司下设立标准处，作为主管安全生产标准化的专门机构。这说明在国家层面上大大地强化了安全生产标准化工作。

当时，我国安全标准的状况是：原劳动部和国务院各工业部门都有各自的安全标准，大约数以千计[110]。几十年来、特别是改革开放以来，安全标准的制定部门不一，背景不一，针对问题不一，“为数众多，种类庞杂，底数不清”。于是，摸清安全标准“底数”，分门别类进行全面清理，成为必须立即抓紧着手进行的一项重要基础工作。据初步统计，截至 2003 年底，劳动部颁布的有关安全的行业标准是 62 项[111]，国标中有关劳动保护的标准就有 49 项[112]，涉及安全生产的标准有几百项。

2003 年国家安监局颁布的标准有《煤矿许用炸药井下可燃气安全度试验方法和判定规划》[113]、《煤矿用爆破器材管理规定》和《煤矿井下爆破作业安全规程》[114]。

2004 年：

1 月 9 日，国务院发布《关于进一步加强安全生产工作的决定》(国发[2004]2 号)[115]，进一步明确提出要在全国所有工矿、商贸、交通运输、建筑施工等企业普遍开展安全质量标准化活动，并要求制定、颁布各行业的安全质量标准，以指导各类企业建立健全各环节、各岗位的安全质量标准，规范安全生产行为，推动企业安全质量管理上等级、上水平。

5 月 11 日，国家安监局、国家煤矿安监局为了贯彻落实国发[2004]2 号文件，切实加强基层和基础“双基”工作，强化企业安全生产主体责任，促使各类企业加强安全质量工作，建立起自我约束、持续改进的安全生产长效机制，提高企业本质安全水平，推动安全生产状况的进一步稳定好转，提出了《关于开展安全质量标准化活动的指导意见》(安监管政法字[2004]62 号)[116]，对开展安全质量标准化工作进行了全面部署，提出了明确要求。

5 月 20 日，国家标准化管理委员会批准，由国家安全生产监督管理局负责制定颁布有关安全生产的行业标准，其标准代号为“AQ”。行业标准的范围包括除矿用电气设备以外的矿山安全、劳动防护用品、危险化学品安全管理、烟花爆竹安全管理和工矿商贸安全生产规程等[117]。这是我国安全生产标准化发展进程中一个具有重要标志性意义的大事，自此以后，我国安全生产的行业标准才有了专属自己的标准代号。

8 月 24 日至 25 日，国家煤矿安全监察局在乌鲁木齐市召开“国有煤矿安全质量标准化工作座谈会”。这次座谈会，总结回顾了国有煤矿安全质量标准化工作，交流经验，安排部署下一阶段国有煤矿安全质量标准化工作[118]。

9 月 16 日至 17 日，国家安监局在郑州市召开“全国非煤矿山及相关行业安全质量标准化现场会”。会议中部分地区和单位总结、交流了开展安全质量标准化工作的做法和经验，以及安全生产标准化工作的法规建设情况和下一步工作思路，并对进一步开展安全质量标准化工作提出了建议[119]。

11 月 1 日，国家安监局、国家煤监局发布第 14 号令，公布《安全生产行业标准管理规定》[120]，以加强和规范安全标准的制定(修订)工作。

12 月 28 日，国家安监局发布 2004 年第 1 号公告，颁布 3 项安全生产行业标准[121]：AQ 2001—2004《炼钢安全规程》、AQ 2002—2004《炼铁安全规程》、AQ 2003—2004《轧钢安全规程》。

2004年国家安监局还召开了七省市机械行业安全质量标准化研讨会，就如何开展机械行业安全质量标准化工作进行了研讨；委托中国机械工业安全卫生协会组织专家起草《机械制造企业安全质量标准化考核评级办法》和《机械制造企业安全质量标准化评价标准》，并于2004年11月在广州召开了机械制造企业安全质量标准化考核评级办法和评价标准研讨会。此外，国家煤矿安全监察局、中国煤炭工业协会组织编制《煤矿安全质量标准化标准及考核评级办法》，自2004年开始实施[122]。

2005年：

1月24日，国家安监局颁布《机械制造企业安全质量标准化考核评级办法》[123]和《机械制造企业安全质量标准化考核评级标准》[124]（安监管管二字[2005]11号）[125]。

2月21日，国家安监局发布第1号公告，颁布2项安全生产行业标准[130]；3月7日，发布第2号公告，颁布6项安全生产行业标准[131]。

3月1日起，强制性国家标准GB 19595—2004《烟花爆竹安全与质量》[128]和推荐性国家标准GB/T 10632—2004《烟花爆竹抽样检查规则》[129]，开始实施。

4月18日，国家安监总局印发《金属非金属矿山安全质量标准化考评办法及标准(试行)》㊀(安监总管一字[2005]27号)[132]。

5月27日，国家安监总局发布2005年第1号公告，颁布2项安全生产行业标准[133]。

7月14日，国家安监总局发布2005年第3号公告，颁布3项安全生产行业标准[134]。

11月15日，国家质检总局指出，特种设备安全监察法规标准体系框架已初步形成[127]。

11月30日，全国机械安全标准化技术委员会指出，我国急待完善机械安全标准体系，今后5年内要完成50项机械安全标准的制定和修订工作[126]。

12月16日，国家安监总局印发《危险化学品从业单位安全标准化规范(试行)》和《危险化学品从业单位安全标准化考核机构管理办法(试行)》[135-138]。

2006年：

1月1日起，强制性国家标准GB 18401—2003《国家纺织产品基本安全技术规范》自开始实施，所有服用和装饰用纺织产品的基本安全技术要求应符合

㊀ 已被AQ 2007—2006《金属非金属矿山安全标准化规范》替代，见参考文献[31]~[33]。

该标准[48]。

2月2日，国家标准委向国务院呈报的《国家标准化发展纲要》提出要重点加强标准化工作的8个社会急需的领域中包括"安全"领域[48]。

2月27日，国家安监总局发布2006年第2号公告，颁布4项安全生产行业标准[141]。

4月21日，国家安监总局发布2006年第6号公告，颁布《尾矿库安全监督管理规定》[142]。

5月16日，全国光辐射安全和激光设备标委会在京成立，这是我国激光技术领域第一个全国性的标准化技术委员会[48]。

5月22日，国际电工委员会安全顾问委员会第八届论坛在京召开。本届论坛是该委员会在亚洲举办的第一次论坛，主题是"安全技术标准与法规"[48]。

6月27日，全国安全生产标准化技术委员会（以下简称"全国安标委"）在京成立。这标志着我国安全生产领域有了第一个全国性的标委会，国家安监总局局长李毅中在成立大会上指出，全国安标委的成立标志着我国安全生产标准化专家队伍初步建立，安全标准工作开始步入正常发展的轨道[139]。全国安标委成立在我国安全生产标准化发展史上具有里程碑意义。

7月11日，国家安监总局发布2006年第7号公告，批准废止15项安全生产行业标准[143]。

10月30日，国家安监总局发布2006年第12号公告，颁布24项安全生产行业标准[144]。

10月30日，国家安监总局发布2006年第13号公告，颁布19项煤炭行业标准[145]。

11月25日，国家家用电器无线电干扰质量监督检验中心更名为国家电器产品安全质量监督检验中心，并正式在广州挂牌[48]。

12月6日，云南省强制性地方标准《公众聚集场所消防技术规范》通过了云南省质量技监局组织的技术审定[48]。

2007年：

1月4日，国家安监总局发布2007年第1号公告，颁布35项安全生产行业标准[146]。

3月30日，国家安监总局发布2007年第5号公告，颁布7项安全生产行业标准[147]。

3月30日，国家安监总局发布2007年第6号公告，颁布23项安全生产行业标准[148]。

4月29日，国家安监总局发文（安监总政法[2007]96号），下达《2007年制修订安全生产行业标准项目计划》，共95项[149]。

4 月 29 日，国家安监总局发文(安监总政法[2007]97 号)，下达《2007 年制修订煤炭行业标准项目计划》，共 72 项[150]。

10 月 22 日，国家安监总局发布 2007 年第 20 号公告，颁布 5 项安全生产行业标准[151]。

10 月 22 日，国家安监总局发布 2007 年第 21 号公告，颁布 33 项煤炭行业安全生产标准[152]。

2008 年：

5 月 15 日，国家安监总局发文，征求《2008—2010 年全国安全生产(主要工业领域)标准化发展规划》(以下简称《规划》)意见[153]。《规划》构建了涵盖煤矿、金属非金属矿山、冶金、有色、化工、石油天然气、石油化工、危险化学品、烟花爆竹、机械安全、通用及其他等 12 个领域的安全生产标准体系框架(参阅本书 2.5 节)，提出了 591 项安全标准制修订计划项目。《规划》的编制有力地促进了安全生产标准化工作的开展，对全面提升国家安全生产标准化水平，充分发挥安全标准在安全生产工作中的技术支撑作用，实现我国安全生产状况根本好转具有重要意义。

10 月 22 日，国家安监总局发布 2008 年第 14 号公告，核准第一批冶金企业安全生产标准化一级企业为 12 个[154]。

11 月 19 日，国家安监总局发布 2008 年第 23 号公告，颁布 59 项煤炭行业安全生产标准，自 2009 年 1 月 1 日起施行[155]。

11 月 19 日，国家安监总局发布 2008 年第 24 号公告，颁布 81 项安全生产行业标准，自 2009 年 1 月 1 日起施行[156]。

2009 年：

4 月 15 日，国家安监总局发文(安监总管一[2009]80 号)，提出“关于加强金属非金属矿山安全标准化建设的指导意见”[157]。

12 月 11 日，国家安监总局发布 2009 年第 21 号公告，颁布 10 项安全生产行业标准[158]。

12 月 11 日，国家安监总局发布 2009 年第 22 号公告，颁布 43 项煤炭行业安全生产标准[159]。

2009 年，获“中国标准创新贡献奖”的安全类标准共有 18 项，其中获得一等奖的 5 项：GB 8624—2006《建筑材料及制品燃烧性能分级》和 GB 50348—2004《安全防范工程技术规范》等 4 项标准；获得二等奖的 1 项：GB/T 14285—2006《继电保护和安全自动装置技术规程》；获得三等奖的 12 项：GB 21175—2007《危险货物分类定级基本程序》等 6 项标准、GB/T 15706.1—2007《机械安全 基本概念与设计通则 第 1 部分：基本术语和方法》、GB/T 15706.2—2007《机械安全 基本概念与设计通则 第 2 部分：技术原则》、GB

19269. 1—2003《公路运输危险货物包装检验安全规范 通则》等 3 项标准、GB 17741—2005《工程场地地震安全性评价》[160]。

这里特别值得一提的是，近几年来，国家标准化管理委员会和国务院有关部门制定(修订)了近千项安全生产领域的国家标准、行业标准，有力地促进了安全生产标准化的发展。

2. 3　安全生产标准化建设的意义

国家对安全生产高度重视，采取了一系列重大举措加强安全生产工作，我国安全生产形势呈现总体平稳、趋于好转的势态。但形势依然严峻，事故总量依然很大，重特大事故时有发生。严重影响我国安全生产的原因是多方面的，但其中一个重要原因就是安全生产法制不健全，安全生产的组织管理与技术保障体系存在严重缺陷，安全生产标准化工作滞后、薄弱[140]。

我国安全生产标准化工作虽然有一定的基础，也发挥了重要的作用，但还没有形成完善的安全标准体系。特别是随着经济体制转换、工业化速度加快、新技术广泛应用，一些原有的安全标准已不能适应，甚至阻碍了生产力的发展。主要表现如下：

1）部分安全标准和规程老化，内容过时，不能适应社会经济发展的新要求，亟待组织修订、制定。国家安监总局对涉及安全生产的行业标准进行了清理。据统计，在煤炭、化工、建材、轻工、石油等 12 个行业的 29698 项标准中涉及安全生产方面的标准共有 1154 项。按标准制定时间来分，1990 年前制定的有 262 项，占总数的 22. 7%；1991 年 ~ 1995 年制定的有 343 项，占总数的 29. 7%；1996 年 ~ 2000 年制定的有 436 项，占总数的 37. 8%；2001 年 ~ 2005 年制定的有 113 项，占总数的 9. 8%[140]，如图 2-2 所示。

2）种类庞杂、系统性较差，急需的部分安全标准缺失。

3）安全生产标准化的基础研究有待加强，国际化程度较低。

4）对安全生产标准化的意义及作用的宣传力度不够，标准实施过程中缺乏有效监督。

5）安全标准制定(修订)与基础理论研究的经费投入渠道不畅，标准制定(修订)专业人才队伍建设亟待加强[140,153]。

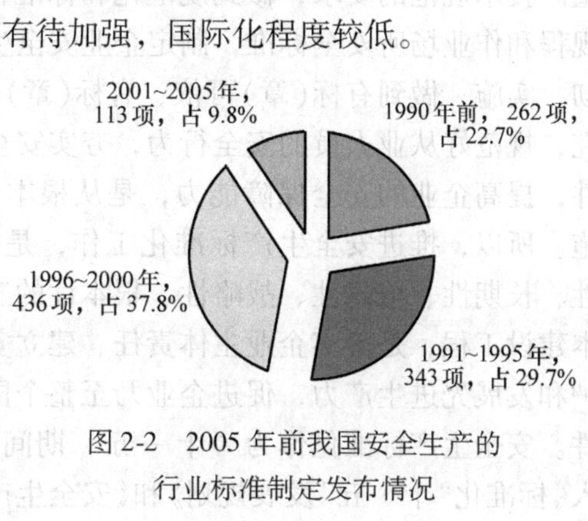

图 2-2　2005 年前我国安全生产的行业标准制定发布情况

因此，开展安全生产标准化工作对企业和全社会来说，都有着十分重要的意义，主要体现在以下几个方面。

(1) 加强安全生产标准化工作是贯彻落实科学发展观的具体体现。我国党与国家领导人多次对安全生产标准化工作作出重要指示，强调“要抓紧制定和修订行业安全生产质量工作标准，制定和完善安全生产控制指标体系，建立健全安全生产考核制度体系。”[153]要“完善安全生产技术规范和质量工作标准，使安全生产工作经常化、规范化、标准化。”[153]

(2) 加强安全生产标准化建设有利于安全生产法律、法规的贯彻实施。安全生产标准是安全生产法规体系的重要组成部分，是安全生产法律法规贯彻实施的重要手段和技术支撑。企业作为市场主体，在安全生产方面必须遵章守规。而以往的“章”和“规”多以政府部门制定的法律法规为主，缺乏安全生产方面的技术法规(标准)。随着社会经济发展，技术规范与行为规范相结合、技术规范法律化的趋势日益明显，特别是经济类立法中，越来越多地采纳技术规范作为政府部门服务、监管企业行为的依据。如《安全生产法》明确规定，企业生产时必须符合国家标准、行业标准所规定安全生产条件[161-164]。一般来说，安全标准多是“强制性标准”。任何忽视安全标准、违背安全标准的现象，都是对安全生产法律的破坏和违反，安全标准所具有的法律地位及其法律效力，决定安全标准一旦制定和发布，就必须得到尊重，必须认真贯彻实施。

(3) 推进安全生产标准化有利于加强企业安全生产基础。国务院《关于进一步加强安全生产工作的决定》(国发[2004]2号)明确提出“健全完善安全生产法制”，“认真做好各项安全生产技术规范、标准的制定修订工作”。“开展安全质量标准化活动。制定和颁布重点行业、领域安全生产技术规范和安全生产质量工作标准，在全国所有工矿、商贸、交通运输、建筑施工等企业普遍开展安全质量标准化活动。企业生产流程的各环节、各岗位要建立严格的安全生产质量责任制。生产经营活动和行为，必须符合安全生产有关法律法规和安全生产技术规范的要求，做到规范化和标准化。”[115]制定各工种和岗位安全操作规程和作业场所安全标准，制定企业安全生产条件和设备设施安全标准，并贯彻、实施，做到有标(章)可依、有标(章)必依、执标(章)必严、违标(章)必究，规范好从业人员的安全行为，夯实安全管理基础，保障作业场所的安全条件，提高企业的安全保障能力，是从根本上预防生产安全事故的一项重要措施。所以，推进安全生产标准化工作，是加强安全生产工作的一项带有基础性、长期性、前瞻性、战略性、根本性的工作，是提高企业安全素质的一项基本建设工程，是落实企业主体责任、建立安全生产长效机制的根本途径，是保护和发展先进生产力，促进企业乃至整个国民经济持续健康快速发展的基本条件。安全生产标准化作为“十一五”期间国家标准化工作的重点领域，已纳入《标准化“十一五”发展规划》和《安全生产“十一五”规划》[153]。

（4）开展安全生产标准化有利于深化和发展安全专项整治成果。在近年开展的安全生产专项整治工作的基础上开展安全生产标准化工作，就是要从企业安全生产管理基础和从业人员工作岗位入手，制定企业各工种、各岗位的安全操作规范，规范企业安全生产管理的各个环节，促进作业条件改善、技术装备达标，提高安全保障能力。它是强化企业安全生产内功，解决企业安全生产深层次问题，是“专项整治”的深化和发展，有利于巩固、提高“专项整治”效果。

（5）加强安全生产标准化是保证安全生产许可制度实施的基础。“安全”是市场准入的必要条件。从安全生产许可条件看，国家标准、行业标准所规定的安全生产条件，就是市场准入必须具备的资格，是不可降低的门槛。在国际上，安全生产标准是企业准入的一个重要条件。国际劳工组织、国际标准化组织制定颁布了一系列安全生产和职业健康方面的标准，作为国际通行的安全健康评判准则。美国、德国等工业发达国家也都建立了安全与健康方面的技术标准体系，在安全生产条件和员工劳动保护方面做出了严格的限制，有力地推动了这些国家安全生产状况的稳定。企业开展安全生产标准化工作有助于企业改善安全生产条件，满足规定的各项安全生产要求，同时也为国家实施安全生产许可制度奠定了基础，创造了条件。

（6）加强安全生产标准化有利于落实企业安全生产主体责任。安全生产标准化就是要求企业通过安全生产标准化建设，在生产经营和管理活动过程中，自觉贯彻执行有关安全生产法律、法规、规程、规章和标准，来规范企业及其经营管理者、从业人员的生产安全行为，在企业生产经营管理工作的全过程、全方位、全员中全天候地得到贯彻实施，使每个从业人员、每个操作岗位、每个生产环节全部规范化和标准化，使企业的人、机始终处于和谐并保持在最好的安全状态下运行，进而使企业主动应用安全生产标准化成果来保障企业本质安全水平不断得到提升并持续改进，保证和促进企业在安全生产的前提下健康快速地发展。这符合《安全生产法》对企业安全生产责任的规定，有利于落实企业安全生产主体责任。

（7）推进安全生产标准化有利于促进安全生产形势的稳定好转。安全生产标准化工作将引导、促进企业在加强基础管理、基层建设和基本功训练的同时，加大安全投入力度，加大安全技术改造与创新力度，加大持续改进和自我完善力度，加大企业淘汰落后生产技术、工艺和设备、装备的力度，提高企业的安全技术水平和生产力的整体发展水平，提高安全生产保障能力，这就从根本上解决了企业安全生产的本质问题，提高了企业安全生产水平，从而长期有效地保障企业生产安全，利于建立安全生产的长效机制。

（8）安全生产标准化是提高政府安全生产监管水平的重要手段。安全生产标准化工作不仅要求企业安全生产工作法制化、规范化和标准化，而且也要求政府安全生产监管部门的监管工作、监管行为法制化、规范化、标准化，不断总结经验、改进工作、拓宽思路，积极引导和推动安全生产标准化工作健康发展。因此，安全生产标准化工作为安全生产法制化管理提供了技术支撑，这有利于提高政府安全生产监管部门的监管工作的针对性、前瞻性、实效性，提高监管水平和效率。

2.4 安全生产标准化的特征

1. 彰显了预防性

安全标准是保护生命安全和健康的规则。安全生产标准化就是要求企业在生产经营和管理活动中突出了“预防为主”的安全生产理念。要求企业按照安全标准的规定，尊重科学，实行“安全优先”、“以人为本”的原则，从基层和基础工作抓起，对每台设备(设施)从安装到投入生产使用，都要求有明确的安全技术规定；对每个生产环节和每台设备(设施)、每个工种、每个岗位、每步操作，都要求制定安全操作规程，采取有效的安全防护设施、安全技术措施，千方百计地控制危险源，预防事故的发生。企业还必须执行安全或卫生标准的规定，改善作业条件，保护劳动者免受各种危害，保障劳动者人身安全和健康。企业还应制定安全检查标准，定期检查，持续改进和自我完善。

2. 突出了强制性

标准是法律的延伸，相对于法律法规，标准更细致，更周密[164]。市场经济是法制经济，政府对市场的管理是依法进行的。如果说法律法规管的是人(法人、自然人，市场行为的主体)，那么技术标准管的就是商品(市场行为的客体)，因此法律法规和技术标准是管理市场经济有序运行的两种必备的手段。两者之间在一定范围和一定领域中是相互依存、相互渗透、相互交叉和相互支持的[164-169]。法律法规和技术标准的相互关系可以用图 2-3 来表示。

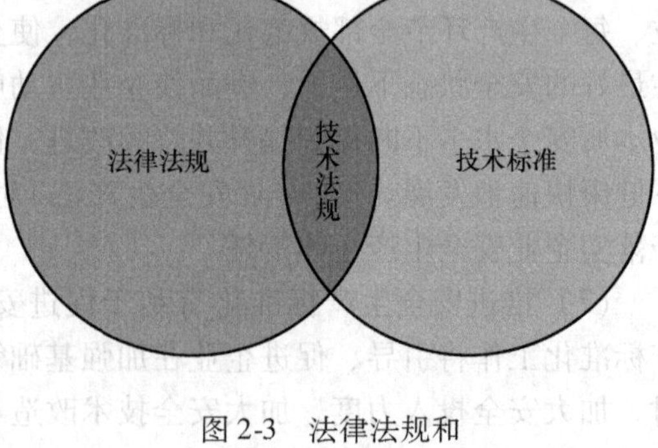

图 2-3 法律法规和技术标准的相互关系

我国称“技术法规”为“强制性标准”或“标准(技术规范)的强制性要求”或“推荐性标准中的强制性条款”[164-171]。(参阅本书 1.2 节)根据《标准化法》第 7 条和《标准化法实施条例》第 18 条的规定，凡“产品及产品生产、储运和使用中的安全、卫生标准，劳动安全、卫生标准，运输安全标准”，“工程建设的质量、安全、卫生标准”（习惯上统称之为“安全标准”），均为强制性标准或推荐性标准中的强制性条款。安全标准就是关于安全生产的技术法规，是国家安全生产法律体系的重要组成部分，具有法的权威性和法律效力，不仅企业应严格遵守，政府部门也应以此作为安全生产监督管理的法定技术依据[164-171]。安全标准的含义是为规范企业生产安全作业行为所制定并实施的相关准则和依据。要求企业在生产经营和管理活动的全过程、全方位、全体员工中、全天候地贯彻实施有关安全生产法律、法规、规程、规章和标准，改善生产工作场所或领域的劳动条件，使每个从业人员、每个操作岗位、每个生产环节全部规范化和标准化，保护劳动者免受各种伤害，保障劳动者人身安全和健康，实现安全生产。

3. 强调了科学性

安全生产标准化要求企业全部生产经营活动中，全面贯彻执行国家、地区、行业颁发的各项安全标准（规程、规章），按标准科学地组织各种生产经营活动、从事各项管理工作、进行生产作业，强调安全生产的科学性。首先，它要求企业建章立制。因为建章立制是企业管理的基础性工作，是开展安全生产标准化和搞好安全生产的前提。建章立制包括建立企业的规章、制度、规程、标准等，它涵盖培训、教育、操作、管理、生产、基建、营销等各个环节。其次，它要求企业认真贯彻安全标准、执行安全标准、落实安全标准和其他各项规章制度，把企业的安全生产工作全部纳入安全生产标准化的轨道，让企业的每个员工从事的每项工作都符合安全标准的规定，从而促进企业工作规范化、管理规范化、操作规范化、行为规范化、技术规范化，加强企业内部安全管理的科学性。第三，它要求并鼓励企业广泛采用新技术、新设备、新材料、新工艺，提高装备的安全性能，及时淘汰危及安全的落后技术、工艺和装备，不断改善安全生产条件，提高本质安全程度和水平，进而达到科学化管理的目的。

4. 体现了统一性

质量是安全的前提，是安全的基础，是安全的保障；从某种意义上讲，没有质量就没有安全。例如压力容器，如其本身（材质、制造工艺、安全附件等）不具备安全性，那就谈不上安全。因此，安全与质量是一体的，应相互结合，统一起来。

作业环境是指劳动者作业场所各种构成要素的总和。它包括生产工艺流程布置，设备及其排列，器具、零部件、原材料、燃料的存放位置，操作工位、空间、体位、程序和劳动组织形式的设计，作业场所的温度、湿度、空气质量等气象条件和照明、色彩、辐射、噪声等物理因素，易燃易爆、腐蚀性物质、有毒有害气体、粉尘等的管理和有效控制，个人防护用品的配备和使用，等等。众所周知，上述构成作业环境的各个要素都对安全都有着直接影响，有不少事故就是由于作业环境不良而引发的。不良的作业环境，还影响作业人员的健康。如长期在强噪声作业场所作业会导致职业性耳聋等。因此，安全与环境具有统一性[77]。

由此可见，安全与质量、环境存在着内在的联系，具有不可分割的统一性，企业完全可以把安全与质量、环境统一起来，作为一项系统工程来抓。

5. 保证了公平性

国家、行业、地区颁发的各项安全标准(规程、规章)对企业的安全生产条件的要求，只要生产类型、生产工艺、生产作业程序相同，则是一致的，应一视同仁，严格执行同一标准。例如，不论是大型国有煤矿，还是地方煤矿或私营煤矿，国家都是依据《煤矿安全规程》(试行)对其安全生产状况实施监督管理的。

6. 保持可持续发展性

安全生产标准化要求在全面贯彻落实现行的国家、行业、地区安全生产法律法规和标准(规程、规章)的同时，根据实施过程中发现的问题和社会经济发展、科技进步，借鉴国际安全标准和先进国家安全标准，及时修订、完善原有的相关标准，或废弃某些旧标准，制定新标准，或直接采用国际标准和国外先进标准。同时，要积极采用安全科学技术研究成果，不断提高安全标准的技术含量和前瞻性，使安全标准成为推动安全科技进步、创新的动力，促使安全科技成果转化的桥梁。

2.5 安全标准体系

2.5.1 概述

安全标准体系是指为维持生产经营活动，保障安全生产而制定颁布的一切有关安全生产方面的技术、管理、方法、产品等标准的有机组合，既包括现行的安全标准，也包括正在制定修订和计划制定修订的安全标准(参见本书1.3节)。

建立安全标准体系的目的：一是为企业安全生产和安全生产整体水平的提高提供保障。二是建立结构合理、重点突出、符合国情的安全标准体系，为安全生产提供技术支持。三是为政府部门依法行政、安全生产监管监察以及标准的科学管理提供技术支持[172-185]。通过对安全标准体系分析，确定重点领域和重点项目，为政府部门制定标准年度制定(修订)计划提供依据。四是适应加入WTO后新形势的需要，加快与国际安全生产标准化工作接轨[153]。

建立安全标准体系的原则：一是应遵循系统性原则，系统性是指安全标准体系各要素相互作用、相互联系，构成一个有机整体。二是应遵循层次性原则，层次性是指安全标准体系在构成上按照外延和隶属关系分成不同层次。三是应遵循协调性原则，协调性是指在建立安全标准体系时要全面考虑各领域的平衡，同时突出当前标准化工作的重点和急需。四是应遵循先进性原则，先进性是指积极采用和推广科研新成果，配合国家相关政策和法规的实施，提高市场准入门槛，淘汰落后的生产工艺、设备、技术和产品[153]。

我国安全标准体系主要包括：安全生产标准化法规体系（参见本书 3.1 节），安全生产行业标准化行政管理系统，安全生产标准化技术工作体系，安全标准层次内容体系（相关内容参见第1章与第3章）。

2.5.2　行政管理系统

我国标准化工作的行政管理系统是依据标准化对象所属的行业领域建立的（参见本书3.3节）。安全生产行业标准化工作归国家安监总局管理。

2.5.3　技术工作体系

按照我国标准化技术工作体系（参见本书 3.4 节），全国安全生产标准化工作的技术组织机构是全国安全生产标准化技术委员会（以下简称“安标委”）。安标委是在国家标准化管理委员会的指导下，在对原多个标准化组织进行改革的基础上，为适应安全生产工作的需要，由国家安监总局（主管部门）依法组建的，编号为 SAC/TC288，于2006年6月27日正式成立。现由34名委员组成，第一任主任委员为王显政，秘书处设在中国安全生产科学研究院。安标委在国家标准委和国家安监总局的领导下，负责安全生产领域国家标准、行业标准的总体规划、设计、研究；组织有关标准的制定、修订、审查、宣贯、复审；开展有关安全生产标准化的科学研究等。

根据安全生产行业标准主管部门国家安监总局的统一部署，安标委下设七个分技术委员会（以下简称“分标委”），其中新组建三个，在原有标委会的基础上经补充、调整有关人员后，改组重建四个[186-188]。

新组建的三个分标委分别是：

（1）非煤矿山安全分标委（SAC/TC288/SC2）由26名委员组成，秘书处设在中国安全生产科学研究院矿山安全技术研究所。

（2）化学品安全分标委（SAC/TC288/SC3）由28名委员组成，秘书处设在中国化学品安全协会。

（3）烟花爆竹安全分标委（SAC/TC288/SC4）由20名委员组成，秘书处设在中国民用爆破器材流通协会。

改组重建的四个分标委分别是：

（1）煤矿安全分标委（SAC/TC288/SC1）由32名委员组成，秘书处设在中国煤炭工业协会。

（2）粉尘防爆分标委（SAC/TC288/SC5）的前身是全国粉尘防爆标准化技术委员会（SAC/TC171）。SAC/TC171是在原国家技术监督局和劳动部的直接领导下，在冶金、煤炭、交通、纺织、有色、粮食、医药等有关行业主管部门的大力支持下，于1990年12月29日在北京正式成立的。SAC/TC171成立后历经3届委员会，共颁布了11项国家标准，经2005年国标委清理评价后，有8项标准列入国家标准修订计划。2006年6月，经国家安监总局调整为SAC/TC288/SC2。现SAC/TC288/SC2由22名委员组成，秘书处设在中钢集团武汉安全环保研究院。

（3）涂装作业分标委（SAC/TC288/SC6）的前身是全国涂装作业安全标准化技术委员会（SAC/TC142）。1980年11月，为完成原国家劳动总局委托甘肃省劳动局会同化工部涂料工业研究所研究编制涂装作业安全规程，成立了“涂装作业安全规程国家标准编制协调组”（1982年）；后经国家标准局批准成立了“全国涂装作业安全标准化技术工作组”（1985年11月）；1988年4月国家标准局（国标发［1988］105号文）同意劳动人事部成立SAC/TC142。2006年6月，经国家安监总局调整为SAC/TC288/SC6。SAC/TC288/SC6现由20名委员、9名顾问组成，秘书处设在江苏省安全生产科学研究院。

（4）防尘防毒分标委（SAC/TC288/SC7）的前身是全国防尘防毒工程标准化技术委员会（SAC/TC204）。SAC/TC204经原劳动部申请，国家技术监督局批准，于1993年正式成立。2006年6月，经国家安监总局调整为SAC/TC288/SC7。SAC/TC288/SC7现由21名委员组成，秘书处设在中国职业安全健康协会。

从事安全生产标准化工作的全国性标准化组织机构除安标委（SAC/TC288）外，还有全国个体防护装备标准化技术委员会（SAC/TC112）、全国机械安全标准技术委员会（SAC/TC208）等（见图2-4）。

SAC/TC112是我国成立较早的一个从事安全生产标准化工作的全国性标准化技术组织机构，其前身是1988年成立的“全国劳动防护用品标准化技术委员会”。1990年，经原劳动部同意，国家标准化管理委员会批准，在原全国劳动防护用品标准化技术委员会的基础上，成立SAC/TC112。2006年，国家标准化管理委员会和安全生产行业标准主管部门国家安监总局对SAC/TC112进一步完善。现SAC/TC112由42名委员组成，下设眼面部防护分技术委员会（SAC/TC112/SC1），以及坠落防护（SAC/TC112/WG1）、呼吸防护（SAC/TC112/WG2）、手足防护（SAC/TC112/WG3）、头部防护（SAC/TC112/WG4）和服装防护(SAC/TC112/WG5)五个工作组。秘书处设在中国人民解放军总后勤部军需装备研究所。

SAC/TC208 成立于 1994 年，隶属于国家标准化管理委员会，在业务上接受国家安监总局指导。SAC/TC208 现由 28 名委员组成，秘书处设在机械科学研究总院生产力促进中心。SAC/TC208 是 ISO/TC199(机械安全)的正式成员，工作领域与 ISO/TC199 是一致的。主要负责全国机械安全基础(A 类)标准和通用(B 类)标准的技术归口及 ISO/TC199 的国内对口管理工作；全国机械安全的 A 类标准和 B 类标准的制定、修订工作；协调机械安全 C 类(专业机械)标准与 A 类和 B 类标准之间的关系及技术一致性问题。

还有一些标准化技术委员会(如全国煤炭标准化技术委员会[SAC/TC42]、全国锅炉压力容器标委会[SAC/TC262]等) 虽不是专门从事安全生产标准化工作的技术机构，但也制定(修订)一定数量的安全生产方面的标准。

我国安全生产标准化工作体系以全国安全生产标准化技术委员会成立为标志，已初步形成。我国安全生产标准化工作技术机构组织系统如图 2-4 所示。

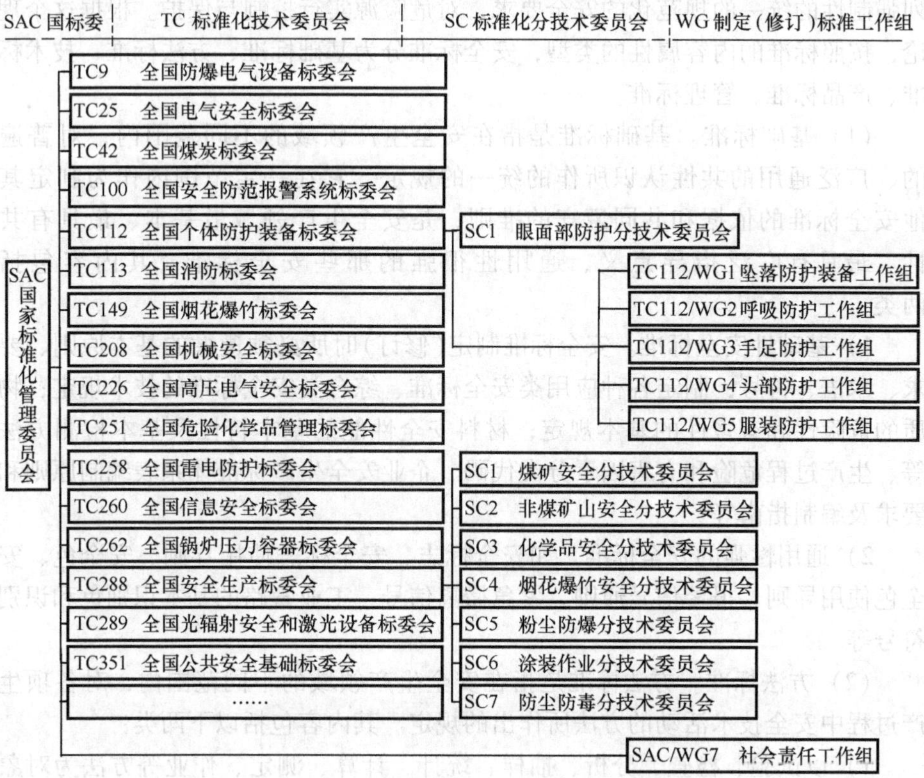

图 2-4　我国安全生产标准化工作技术机构组织系统图

2.5.4 安全标准体系

1. 安全标准体系的分类

按照安全标准的属性特征，依据不同的分类方法，可将安全标准体系分为安全标准内容体系、安全标准层次体系。

安全标准内容体系是按标准的内容属性的类型划分的，可分为基础标准、方法标准、技术标准、产品标准、管理标准。

安全标准层次体系是按标准的层次属性的类型划分的，可分为通用安全标准（如名词术语、安全标志等）和专业（工业领域）安全标准（煤矿、化工等）。

2. 安全标准内容体系

事故致因理论认为，事故的发生是因为系统的人、物、环境、管理四要素不和谐引发的。预防事故就应从系统的人、物、环境、管理四方面着手进行综合治理。安全标准是用来预防事故（职业病）发生的，因此它必须针对人的不安全行为、物的不安全状态、环境不利因素、管理欠缺因素四方面去制定一系列强制性的统一的规范化的安全要求，对危险源实行控制与保护。根据这个理论，按照标准的内容属性的类型，安全标准分为基础标准、方法标准、技术标准、产品标准、管理标准。

（1）基础标准。基础标准是指在安全生产领域的不同范围内，对普遍的、广泛通用的共性认识所作的统一的规定，它在一定范围内作为制定其他安全标准的依据和共同遵守的准则，是安全生产领域最基本、最具有共性、最具有广泛指导意义、通用性很强的那些安全标准。其内容包括两类：

1）基础性安全标准。安全标准制定（修订）时所必须遵循的基本原则、要求、术语、符号；制定各种应用类安全标准、综合类安全标准的技术规定；物质的危险性和有害性的基本规定；材料安全性能的基本特性及基本检测方法等、生产过程危险和有害因素分类代码、企业安全生产标准体系表编制原则和要求及编制指南等。

2）通用性强的安全标准。如安全标志、安全标志使用导则、安全色、安全色使用导则、报警信号通则、紧急撤离信号、工业管路的基本识别色和识别符号等。

（2）方法标准。方法标准是指在安全生产领域的不同范围内，对各项生产过程中安全技术活动的方法所作出的规定。其内容包括以下两类：

1）以试验、检查、分析、抽样、统计、计算、测定、作业等方法为对象制定的标准。如试验方法、检查方法、分析计法、测定方法、抽样方法、设计规范、计算方法、工艺规程、作业指导书、生产方法、操作方法等。

2）为保证产品的安全功能的可靠性，在生产、作业、试验、业务处理等各个环节的工作方法所制定的统一规定。如安全帽测试方法、安全评价通则、安全预评价导则、安全验收评价导则、安全现状评价导则、作业场所有害因素分类分级标准、作业环境评价及分类标准、噪声与振动控制标准、电磁辐射防护标准、防护服装机械性能材料抗刺穿性及动态撕裂性的试验方法等。

（3）技术标准。技术标准是指在安全生产领域的不同范围内，对于生产过程中的设计、施工、操作、安装等具体技术要求及实施程序中设立的、必须符合一定安全要求并能达到此要求的实施技术和规范的总称。如压力容器与管道安全标准、机械安全标准、金属非金属矿山安全规程、石油化工企业设计规范、烟花爆竹工厂设计安全规范、烟花爆竹劳动安全技术规程、民用爆破器材工厂设计安全规范、建筑设计防火规范等。

（4）产品标准。产品标准是指对某一具体的产品的安全功能或某一具体的安全设备、设施、装置、器具、防护用品等的型式、尺寸、主要性能参数、质量指标、试验方法、检测检验规则、标志、包装、运输、储存、使用、维修等方面所作出的统一的规定。产品标准的主要内容包括：①产品的适用范围；②产品的品种、规格和结构形式；③产品的主要性能；④产品的试验、检验方法和验收规则；⑤产品的包装、储存和运输等方面的要求。产品标准是在一定时期和一定范围内具有约束力的技术准则，是产品生产、检验、验收、使用、维护和洽谈贸易的重要技术依据。如煤矿安全监控系统、煤矿用隔离式自救器等。

（5）管理标准。管理标准是指在安全生产领域的不同范围内，通过计划、组织、控制、监督、检查、评价与考核等管理活动的内容、程序、方法，使生产过程中人、物、环境与管理方面的各个因素处于安全受控状态，直接服务于生产、经营、管理的准则或规定。安全生产方面的管理标准还包括安全教育培训和考核等标准（如特种作业人员考核标准）、重大事故隐患评价方法及分级标准、事故统计分析标准、职业病统计分析标准等。

3. 安全标准层次体系

按安全标准层次构建的安全标准层次结构体系框架如图 2-5 所示。由图可见，专业（工业领域）安全标准的下一个层级可依据适用范围、类别及隶属关系等要素再分成各次级专业（工业领域）安全标准子体系（如煤矿、冶金、化工、烟花爆竹等）。这样，按层次分类的安全标准体系基本上可概括各类安全标准，所以习惯上常说的“安全标准体系”如不加以特别的说明，就是指这个按标准层次构建的安全标准层次结构体系。下面详细介绍这个体系。

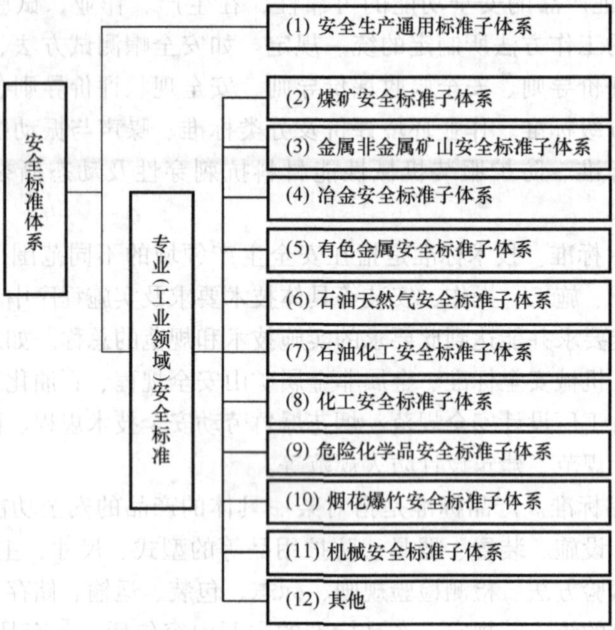

图 2-5 安全标准层次结构体系框架

(1) 安全生产通用标准子体系。按安全标准的层次属性划分的安全生产通用标准子体系主要是指在安全生产领域的不同范围均适用的基础类安全标准、方法类安全标准、技术类安全标准与管理类安全标准。主要包括名词与术语、基本规定、风险评价、安全培训、安全信息(安全色、安全标志、报警信号等)、厂内交通与运输、安全检查与监察、应急管理、事故评价、中介机构评价、生产工艺和设备设施安全与检测、安全防护装置、材料与燃料安全与检测、个体防护装备，以及防尘防毒和涂装作业等安全标准，如图 2-6 所示。

(2) 专业(工业领域)安全标准子体系。国家标准化管理委员会、国家安全生产监督管理总局、国家发展和改革委员会 2008 年 5 月发布的《2008—2010 年全国安全生产(主要工业领域)标准化发展规划(草案)》[153] 涵盖了煤矿、金属非金属矿山、冶金、有色、化工、石油天然气、石油化工、危险化学品、烟花爆竹、机械安全、通用及其他共 12 个领域，所构建的安全标准体系框架包括煤矿、金属非金属矿山、冶金、有色金属、化工、石油天然气、石油化工、危险化学品、烟花爆竹、机械安全、通用共 11 个领域安全标准子体系，各子体系又可依据适用范围、领域、类别以及隶属关系再划分若干次级子体系。

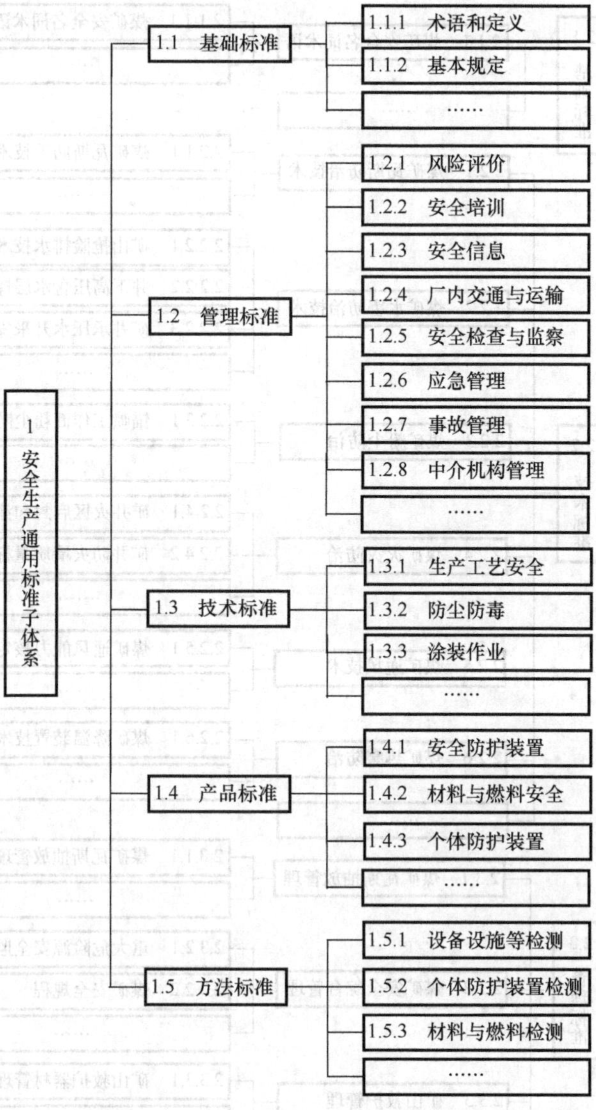

图 2-6　安全生产通用标准子体系框架

作者对本书第[153]条参考文献中所列的 11 个主要工业领域安全标准子体系的内容和表示方式稍加修改、补充、整合，重新绘制的 11 个主要工业领域的安全标准子体系的层次结构图如图 2-7 ~ 图 2-16 所示。

这里必须说明的是，由于我国安全生产行业标准在 2005 年才获得行业标准代码编号“AQ”，加之安全生产本身涉及的领域宽阔，因而安全标准种类繁多、体系庞大、系统复杂，是项巨大的系统工程。只有在政府主管部门领导

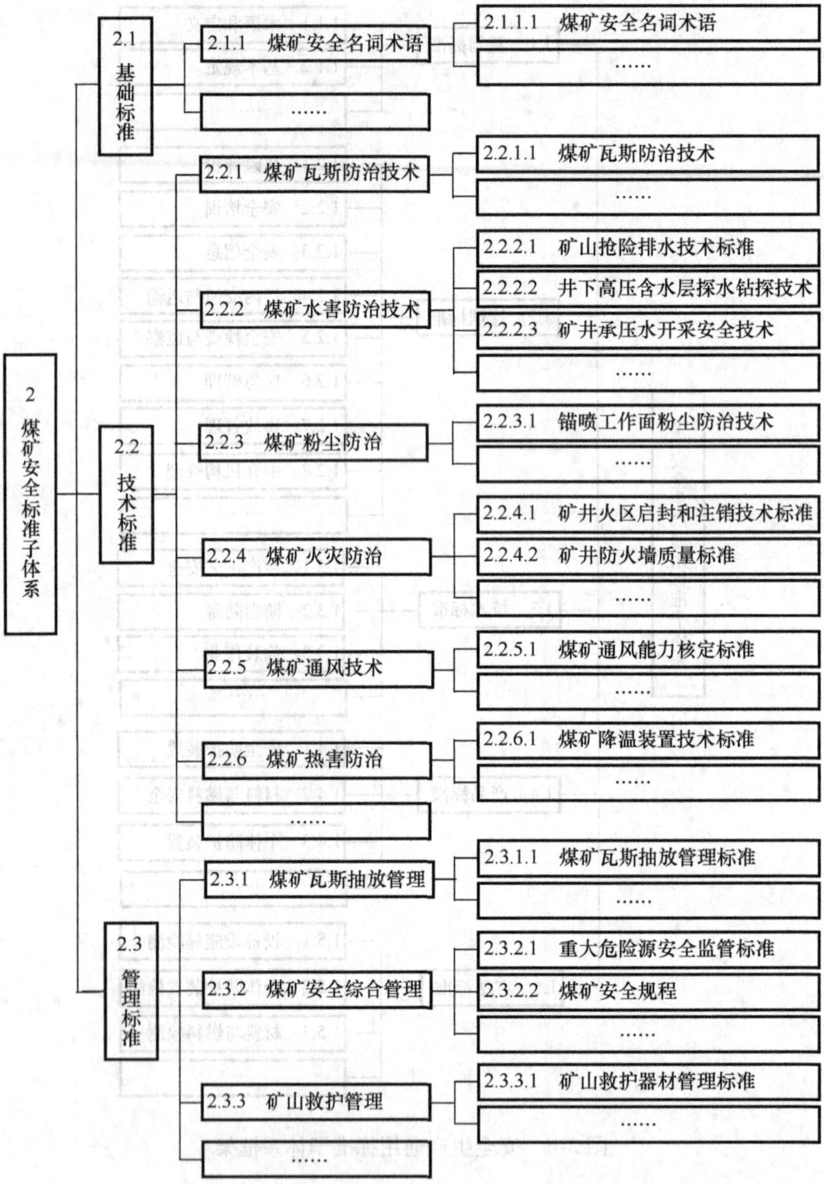

图 2-7 煤矿安全标准子体系框架

和统一协调下，调用各方资源，动员各种力量，集中一定的人力、物力，才能研制成功一个相对完善的安全标准体系。因此，图 2-7 ~ 图 2-16 所示体系挂一漏万是在所难免的，有待进一步研究、完善。

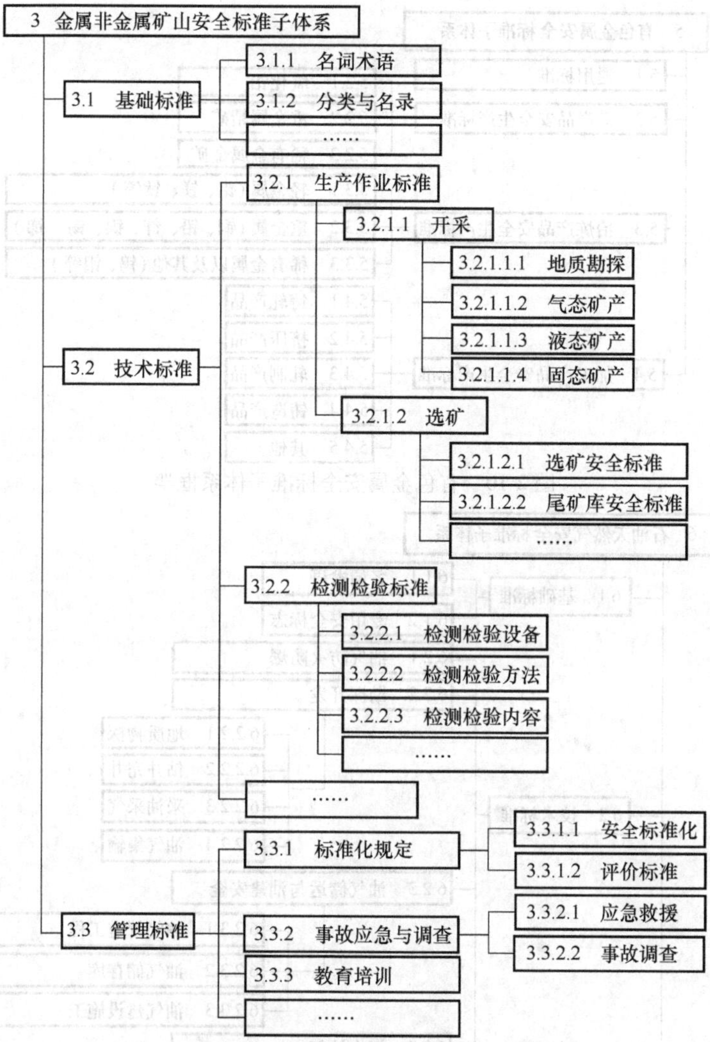

图2-8 金属非金属矿山安全标准子体系框架

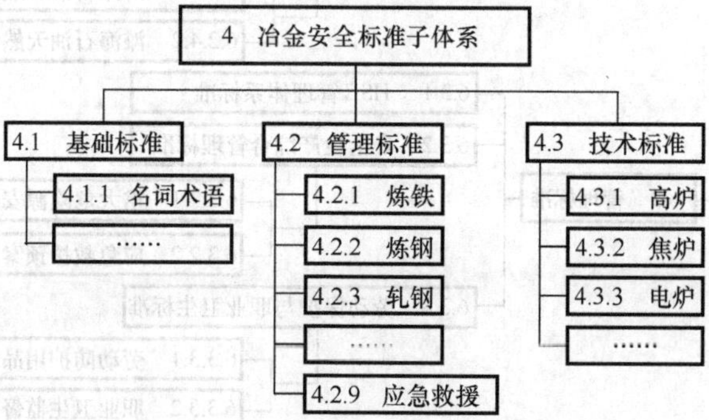

图2-9 冶金安全标准子体系框架

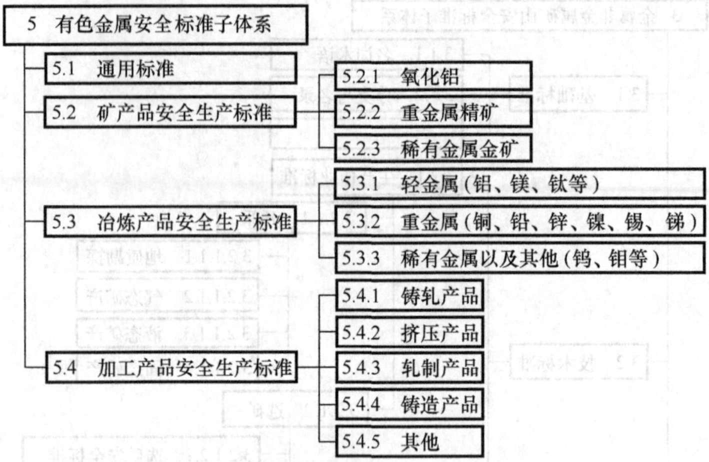

图 2-10 有色金属安全标准子体系框架

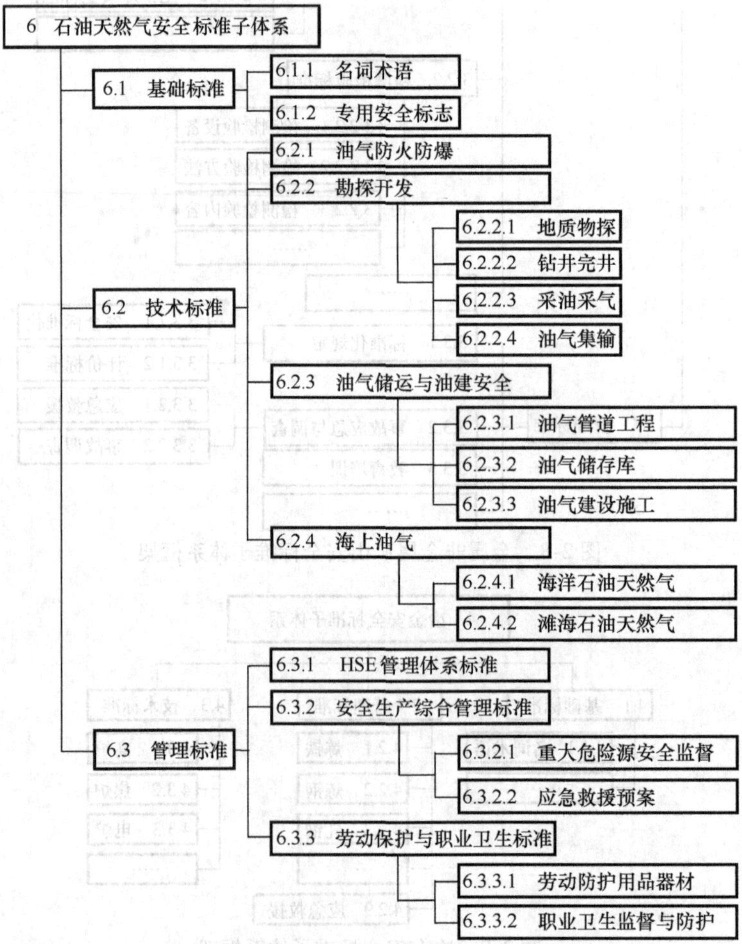

图 2-11 石油天然气安全标准子体系框架

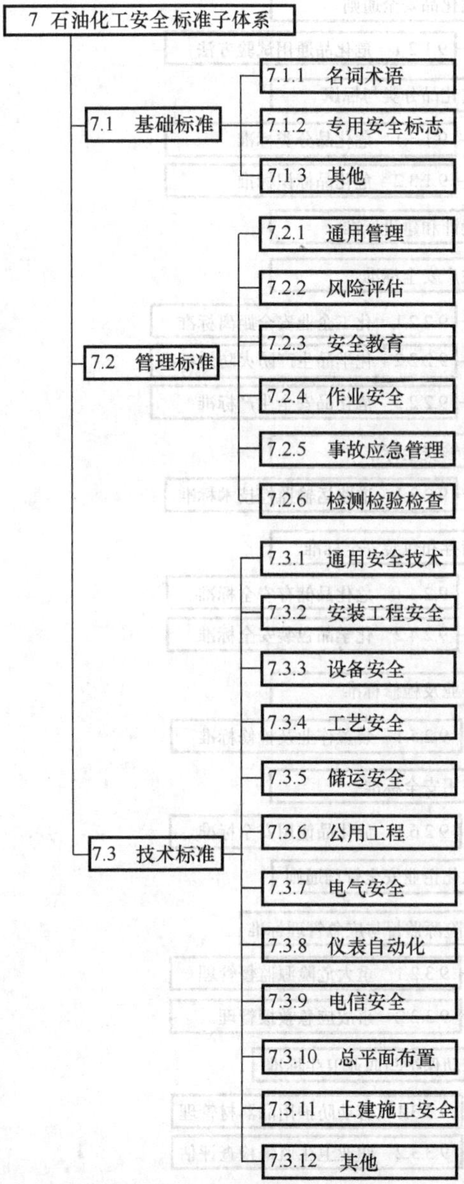

图 2-12　石油化工安全标准子体系框架

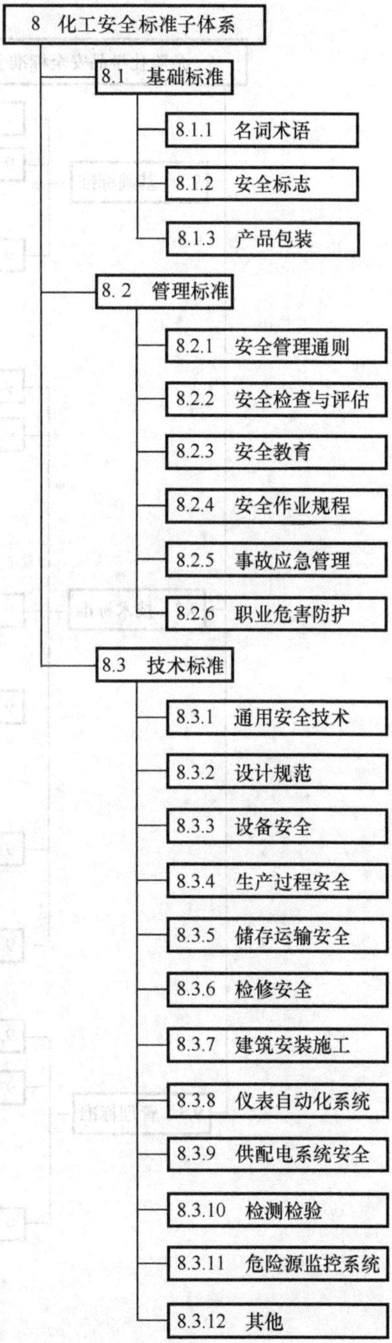

图 2-13　化工安全标准子体系框架

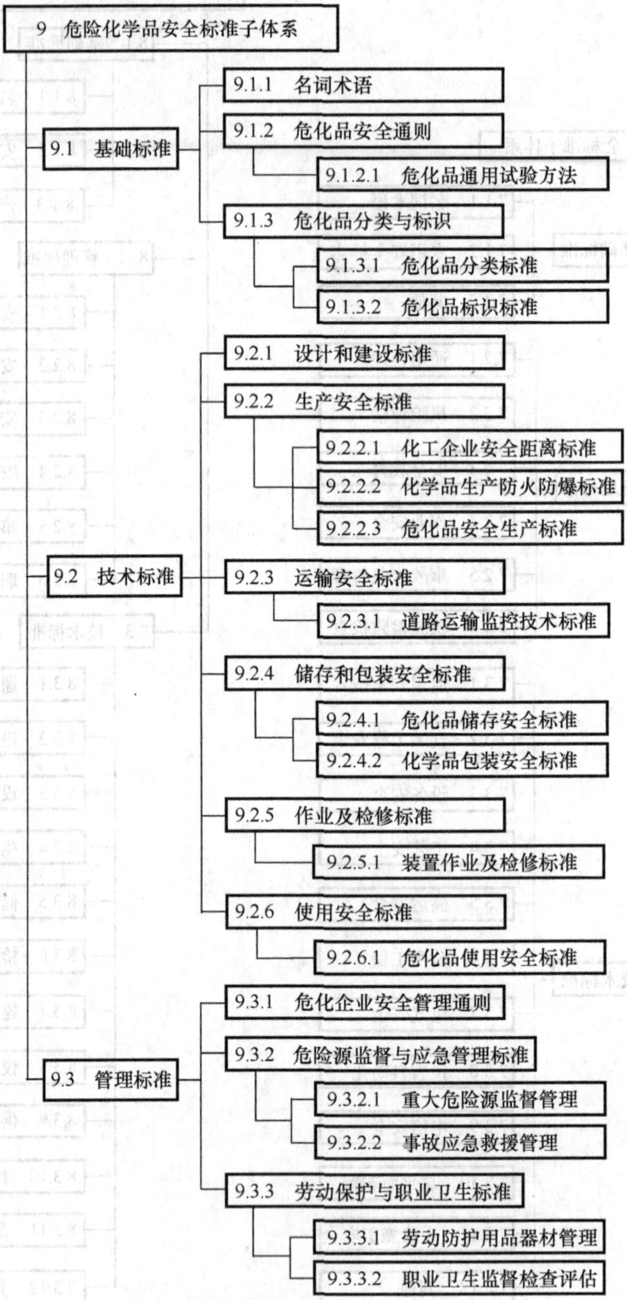

图 2-14 危险化学品安全标准子体系框架

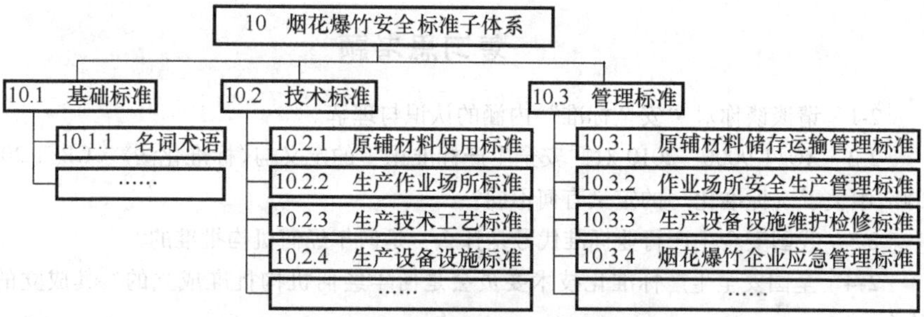

图 2-15　烟花爆竹安全标准子体系框架

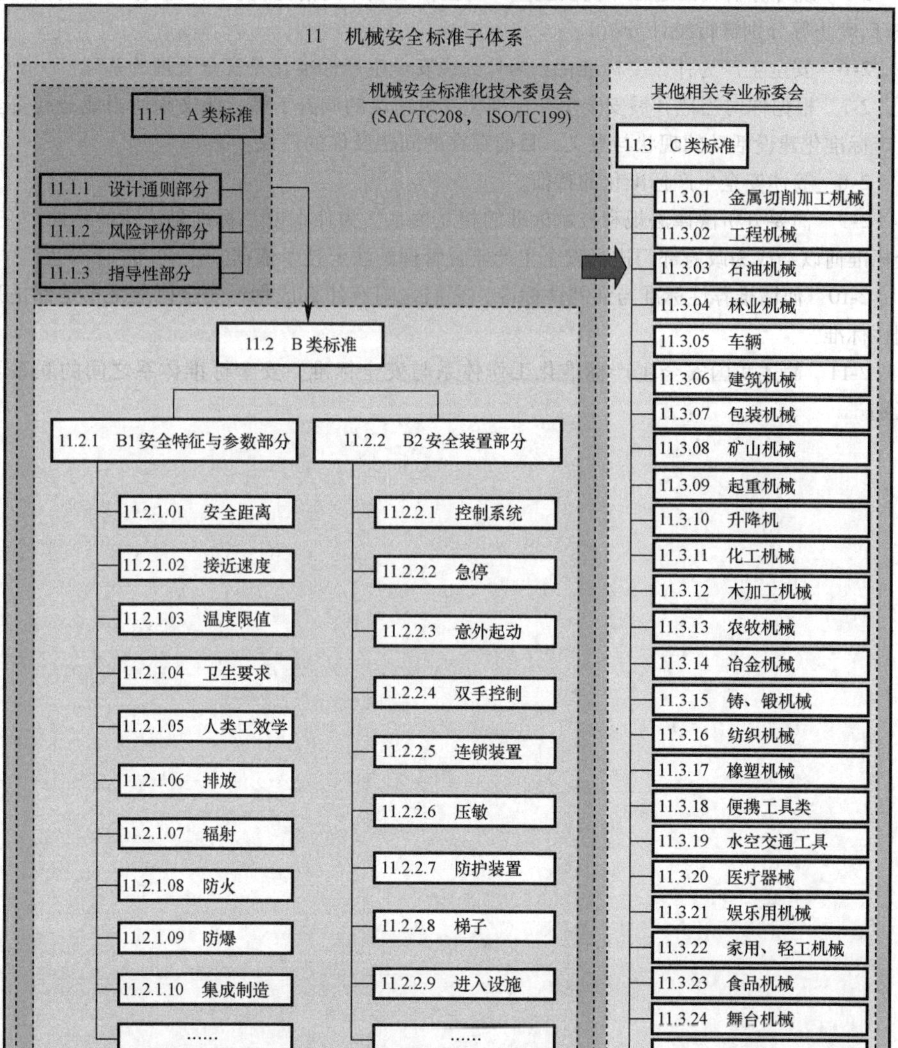

图 2-16　机械安全标准子体系框架

复习思考题

2-1 请谈谈你对“安全标准”内涵的认识与理解。

2-2 AQ/T 9006—2010 对“安全生产标准化”的定义与《标准化法》、GB/T 20000.1—2002 中关于“标准化”的定义有何不同?

2-3 我国安全生产行业标准代号是什么?是何年经何机构批准的?

2-4 全国安全生产标准化技术委员会是何年经何机构批准成立的?其成立的意义是什么?

2-5 统计分析我国近三年内安全生产行业标准颁布的情况(提示:可按标准类别,制定、修订、废止等分别进行统计分析)。

2-6 安全生产为什么要标准化?为什么说安全生产标准化是安全管理的基础?

2-7 根据你对当地开展安全生产标准化建设情况的调查了解,撰文阐述当地开展安全生产标准化建设活动的现状与意义,目前存在的问题及你的建议。

2-8 简述安全生产标准化的特征。

2-9 简要分析法律法规和技术标准的相互关系,为什么说“标准是法律的延伸”?安全标准何以会成为政府部门进行安全生产监督管理的法定技术依据?

2-10 何谓推荐性标准与强制性标准,它们之间有什么区别?安全标准是不是都是强制性标准?

2-11 简述我国安全生产标准化工作体系与安全标准、安全标准体系之间的联系与区别。

第 3 章

标准化行政管理体制

3.1 标准化法规体系

“法”是特殊的社会规范，一般是指广义的法，即法的整体。在我国，法的整体由法律、法规和国家行政机关发布的规章等组成，一般又称为“法规体系”或“法群”，简称“法规”[189-193]。标准化法规体系就是国家在标准化方面的法律、法规、国家行政机关发布的规章以及纳入国家法律、法规要强制执行的各类标准之总和。它们具有法的所有属性，并且是标准化管理的根据[163-174,194-219]，是每位标准化工作者都应了解和掌握的。

3.1.1 法律

我国的标准化法律主要是指《中华人民共和国标准化法》(以下简称《标准化法》)是 1988 年 12 月 29 日由第七届全国人大常委会第五次会议通过，1988 年 12 月 29 日中华人民共和国主席令第 11 号公布。它是发展我国标准化事业的主要法律，也是我国标准化法群中的基本法。

1. 制定《标准化法》的意义与目的

标准涉及国民经济的所有领域，具有高度的统一性和法规性。标准化是组织现代化生产的重要手段，是科学管理的重要组成部分，在生产、使用、流通等各个环节中起着重要的准绳、纽带和桥梁的作用，是经济活动中不可少的技术基础。通过制定和贯彻实施一套先进标准，搞好标准化工作，对发展经济和协调经济活动具有十分重要的作用。

1962 年 11 月 10 日，我国颁布《工农业产品和工程建设技术标准管理办法》，1979 年 7 月 31 日颁布《中华人民共和国标准化管理条例》。由于受当时历史条件的局限，有些规定落后于标准化实践的发展，并且不具有国家法律的权威性和严肃性，对违反标准化法规的情况不能及时追究责任和给予制裁。为了加强标准化工作的管理和监督，适应我国经济社会发展需要，维护国家和人民的利益，使标准化工作做到有法律可依，有必要制定标准化法。制定标准化法的目的是“为了发展社会主义商品经济，促进技术进步，改进产品质量，提高社会经济效益，维护国家和人民的利益，使标准化工作适应社会主义现代化建设和发展对外经济关系的需要”（见《标准化法》第一条）。随着我国经济的快速发展，《标准化法》已不再适应标准化工作的需要，目前该法正在修订。

2. 制定《标准化法》的原则

制定《标准化法》的原则主要有以下三条：

（1）从实际出发原则。就是一切从我国实际出发，总结我国标准化工作的经验和教训，同时吸取先进国家制定标准化法规的成功经验，把实践证明是行之有效的成熟规定写入法内，使标准化法符合我国社会经济发展需要，具有中国社会主义的特色。

（2）管“大”放“小”原则。就是在“大”的方面要能管住管好，“小”的方面又能放开搞活。着重对我国标准化工作中具有普遍意义的全国性的重大问题作出法律的规定，而对标准化业务工作中一些具体问题就不作法律规定、不写入法内，可由其他子法（如《实施条例》）加以补充，作出详细、具体的规定。

（3）协调一致原则。就是要与相关的其他法律协调一致，不能产生矛盾。标准化法是我国经济法律体系中的一个部门管理法，它必然受到整个经济群以及其他部门经济法规的制约。因此，它的条文规定应与其他的经济法规衔接，并协调一致。

3.《标准化法》的主要内容

《标准化法》分为总则、标准的规定、标准的实施、责任及附则，共五章二十六条。

第一章　总则

主要规定了立法目的，适用范围，标准化工作的任务和标准化工作的管理体制，同时还明确规定了积极采用国际标准的方针和标准化工作应当纳入国民经济和社会发展计划的要求。

“总则”中第二条规定下列5种需要统一标准的技术要求，应当制定标准。

（1）工业产品的品种、规格、质量、等级或者安全、卫生要求。

（2）工业产品的设计、生产、检验、包装、储存、运输、使用的方法或者生产、储存、运输过程中的安全、卫生要求。

（3）有关环境保护的各项技术要求和检验方法。

（4）建设工程的设计、施工方法和安全要求。

（5）有关的工业生产、工程建设和环境保护的技术术语、符号、代号和制图方法。

除了上述范围外，标准化法还规定国务院可以在《标准化实施条例》中规定一些重要的农产品和其他需要制定标准的项目。如农业产品的品种、规格、质量等级、检验、包装、储存、运输及生产、管理、技术和信息、能源、资源、交通运输等方面管理技术要求。

“总则”第三条规定我国标准化工作的任务是制定标准、组织实施标准和对标准的实施进行监督。

“总则”第四条规定“国家鼓励积极采用国际标准”，说明采用国际标准和国外先进标准是我国法定的技术政策和标准化工作方向。

“总则”第五条规定我国标准化工作的管理体制是实行统一领导、分级管理和分工负责的体制。国务院标准化行政主管部门统一管理全国的标准化工作，国务院有关行政主管部门分工管理本部门、本行业的标准化工作。省(市、自治区)标准化行政主管部门统一管理本行业行政区域的标准化工作。省(市、自治区)政府有关行政主管部门分工管理本行政区域内本部门、本行业的标准化工作。而省级以下各级政府的标准化部门与其他有关部门在标准化工作方面的职责因各地情况不同由各省(市、自治区)政府规定。

“标准化工作应当纳入国民经济和社会发展计划”的规定有力地督促各级政府重视标准化工作，并为标准化工作计划的认真实施提供人、财、物诸方面的保证。

第二章 标准的制定

规定了我国的标准制定体制、标准的性质以及标准制定的原则等内容。规定我国的标准制定体制是以国家标准为主体，行业标准、地方标准、企业标准为补充。

国家标准是在全国范围内统一使用的标准，它们涉及面广，影响大，对全国经济发展和技术进步起重要作用，对全国经济、技术发展有重大意义，必须在全国范围内统一的技术要求，应制定为国家标准。国家标准由国务院标准化行政主管部门制定。

另外，对没有国家标准而又需要在全国某个行业范围内统一的技术要求，可以制定行业标准。行业标准由行业标准化行政部门制定，但在公布国家标准之后，该项行业标准即行废止。

对没有国家标准和行业标准而又需要在省、自治区、直辖市范围内统一的工业产品的安全卫生要求，可以制定地方标准。地方标准由省级政府标准化行政主管部门制定，并报国务院标准化行政主管部门和国务院有关行政部门备案，在公布国际标准或者行业标准之后，该项地方标准即行废止。但《环境保护法》《食品卫生法》等法律规定应制定的地方环保标准、地方卫生标准等仍依照有关法律规定执行。

企业标准是指某个企、事业单位自行制定、审批和发布的标准。企业生产的产品没有国家标准和行业标准的，应制定企业标准，作为组织生产的依据。但必须报当地政府标准化行政部门和有关主管部门备案。国家鼓励企业制定严于现行国际标准或行业标准的企业标准。

我国的国家标准和行业标准分为强制性标准和推荐性标准(参阅本书 1.3 节)。省级标准化行政部门制定的工业产品安全、卫生要求方面地方标准，在本行政区域内也是强制性标准，其他标准则是推荐性标准。

《标准化法》在第二章中对制定标准的原则作了四条规定。概括地说，是“一符合，二保护，三做到，四有利”。

“一符合”是指要符合使用要求。“二保护”是指一要保护消费者利益，二要保护环境。“三做到”是指一要做到技术上先进，二要到经济上合理，三要做到与有关标准协调配套。“四有利”是指一要有利于保障安全和人民的身体健康；二要有利于合理利用国际资源，推行科技成果，提高经济效益；三要有利于产品的通用互换；四要有利于促进对外经济技术合作和对外贸易。

《标准化法》在第二章中还规定，制定标准的部门应当组织由专家组成的标准化技术委员会负责标准的起草和审查工作，并要发挥行业协会、科学研究机构和学术团体的作用，从而保证标准的质量。

此外，《标准化法》还规定了应根据科学技术的发展和经济建设的需要，对标准进行复审，以确认该标准继续有效或者予以修订、废止。

第三章　标准的实施

主要规定了标准实施的方式与标准实施的监督检查机构等内容。对强制性标准和推荐性标准规定了不同的实施方式。对强制性标准，必须严格实施，不符合强制性标准的产品，禁止生产、销售和进口；而对推荐性标准，国家鼓励企业自行自愿采用，不作为监督检查的依据。

《标准化法》规定，我国推行产品认证制度。经认证合格的产品，由认证部门授予认证证书，准许在产品或者其包装上使用规定的认证标志。但是未经认证或者认证不合格的产品不得使用认证标志出厂销售，即使已经取得认证证书的产品，在不符合标准时也不得使用认证标志出厂销售。

县级以上政府标准化行政部门负责对标准的实施进行监督检查，并可根据需要设置检验机构，或授权其他单位的检验机构对产品是否符合标准进行检验。一旦发生产品是否符合标准的争议，也以上述检验机构的检验数据为准，其他检验机构的检验数据则仅作参考。

企业研制新产品、改进老产品、进行技术改造时应进行标准化审查，使其符合标准化要求，而对出口产品的技术要求，则可按合同的规定执行。

第四章　法律责任

主要规定了对违法行为的处罚、处罚的决定机关以及对处罚不服的起诉程序，同时也规定了对执法人员违法失职的处罚和受处罚者的申请复议权。

第五章 附则

规定“标准化法定实施条例由国务院制定”。《标准化法》自1989年4月1日起施行。

4. 我国《标准化法》的特点

我国《标准化法》与国外一些标准化法律相比较，有以下三个显著的特点：

（1）博采众长，开拓创新。《标准化法》吸取了国内外标准工作的经验与教训，如在制定标准过程中充分发挥技术委员会的作用，积极采用国际标准，推行认证制度等行之有效的经验，均在《标准化法》中作了明确规定。

改革开放以来，我国标准化工作进行了改革。如很多部门和地方改变了“凡‘标准’一律要强制执行”的习惯做法，制定了不少推荐性标准；改“标准部门所有制”为制定专业(行业)标准。《标准化法》从法律上明确了我国今后应实行强制性标准与推荐标准相结合的标准体系，并明确我国的标准分成国家标准、行业标准，地方标准和企业标准的四级标准层次结构。

（2）适应发展，强化企业。《标准化法》规定“企业标准由企业自行制定，发布”，并且把“企业标准审批、发布权下放到企业”。这样，就改变了企业标准原来要企业主管部门或标准化行政部门批准、发布的规定，适应了我国发展社会主义市场经济的客观需要，体现了改革的精神，促进经济发展。但是“放权”并不等于“撒手”，各级政府标准化行政部门和有关主管部门要依据企业备案的标准进行必要的监督。

（3）重点突出，切实可行。《标准化法》重点突出了强制性标准的实施与监督检查，从而有效地保障了国家和广大消费者的利益。

《标准化法》明确规定：“强制性标准，必须执行。不符合强制性标准的产品，禁止生产、销售和进口。”并同时规定县级以上政府标准化行政部门负责标准的实施监督，从而可迅速扭转过去标准的实施监督无法无力状况。

《标准化法》规定的产品认证制度执行之后，强化了企业的质量管理，并可依法对伪劣商品进行起诉处罚，从而维护了广大消费者与用户的合法权益。

3.1.2 法规

《标准化法》是管理标准化工作的基本法。它只能对标准化工作方面的一些重大原则问题作出规定。实施《标准化法》还必须制定一系列其他的标准化法规。我国标准化法规由行政法规和技术法规两大部分组成。

1. 标准化行政法规

我国标准化行政法规按法规的运用范围分为标准化国家行政法规和标准化地方行政法规两种。

标准化国家行政法规由国务院制定发布。

《中华人民共和国标准化法实施条例》[220]是1990年4月6日国务院第53号令发布，由国家技术监督局负责解释的标准化国家行政法规。

该“条例”分总则、标准化工作的管理、标准的制定、标准的实施与监督、法律责任和附则，共六章四十四条。

第一章　总则(第一~四条)

在鼓励“采标”的同时，明确规定了国务院规定需要制定标准的项目。

第二章　标准化工作的管理(第五~十条)

明确了国家各级标准化行政主管部门及其他有关行政主管部门在标准化工作上的管理职责分工。

第三章　标准的制定(第十一~二十二条)

分别对国家标准、行业标准、地方标准和企业标准的制定及相互关系作了一些具体规定。

第四章　标准的实施与监督(第二十三~三十一条)

该章依据《标准化法》的第三章《标准的实施》对标准，尤其是强制性标准的实施，包括监督检验和产品质量认证，以及检验机构的规划、设置等作了明确的规定。

第五章　法律责任(第三十二~四十条)

对各种违反《标准化法》与《标准化法实施条例》的行为分别作出行政或经济处罚规定，构成犯罪的，则由司法机关追究直接责任人员的刑事责任。同时，也规定了当事人申请复议和向法院起诉的程序与期限。

第六章　附则(第四十一~四十四条)

规定了军用标准化法规、工程建设标准化法规的制定部门以及《标准化实施条例》的解释部门(国家技术监督局)和施行日期。

国家标准化行政法规除《标准化法实施条例》还有《产品质量认证管理条例》、军用标准化与工程建设标准化等方面的行政法规。

地方性标准化行政法规由各省(市、自治区)人民代表大会及其常务委员会发布，如《××省标准化管理条例》《××市〈标准化法〉实施办法》等。

2. 标准化技术法规

ISO/IEC 指南2——《标准化与相关活动的基本术语及其定义》对“技术法规”的定义是：“提出技术要求的法规。它可以直接是一个标准、规范或规程，也可以引用或包含一项标准、规范或规程的内容。”依据这个定义，我国技术法规有两种：一种是由各行业主管部门发布的有关技术要求的规定，如电力部发布的《电力工业锅炉监察规程》，铁道部发布的《铁路电力安全规程》《铁路给水安全规程》等，另一种是强制性标准(参见本书1.3节)。

从强制性标准的形式和内容来看，它们是对产品、对某种技术或管理工作的具体规定要求，但由于这些具体规定要求都要通过人的劳动和活动来完成，从而使标准实际上就成为对从事这些劳动和活动的人们的工作要求和行为规范。但是，上述标准的法规性还不能使它们直接起到法规的作用，只有当国家的法律赋予它们法律的效力之后才能成为法规。如我国《标准化法》明确规定："强制性标准，必须执行。不符合强制性标准的产品，禁止生产、销售和进口。"正由于《标准化法》等法律赋予我国强制性标准具有法律效力，才使这些标准能强制执行，从而成为我国标准化技术法规的重要组成部分。

非强制执行的推荐性标准或指导性技术文件本身不具有法律效力，因此不是标准化技术法规的组成部分。

3.1.3　规章

标准化部门规章是根据法律、行政法规的规定，由国家标准化行政主管部门制定发布的关于标准化工作的规范化文件。我国的标准化规章分为以下三类：

（1）国家标准化行政主管部门制定发布的规范化文件。指国家质量监督检验检疫总局及国家标准化管理委员会依据标准化法律、法规发布的有关标准化工作的办法、规定、章程(见表 3-1)。这类规范化文件通常都是对某种或某一方面标准化工作进行具体解释、补充或规定。

（2）国家行政主管部门制定、发布的规范化文件。这类规范化文件是依据标准化法律、法规和国家标准化规定由部门(行业或专业)制定发布，也是对国家标准化规章的补充、细化和具体化，具有鲜明的部门(行业或专业)特色。如 MT/T 1055—2007《煤矿用机载锚杆钻机通用技术条件》,AQ 1049—2008《煤矿建设项目安全核准基本要求》，AQ 4203—2008《作业场所空气呼吸性岩尘接触浓度管理标准》。

表 3-1　我国主要的国家标准化规章一览表

序　号	规 章 名 称	发布或实施日期
1	中华人民共和国标准化法条文解释	1990-07-23
2	国家标准管理办法	1990-08-24
3	行业标准管理办法	1990-08-24
4	地方标准管理办法	1990-09-06
5	企业标准化管理办法	1990-08-24
6	农业标准化管理办法	1991-02-26
7	能源标准化管理办法	1990-09-06
8	采用国际标准和国外先进标准管理办法	1993-12-13
9	技术引进和设备进口标准化审查管理办法	1984-12-15
10	机电新产品标准化审查管理办法	1981-03-14

（续）

序　号	规 章 名 称	发布或实施日期
11	标准档案管理办法	1991-10-28
12	国家实物标准管理办法	1980-01-02
13	标准情报工作管理办法	1991-03-12
14	信息分类编码标准化管理办法	1988-05-07
15	标准化科技成果奖励办法	1990-05-09
16	全国专业标准化技术委员会章程	1990-08-24
17	棉花品级实物标准管理办法	1985-03-07
18	产品质量监督试行办法	1992-01-30
19	产品质量认证委员会管理办法	1992-01-30
20	标准出版发行管理办法	1991-11-07

（3）地方政府制定发布的规范化文件。这类规范化文件是指地方政府制定、发布的有关标准化方面的规定、办法等，是国家标准化规章制度的扩展，也是对国家标准化规章的补充和具体化，具有鲜明的地方性特色，如《××省标准化法实施细则》等。

上述三类标准化规章中，一般来说：后两类标准化规章不能与国家标准化规章抵触，更不能违反标准化法律和标准化法规的规定。

标准化法律、法规和规章是我国经济法规体系中的重要组成部分。它们和其他经济法规的关系是互相渗透、互相促进的关系，共同为社会主义现代化建设发挥法制的力量，而联系它们的纽带就是标准。

3.2　标准化管理体制

20世纪60年代以后，经济社会的发展，科学技术的进步，促使新技术、新工艺不断涌现，工农业生产和工程建设向着专业化、自动化的方向发展，形成了现代化综合性生产体系和管理体系。它要求标准化管理尽快摆脱传统管理方式，由孤立的、分散的企业和行业标准化管理转变为与生产建设系统、国民经济管理系统相协调的国家标准化管理系统乃至国际标准化管理网络。标准化管理系统是以系统的最优化为目标，运用数学方法和计算机技术进行最佳协调，通过建立实施与经济、技术发展水平相适应的标准体系，在经济管理和社会生活各领域里充分发挥标准化功能，从而促进社会经济发展。

3.2.1　标准化管理体制的类别

标准化管理体制是标准化管理系统的核心。由于各国社会制度、经济体制、社会经济与科技发展水平不同，标准化管理体制也不同。有的采取分散管理，有的采取集中管理，有的采取集中与分散相结合的管理；有的由官方行政机构管理，有的由民间标准(化)协会管理，也有的由官方行政机构和民间协会相结合管理。尽管管理体制各种各样，但基本上可以分为两类：一类是由官方行政机构管理为主，其特点是集中统一，法制性强；另一类是以民间标准(化)协会管理为主，政府给予一定的支持(授权或干预)，其特点是分散为主，或分散和集中结合，集中统一性差。

3.2.2　标准化行政管理机构在国民经济体制中的地位

标准化管理体系与国家经济体制密切相关。世界各国的经济体制类型尽管各不相同，但大体上都可分为三个相互独立又相互制约的子系统：①生产经营系统；②经济监督系统；③技术监督系统。标准化管理系统是技术监督系统中一个主要的子系统，它在不同的社会经济制度国家中，组织机构的表现形式也是不相同的。

在中国、朝鲜、越南和古巴等国家，基本上是由一个统管标准、计量、质量的综合性政府工作部门来负责技术监督。如我国是在国务院内设立国家质量监督检验检疫总局，统一负责全国的标准化、计量、质量管理和质量监督工作；各省、自治区、直辖市与绝大多数地、市、县、旗、区政府也设立了技术监督部门。国家的标准实施主要是依据政府颁布的一系列经济和技术法规，强制性地贯彻标准、规范，从而对工农业生产单位和工程建设单位实行有效的监督。

在日本，美国及欧洲国家中，一方面依赖市场竞争的机制不断淘汰质次价高的商品，从而间接对生产经济系统实行技术监督；另一方面，也通过一些独立于生产方之外的一些组织和团体，如标准化协会、消费者组织、行业性学术团体、学会及其一些权威性实验室，依靠实验室认证制和产品质量认证制度，根据有关技术标准和行政经济法律直接对商品、工程实施技术监督。如美国的试验材料协会(ASTM)、美国石油学会(API)、美国保险商实验室(UL)、英国劳氏船级社(LR)、日本工业标准调查会(JISC)、英国标准学会(BS)等都是目前国际上公认的有权威的团体、协会和实验室。而 UL(安全标志)、ASME(锅炉与压力容器的安全标志)、JIS(日本工业品质量合格标志)及 NF(法国产品质量合格标志)等都是闻名于世界的质量认证标志。

3.2.3　我国标准化行政管理机构

我国标准化工作实行统一管理与分工负责相结合的管理体制。

我国在国家层面上的标准化行政管理机构是国家标准化管理委员会，2001 年 10 月成立，隶属于国家质量监督检验检疫总局，由国务院授权统一管理全国的标准化工作。

我国另一个在国家层面上的标准化行政管理机构是国务院各有关行政主管

部门和国务院授权的有关行业协会、联合会也设立了标准化机构，受国家标准化管理委员会委托，分别管理本部门、本行业的标准化工作。

省、自治区、直辖市标准化行政主管部门统一管理本行政区域的标准化工作。省、自治区、直辖市政府有关行政主管部门分工管理本行政区域内、本部门、本行业的标准化工作。

市、县标准化行政主管部门和有关行政部门主管，按照省、自治区、直辖市政府规定的各自的职责管理本行政区域内的标准化工作。

此外，中央和地方还分别设有标准化技术机构和标准化协会组织。在研究、制定标准的工作中，还有由各类专家组成的国家和行业标准化技术委员会。

企业的标准化管理机构和相应的技术岗位则设立在企业技术管理部门。

3.3 标准化行业管理系统

我国的标准化管理体系由标准化行政管理体系（见本书 3.2.3 节）、标准化技术工作系统（见本书 3.4 节）、标准化咨询服务体系（见本书 3.5 节）等构

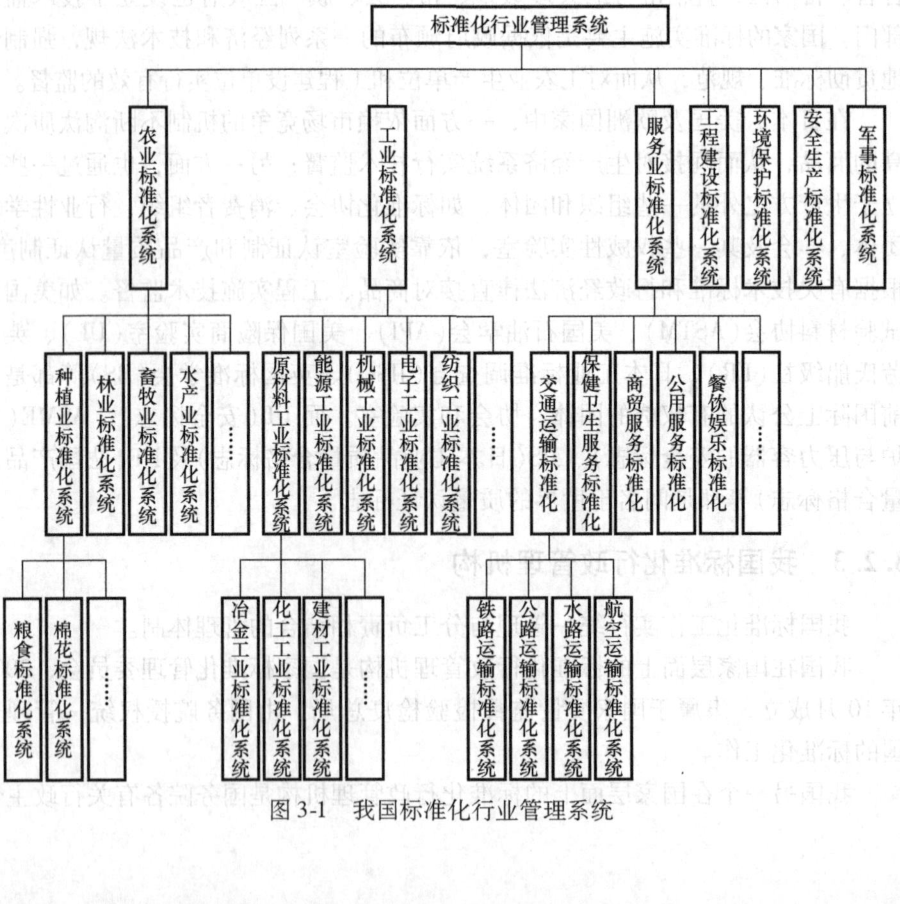

图 3-1 我国标准化行业管理系统

成。标准化行业管理系统是依据标准化对象所属的行业领域来建立的。按照我国经济管理的体制和分类习惯，基本上可以分成如图3-1所示标准化行业管理系统，其下又可分成若干子系统。标准化行业管理系统的物质基础是行业标准化系统表，二者分类方法是一致的。读者如需进一步了解我国一些主要的标准化行业管理系统的内容及特点可参阅其他有关文献。

3.4 标准化技术工作体系

标准化技术工作体系主要由标准制定（修订）工作系统（即标准化技术委员会系统）和标准的实施监督系统两大系统组成（见图3-2）。我国TC、SC、WG基本情况可登录国家标准委员会官方网站（见附录3）查询。

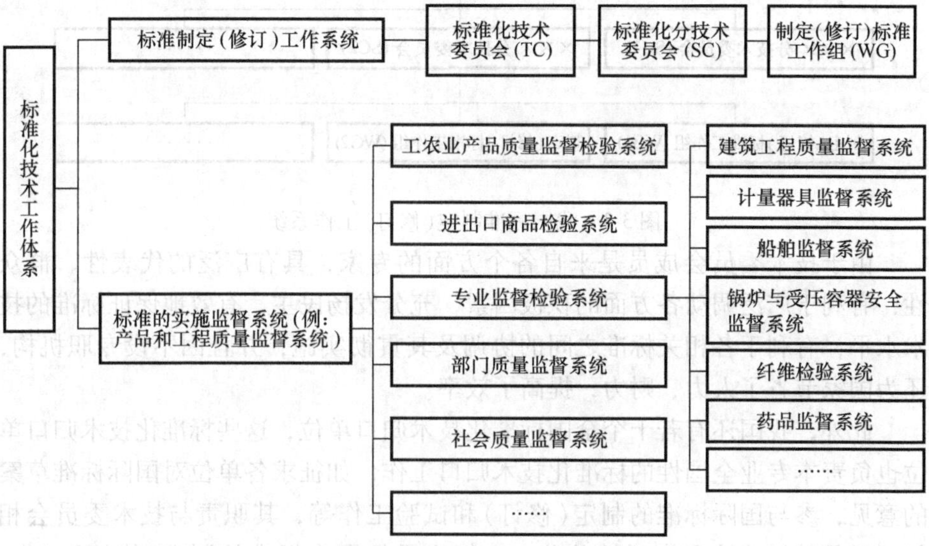

图3-2　我国标准化技术工作体系

3.4.1 标准制定（修订）工作系统

标准制定（修订）工作系统由标准化技术委员会（TC）→标准化分技术委员会（SC）→制定（修订）标准工作组（WG）三级机构组成，具体组织机构系统如图3-3所示。

技术委员会（TC）是在一定专业领域内从事全国性标准化工作的技术组织，由生产、监督检验、经销、使用部门、科研设计单位及有关高等教育的具有中级以上技术职称科技人员组成，其中生产方委员不得超过三分之一，各标准化技术委员会均接受国家标准部门的领导，技术委员会的委员由国家标准化部门发给聘书。

技术委员会负责研究和提出本专业标准化工作的方针、政策和技术措施的建议；编制本专业标准体系表；提出制定(修订)本专业国家标准和行业标准的长远规划和年度技术的建议；组织本专业国家标准制定(修订)工作及有关的标准化科研工作；审查本专业的国家标准行业标准草案；定期复审已发布的本专业国家标准和行业标准，并提出处理意见——修订、废止或继续执行等；还负责承担国际标准化组织(ISO)和国际电工委员会(IEC)相对应的技术委员会的对口技术业务工作，参加和他们有关的国际标准化活动，技术委员会的日常工作由其秘书处负责。

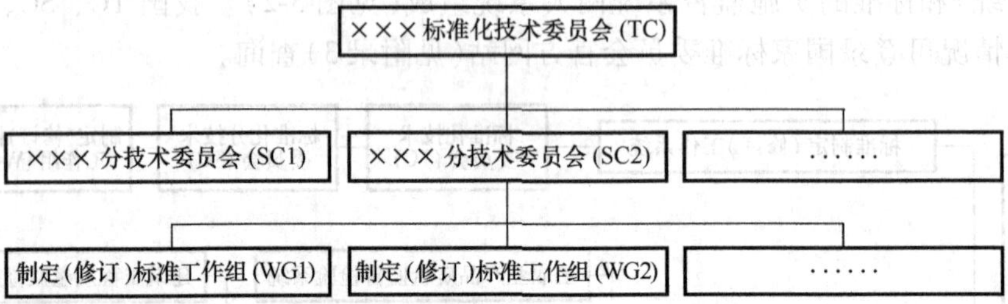

图 3-3　我国标准制定(修订)工作系统

由于技术委员会成员是来自各个方面的专家，具有广泛的代表性、群众性，有利于广泛调动各方面的积极因素，充分发扬民主，有效地保证标准的技术水平，有利于各相关标准之间的协调及其贯彻实施，并且因不设专职机构，还为国家节省了人力、财力，提高了效率。

此外，我国还有若干个全国标准化技术归口单位，这些标准化技术归口单位也负责本专业全国性的标准化技术归口工作，如征求各单位对国际标准草案的意见，参与国际标准的制定(修订)和试验工作等，其职责与技术委员会相似，只是其权威性和广泛性差些，它们也承担国内标准的制定(修订)工作，但标准草案编写出来后，还要组织标准审查委员审定，而技术委员会就可以直接审定标准草案，不必另外组织标准审查委员会。今后，这些全国标准化技术归口单位将逐步向技术委员会过渡。

专业范围较宽的技术委员会，可建立若干个分技术委员会(SC)。分技术委员会的工作范围、负责的技术业务领域、人员组成和办事机构—秘书处的设置等均由技术委员会决定，分技术委员会的主任、副主任也由国家质量监督检验检疫总局发给聘书。

技术委员会、分技术委员会可根据工作需要，还可以设置若干个工作组(WG)。工作组具体负责标准制(修)订或某个标准化科研工作。工作组应力求精干，工作组组长所在单位负责该工作组的日常工作。

如全国安全生产标准化技术委员会(SAC/TC288)就是在国家安全生产监督管理总局和国家标准化管理委员会领导下的全国性的从事安全生产标准化工作的技术组织(参见本书2.5节)。

3.4.2　标准的实施监督系统

标准的实施监督系统在不同国家有不同的结构形式，在我国标准实施监督系统可分成工农产品质量监督检验系统、进出口商品检验系统、建设工程质量监督系统和专业监督检验系统等[195-215]。而专业监督检验系统又细分成计量器具监督检测系统、船舶监督检验系统、锅炉和压力容器安全监察系统、药品监督检验系统等更小的子系统。强制性标准一经发布实施，就要接受政府和社会的监督。如此层层分类，组成了我国标准的实施监督系统(见图3-2)。

生产主管部门或行业的产品质量监督是提高我国产品质量首要环节和基础，也是实施标准的主导系统，在社会主义市场经济体制下，加强这个质量系统监督更有其十分重要的作用。

我国在强化第三方综合性和专业公证质量监督检验的同时，也加强了生产主管部门或行业、消费者协会等群众性团体对产品质量的监督管理，形成了群众性的、有社会权威的、有效率的全国质量监督体系。我国群众性社会质量系统监督机构有消费者协会、用户委员会等社会团体组织。此外，各级报刊、广播和电视等媒体对产品质量的报道、表扬和批评，对生产企业实行舆论监督监督，效果显著，是社会质量监督一种好方式。

3.5　标准化中介服务体系

随着我国社会主义市场经济的建立与发展，标准化中介服务体系也逐步发展与完善，成为我国标准化管理体制中必不可少的重要组成部分[22,23,47-50,221,222]。标准化中介服务体系一般是标准化协会、标准化情报信息机构、标准化科研机构、标准化教育培训机构和图书、报刊编辑、出版机构等中介服务机构所构成。

(1) 标准化协会。中国标准化协会和地方各级标准化协会是学术性群众组织[22-23,47-50]，它们的基本任务是：认真贯彻百花齐放、百家争鸣的方针，充分发扬学术民主，团结和组织广大标准工作者，发挥他(她)们的积极性、创造性和主动性，开展标准化学术研究活动，并宣传普及标准化科学知识，为提高我国标准化科学水平、加速社会主义现代化建设服务。

(2) 标准化情报信息机构。标准情报工作是标准化事业的一个重要组成部分，也是做好标准化管理的必要基础工作。我国的全国标准化情报信息系统是由国家标准化情报信息研究机构、地方各级标准化情报信息机构和各部委、局、行业协会的标准化管理部门分工协作，纵横交叉，共同构成了我国标准化情报信息网[22-23,47-50]。标准情报信息系统的主要工作是收集、加工、研究、交流标准文献、图书、情报信息资料，开展标准文献、图书、情报的翻译、对比、分析、研究、报道等活动，充分发挥人力物力资源，向社会提供标准文献查询(查阅)、查新、有效性确认、咨询研究、信息加工、文献翻译、销售代理及其他专题性服务，以推动我国标准化事业的发展。

（3）标准化科学研究机构。标准化科学研究工作是标准化工作的技术基础。近年来，标准化科学研究工作走上了健康发展的道路，已开始终较系统地开展标准化理论和一些重大综合性基础标准研究。这个系统以中国标准化研究院牵头，包括各地区、各部门标准化研究院所[22-23,47-50]。这些研究机构主要负责对标准化对象、历史、性质、特点、原理及一般发展规律等有关标准化理论、方法和政策方面的研究，也对一些重大基础标准如通用技术语言、符号代号、代码、技术经济信息分类与编码等问题的研究。

（4）标准化图书、报刊的编辑、出版机构。随着国家经济建设和标准化事业的发展，对标准和标准化图书资料的需求量必然不断增加，因此必须有一些专业性的标准化图书出版机构[22-23,47-50]。如中国标准出版社、中国计量出版社，以及《标准科学》《标准生活》等杂志，宣传了我国标准化工作的方针、政策，介绍和交流了标准化质量监督检验工作经验、研究成果和科学知识。

（5）标准化教育培训机构。标准化事业发展的根本大计是要不断培养标准化技术和管理人才，为此必须组织与建设好我国的标准化教育事业，抓好标准化人才培养工作。目前，我国已有部分高校(如中国计量学院)已招收标准化专业本科学生，完全可以相信，我国标准化教育系统将随着标准化事业的迅速发展而逐步得到健全和完善[22,23,47-50,223-227]。

复习思考题

3-1 《中华人民共和国标准化法》是何时获得全国人大常委会通过，何时开始实施？

3-2 颁布《中华人民共和国标准化法》的目的与重要意义是什么？其性质是什么？

3-3 《中华人民共和国标准化法》与部分其他国家标准化法律相比较，有什么显著特点？

3-4 简述《中华人民共和国标准化法》的主要内容。

3-5 《中华人民共和国标准化法实施条例》是依据什么法制定与发布的？其主要内容是什么？

3-6 我国主要国家标准化规章有哪些？

3-7 标准化行政管理机构在国民经济体制中的地位如何？

3-8 我国标准化行政管理体制属于何种类型？我国标准化行政管理机构的名称是什

么？其主要职责是什么？

3-9　全国安全生产标准化技术委员会(SAC/TC288)是属于什么性质的组织？其主要职责是什么？作为国家层面上的安全生产标准化行政管理机构是什么部门？

3-10　为什么要对标准实施监督？由谁来实施监督？我国标准的实施监督系统是由哪些子系统组成的？

3-11　如何认识标准化中介服务体系是标准化管理体制中必不可少的重要组成部分？

第4章

标准化的数学基础[⊖]

4.1 参数选择与分级

4.1.1 参数选择与分级的基本概念

（1）参数。参数是表明任何现象、产品或过程中某些重要性质的量。它同时标示着对象的性质及其量值。通常将前者称为“参数”，后者称为“参数值”。

（2）基本参数。基本参数是表征对象基本技术特征的参数。

（3）主参数。主参数在同一个标准化对象的若干基本参数中，起主导作用的参数通常称为“主要参数”，简称“主参数”。它反映了该对象的最主要的技术特性。

（4）参数选择。参数选择指选用或确定用哪些参数来表征标准化对象的技术特性的活动。

（5）参数分级。对于同一标准化对象内部，为了彼此相互区别，以满足用户多种多样的要求，科学合理地把某一参数(技术特性)的数值划分为不同的“级”（挡），形成总体功能最佳的参数系列。参数分级(挡)常按一定规律进行，使之形成数列。标准化活动中经常运用数学方法建立参数分级数列，常用的有等差数列、等比数列、优先数系列、模数数列、E 系列等。其中优先数系列、E 系列和部分模数系列已经标准化，成为具有约束力的数值分级制度。

（6）参数相关性。任何一种产品都用一系列参数反映其技术特性。这些

⊖ 本章内容除注明外，均为作者根据本书所附参考文献第 12、15、22 条的文献内容，经筛选后，综合编写而成，文中不再一一详细注明出处。

参数不仅同该种产品本身的性质有关，而且同与该产品相关的一系列产品的技术特性有关，它直接、间接地影响着其他产品的参数，或受其他产品参数的制约。参数之间这种互相关联、不断扩散的特征叫参数的相关特性。

4.1.2 参数选择与分级的意义

为了满足用户多样化要求，要使同一种产品形成具有不同规格的产品系列，必须对产品的同一个参数按一定的规律从最大到最小取不同的值。这个系列确定得是否合理，与所取的数值如何分级(挡)有直接关系。参数分级科学合理，系统的有序化程度便可提高，功能效应就好，就会以较少种类的规格满足尽量广泛的需要，取得最佳的经济效果；分级不合理，就会降低系统的功能，就不能很好地满足需要，或造成生产的不经济。更何况一种产品不止一种参数，而每一种参数又大都具有一系列数值。这样一来参数数值的相关问题就更加复杂化了。每一个参数不仅有横向的联系(与相关产品的参数之间的联系)，而且还有纵向的联系(同一参数的各个取值之间的联系)。数值的传播甚至跨越行业和部门的界限形成很广泛的联系，这就是所谓的标准化对象的参数相关性特征的突出表现。这也是标准化活动中经常要解决的技术经济问题之一。

由于上述原因，在确定标准化对象的参数以及对这些参数进行分级(挡)时，不仅要做周密的分析研究，而且要求不同部门、不同的设计或生产单位在分别确定这种有关联性的参数以及这些参数值的系列时，能够做到彼此协调一致。这就需要借助于数学方法建立一个能够适应各种需要的、各方面人员均须遵守的科学的数列体系，作为参数选择和参数分级的统一依据。有了这样的数列体系，既可防止个别设计者在取值时随心所欲，造成恶性传播，又可达到不同的设计者在分别确定相关参数时，基本做到“不谋而合”，协调一致。

4.1.3 参数选择与分级的理论基础

1. 韦伯-费希纳定律

韦伯-费希纳定律是以19世纪德国生理学家、莱比锡大学解剖学教授、心理物理学奠基者韦伯(Ernst Heinrich Weber,1795—1878)和他的表弟与学生——物理学家、心理物理学创始人费希纳(Gustav Theodor Fechner,1801—1887)的名字命名的，是描述心理量(人的感觉㊀强度)与物理量(刺激强度)之间数量关系的定律。因为有了这个定律，心理物理学才作为一门新的学科建立起来。

法国物理学家 P. 布格尔(Bouguer)在1760年做过一个测定眼睛对光线的

㊀ 感觉是对直接作用感觉器官的事物的个别属性在脑中的反映。感受性是指对刺激物的感觉能力。感受性的大小是用感觉阈限的大小来度量的。感觉阈限是指能引起感觉持续一定时间的刺激量。

敏感度的试验。他的试验研究虽没产生任何有特殊意义的原理，但孕育了“最小可觉差”的思想，成为韦伯在1830年提出韦伯定律的一块基石。韦伯的研究是从“肌肉感觉”开始的。他研究发现，人的感觉是由刺激引起的，但并不是任何刺激都能引起感觉。只有当刺激物产生的刺激强度达到一定的量时，才能产生感觉。刺激物引起感觉后，如刺激物的刺激强度发生变化，并不一定都能引起感觉上的变化。于是，韦伯给出下式：

$$\frac{\Delta I}{I}=k \tag{4-1}$$

式中，I为刺激物最初产生的刺激强度。对刚刚能够引起感觉的最小刺激量称为“绝对感觉阈限”。ΔI为人凭感觉刚刚能觉察出变化的刺激强度的最小差别量，称为“差别感觉阈限”。辨别出最小差别量的能力叫做差别感受性。当I的大小不同时，ΔI的大小也会不同。k为特定感觉的定值，其数值是根据人的反应机理、性质和刺激的种类决定的。k值也称为韦伯数或韦伯分数。不同的感觉，k值也不同。例如，对于重量感觉，$k=0.03$；视觉，$k=0.01$；听觉，$k=0.1$；在味觉和嗅觉中k都是0.25，在压觉中k是0.05等。

式(4-1)表示，同一刺激差别量必须达到一定比例才能引起差别感觉。这一比例是个常数。这个经验公式(式(4-1))被称为韦伯定律(Weber's law)。韦伯定律表明心理量和物理量之间存在着一定的数量关系。它为我们提供了一个比较辨别能力的重要指标。

为了描述连续意义上心理量与物理量的关系，费希纳在韦伯研究的基础上，在1860年提出了一个假定：把最小可觉差(连续的差别感觉阈限)作为感觉量的单位，即每增加一个差别感觉阈限，心理感觉量就增加一个单位。费希纳在一系列亮度实验、举重实验和视觉、触觉距离实验的基础上，把研究结果表示为以下数学形式：

$$\mathrm{d}S=k_0\,\frac{\mathrm{d}I}{I} \tag{a}$$

积分可得

$$S=k_0\lg I+C \tag{b}$$

为方便，将式(a)中k_0与式(b)中积分常数C合并，可得

$$S=k\lg I \tag{4-2}$$

式中，S为心理感觉量；k为常数；I为物理刺激量。

式(4-2)被称为韦伯-费希纳定律(Weber-Fechner's law)，图4-1为其示意图。

式(4-2)表示，心理感觉量与物理刺激量的对数值成正比。也就是说，心理感觉量的增加落后于物理刺激量的增加。当物理刺激量以几何级数递增时，

心理感觉量则以算术级数递增。如音强比和响度(对声音的感觉强度)之间的关系(见表4-1)。

刺激的作用不是绝对的，而是相对的，即同已经存在的感觉量有关。费希纳在精神世界与物质世界中发现一个简单的数学关系，但韦伯-费希纳定律仅适用于中等强度的刺激。

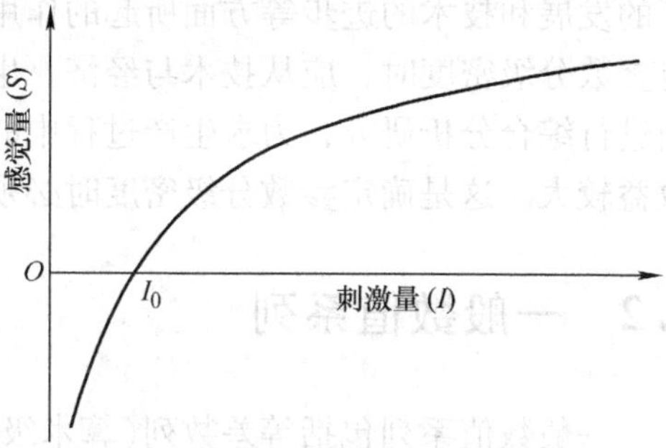

图4-1　韦伯-费希纳定律

当标准化对象的参数同人的感觉(包括视觉、听觉、肤觉(含痛、痒、触、温度)、味觉、嗅觉、电击觉、平衡、运动等)直接相关时，参数值的选择和分级的密度应该符合人的生理功能和心理习惯。

表4-1　音强比和响度之间的关系

音强比	1	10	100	1000	10000
响度/dB(A)	0	10	20	30	40

2. 客观实用性

所谓客观实用性，是指在确定参数分级时，要从实际出发，充分考虑各种制约因素，使之能符合客观实际情况。

对参数分级起制约作用的因素很多，常见的有：

(1) 标准化对象自身特性的要求，如齿轮的齿数不管如何分，必须始终为整数。违背这些要求便会失去客观实用性。

(2) 技术继承性。在对标准化对象的参数进行设定时，常常是对现存的混乱状态加以整顿，对已有的标准化对象的参数组合加以调整，这就得考虑技术的继承性问题，也就是说不能不受到现状的制约。这样，最后确定的参数系列常常并不具有非常严格的规律性。当然也不排除在个别情况下可以摆脱现状的制约，制定理想的参数系列。

(3) 使用的方便性，要求能用最少的件数得到最多的功能组合。如砝码组，用1、2、2、5(每十进数量级)构成系列；货币面值用1、2、5、10构成系列等，均属于使用方便的要求。

(4) 法令的有关规定、地域环境特点、相关现行标准的规定、人类工效学要求、风俗习惯等，也都是对参数分级起重要影响的制约因素。

3. 综合经济性

不同的参数组合(特别是产品的主参数)会产生具有不同功能水平的产品组合；而不同的产品组合，其对生产的经济性、对社会需求的满足程度、对生产的发展和技术的进步等方面所起的作用是不同的。所以在选择参数系列或确定参数分级密度时，应从技术与经济、生产与使用、近期与远期等各个主要方面进行综合分析研究，力求生产过程中的总耗费较少，而在消费过程中的经济效益较大。这是确定参数分级密度时必须严格遵守的一条原则。

4.2 一般数值系列

一般数值系列包括等差数列(算术级数)、等比数列(几何级数)。

4.2.1 等差数列

如果一个数列从第2项起，每一项与它的前一项的差等于同一个常数，这个数列就叫做等差数列。这个常数叫做等差数列的公差，通常用字母 d 表示。等差数列的数学表达式为：

$$S_n - S_{n-1} = d \tag{4-3}$$

式中，S_n、S_{n-1} 分别为数列中第 n 项、第 $n-1$ 项的值，d 为等差数列的公差。

等差数列的显著特征是数列变化形态呈阶梯状(见图4-2)。

由于等差数列构成简单，各项数值比较整齐，便于分级，所以它是标准化活动中常用的最简单的一种数值分级方法和参数分级数列。如轴承、紧固件及大量劳动防护用品(鞋、服装)的参数分级都是采用等差数列。

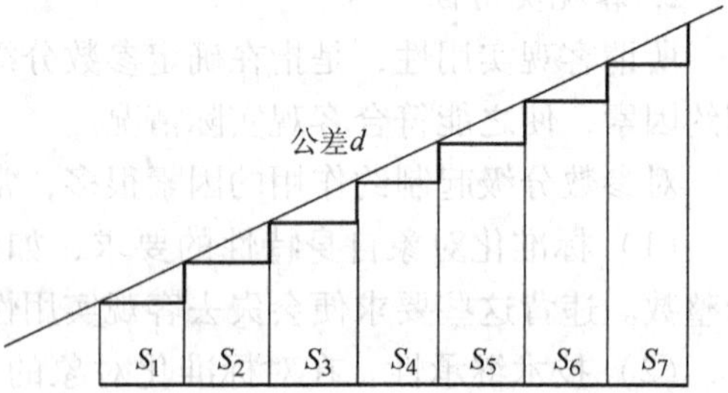

图4-2 等差数列的特征示意图

等差数列的主要缺点是相邻两项的相对差不均匀。例如，数列“1，2，3，4，…，10”，各相邻项的绝对差均为“1”，但相对差 $\left(=\dfrac{\text{后项}-\text{前项}}{\text{前项}}\times 100\%\right)$ 却为变量。如“1”与“2”之间的相对差为100%，而“9”与“10”之间的相对差却变为11%。这种情况对于某些产品来说，不符合客观实际对产品参数分布规律的要求，而且在多数情况下恰好与客观要求相反。这也是等差数列在许多场合不能被应用的基本原因。

为了克服等差数列的相邻两项的相对差不均匀的缺点，有时可以把等差数列分段化，也就是把整个数列分为几段，各段的公差不同。例如GB/T 702—2004对圆钢直径(或方钢边长)的规定，就是采用分段等差数列所形成的圆钢直径系列(见图4-3)。

$$\underbrace{5, 5.5, 6, 6.5,}_{d=0.5}\ \underbrace{7, 8, \cdots, 35,}_{d=1}\ \underbrace{36, 38, \cdots, 68,}_{d=2}\ \underbrace{70, 75, \cdots, 125,}_{d=5}\ \underbrace{130, 140, \cdots, 250}_{d=10}$$

图 4-3　圆钢直径系列参数　单位：mm(GB/T 702—2004)

这样可使数值大的参数之间差值增大，从而剔除系列中不必要的项，使整个系列保持比较适当的密度，一定程度地克服了等差数列的缺点。但是分段等差数列项差的变化是不连续的，分段处出现跳跃式的剧增或剧减，而且不易把整个数列的变化规律控制在最佳状态，在实践中易于造成损失，所以它仍然不是理想的分级方法。

4.2.2　等比数列

如果一个数列从第 2 项起，每一项与它前一项的比等于同一个常数，这个数列就叫做等比数列。这个常数叫做等比数列的公比，通常用字母 q $(q\neq 0)$表示。等比数列的数学表达式为：

$$\frac{S_n}{S_{n-1}}=q(n\geqslant 2) \qquad (4\text{-}4)$$

式中，S_n、S_{n-1}分别为数列中第 n 项、第 $n-1$ 项的值；q 为等比数列的公比。

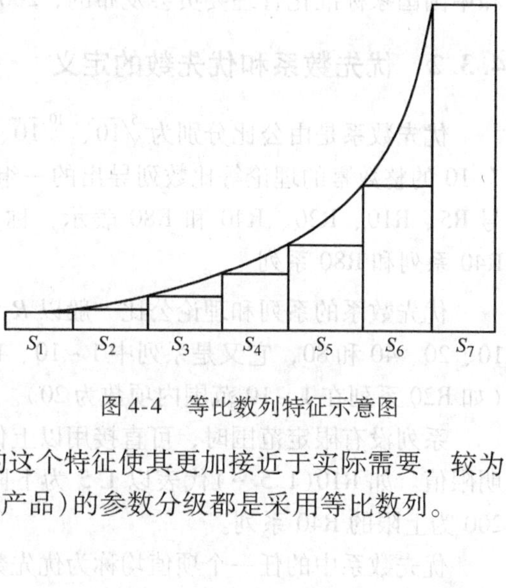

图 4-4　等比数列特征示意图

等比数列的显著特征是任意相邻两项之比为一常数，且数值越大间隔也越大(见图 4-4)。等比数列的这个特征使其更加接近于实际需要，较为实用。如许多工业产品(尤其是机电产品)的参数分级都是采用等比数列。

4.3　优先数和优先数系

4.3.1　概述

无论是等差数列还是等比数列，都不是客观上实际需要的数列。理想的数列是，项数较少的数列包含在项数较多的数列中，并且按照十进的规律能向两端无限延伸，这才能使相关的协调问题得到较为合理的解决。为了解决这个问题，人们终于发现了一种较为理想的十进几何级数，即优先数系列。

优先数系列是 19 世纪末法国的雷诺(Charles Renard)为了对气球上使用的绳索规格进行简化而发现的数值系列。当时雷诺规定，简化后形成的尺寸规格系列，每进5项就使项值增大10倍(十进几何级数,相当于现今优先数系中的R5系列)。这就是最初的优先数系。为了纪念雷诺，将这个数值系列取名为R数系。

优先数和优先数系是一种无量纲的数值系统，适用于各种参数量值的分级。它又是十进几何级数，不仅对于标准化对象的简化和协调起着重要作用，而且是制定其他标准的依据，是国际上统一的重要基础标准。1920年德国制定了第一个优先数系标准。1935年国际标准化协会公布了ISA11号通告，把优先数系规定为国际标准建议，1973年转为国际标准。我国于1960年颁布了“优先数和优先数系”部标准(JB 109—1960)，1964年定为国家标准(GB 321—1964)，1980年进行了一次修订，现行国标《优先数和优先数系》(GB/T 321—2005)是2005年5月16日由中华人民共和国国家质量监督检验检疫总局和中国国家标准化管理委员会发布的，2005年12月1日开始实施[228]。

4.3.2 优先数系和优先数的定义

优先数系是由公比分别为$\sqrt[5]{10}$、$\sqrt[10]{10}$、$\sqrt[20]{10}$、$\sqrt[40]{10}$和$\sqrt[80]{10}$项，且项值中含有10的整数幂的理论等比数列导出的一组近似等比的数列。各数列分别用符号R5、R10、R20、R40和R80表示，称为R5系列、R10系列、R20系列、R40系列和R80系列。

优先数系的系列和理论公比一般以R_r及Q_r($Q_r=\sqrt[r]{10}$)表示。其中r取5、10、20、40和80，它又是系列中1～10、10～100等各个十进段内项值的项数(如R20系列在1～10范围内项数为20)。

系列没有限定范围时，可直接用以上代号表示；若系列有限定范围，应注明限值。如R10(1.5…)代表以1.5为下限的R10系列，R40(…200)代表以200为上限的R40系列。

优先数系中的任一个项值均称为优先数。

根据GB/T 321—2005的规定。优先数和优先数系适用于各种量值的分级，特别是在确定产品的参数或参数系列时，按该标准的规定，应最大限度地采用。这就是“优先”的含义。这些数不是杂乱无章地堆积。而是按一定规律有秩序地形成数值系列，其规律就是以$\sqrt[r]{10}$为公比形成的等比数列，故称之为“数系”。

4.3.3 优先数系的结构

1. 基本系列与补充系列

基本系列是指R5、R10、R20、R40系列。R5、R10、R20、R40是分别以$\sqrt[5]{10}\approx1.60$、$\sqrt[10]{10}\approx1.25$、$\sqrt[20]{10}\approx1.12$、$\sqrt[40]{10}\approx1.06$为公比形成的数系。它是

优先数系中的常用系列（详见 GB/T 321—2005）。

补充系列即 R80 系列。R80 系列是以 $\sqrt[80]{10}\approx1.03$ 为公比形成的数系。它仅在参数分级很细，基本系列不能满足实际需要时才允许采用的系列（详见 GB/T 321—2005）。

2. 优先数的序号和符号

优先数的序号用“N”表示，它是优先数在 R40 系列中排列的次序。规定优先数 1.00 的序号 N 为 0。N 从 0 开始计数，于是便形成一个等差数列。

符号 R_r 是 R5、R10、R20、R40、R80 的通式。

3. 优先数的几种数值

（1）理论值。理论值即是理论等比数列的项值 $(\sqrt[r]{10})N_r$，其中，N_r 为任意整数。但因理论值一般是无理数，不便于实际应用。

（2）计算值。计算值是对理论值取 5 位有效数字的近似值，和理论值相比，其相对误差小于 $\frac{1}{20000}$，在作参数系列的精确计算时可用来代替理论值。

（3）常用值。常用值即通常所说的优先数，它是为了便于实际应用而对计算值进行适当圆整后统一规定的数值。

（4）常用值的相对误差。常用值的相对误差按下式计算：

$$\text{常用值的相对误差}=\frac{\text{常用值}-\text{计算值}}{\text{计算值}}\times100\% \tag{4-5}$$

（5）化整值。化整值是对 R5、R10、R20、R40 系列中的常用值作进一步圆整后所得的值。这类数值只允许在某些特殊情况下使用。

化整值系列（详见 GB/T 321—2005）是由优先数的常用值和一部分化整值所组成的系列，只是在参数取值受到特殊限制时才允许应用。化整值误差较小的系列称为第一化整值系列，用符号 R_r' 表示；误差较大的系列称为第二化整值系列，用符号 R_r'' 表示。

4. 优先数的派生系列和移位系列

（1）派生系列。它是从基本系列或补充系列 R_r 中，每 P 项取一项而导出的系列。以 R_r/P 表示。如 R10/3 系列，就是在 R10 系列中，从某一项开始，向后每数 3 项取一项所形成的系列。若从 1 开始，就可得出 1、2、4、8、…这样的数列。

（2）移位系列。它也是一种派生系列，它的公比与某一基本系列相同，但项值与该基本系列不同。例如，项值从 25.8 开始的 R80/8 系列，是项值从 25.0 开始的 R10 系列的移位系列。

5. 系列的代号

（1）基本系列与补充系列的代号。

1）系列无限定范围时，用 R5、R10、R20、R40 和 R80 表示。

2）系列有限定范围时，应注明限值。例如，R10(1.25…)，表示以 1.25 为下限的 R10 系列。R20(…45)，表示以 45 为上限的 R20 系列。R40(75…300)，表示以75 为下限、300 为上限的 R40 系列。

（2）派生系列的代号。

1）系列无限定范围时，应注明派生系列中含有的一个项值。如 R10/3(…80…)，表示该系列是含有项值 80，并向两端无限延伸的派生系列。如果派生系列中含有项值1，则可简写为 R_r/P。

2）系列有限定范围时，应注明界限值。例如 R20/4(112…)，表示以 112 为下限的派生系列。

4.3.4 优先数系的主要特征

（1）对于 R5、R10、R20、R40 和 R80 数系，后一数系均含有前一数系的项值。

（2）R_r 系列中的项值可按十进法向两端无限延伸，所有大于 10 和小于 1 的优先数，均可用 10 的整数幂乘以“基本系列”和“补充系列”中的优先数求得。

（3）同一系列中任意相邻两优先数常用值的相对差近似不变(R5 系列约为 60%，R10 系列约为 25%，R20 系列约为 12%，R40 系列约为 6%，R80 系列约为 3%)。

（4）同一系列中任意两项的理论值之积和商、任意一项理论值之整数乘方，仍为此系列中的一个优先数理论值。常用值之间近似地具有此种关系。

（5）同一系列中各优先数理论值之对数值构成一个等差数列。优先数的序号 N_r 是优先数理论值以 Q_r(即 $\sqrt[r]{10}$)为底的特殊对数。故优先数的运算可仿照一般对数计算方法转换为序号运算而得到简化。即：

1）两个优先数之积的序号，等于这两个优先数序号之和。

2）两个优先数之商的序号，等于这两个优先数序号之差。

4.3.5 优先数系的选用原则

1. 基本系列的优先选用原则

在确定产品参数或参数系列时，除非有特殊原因必须选用其他数值，选用优先数又能满足技术经济要求，则应尽量选用优先数。并应按照 R5、

R10、R20和R40顺序，优先选用公比较大的基本系列。当某个产品的所有特性参数不可能都采用优先数时，也应使一个或几个主要参数采用优先数。即使单个参数值，也应按上述顺序选用优先数。这样做既可在产品发展时插入中间值后仍保持或逐步发展成为有规律的系列，又便于跟其他相关产品协调配套。

2. 派生系列的选用原则

当基本系列的公比不能满足分级要求时，可选用派生系列。选用时应优先采用公比较大和延伸项中含有项值1的派生系列。移位系列只宜用于因变量参数的系列。

3. 复合系列的构成原则

当参数系列的延伸范围很大，从制造和使用的经济性考虑，在不同的参数区间，需要采用公比不同的系列时，可分段选用最适宜的基本系列或派生系列，以构成复合系列。按优先数常用值分级的参数系列，公比是不均等的。在特殊情况下，为了获得公比精确相等的系列，可采用计算值。

4. 优先选用常用值原则

如无特殊原因，应尽量避免使用化整值。因化整值的选用带有任意性，不易取得协调统一，并且由于误差较大而带来一些缺点。如系列中含有化整值，就使以后向较小公比的系列转换变得较为困难。化整值系列公比的均匀性差，化整值的相对误差经乘、除运算后往往进一步增大。

4.3.6 优先数系的优点

优先数和优先数系是一种科学的数值制度，它是一种无量纲的数值系统，适用于各种参数量值的分级。它又是十进几何级数，不仅对于标准化对象的简化和协调起着重要作用，而且是制定其他标准的依据，是国际上统一的重要基础标准。

优先数是各种量值(特别是产品参数)分级时应优先采用的数，其目的是把实际应用的“数”(如产品的尺寸、规格)限制在必需的最小范围内，并为在不同场合都能优先选用相同的数创造一个先决条件。以达到简化、统一。优先数系主要有以下优点。

1. 数值分级制度经济合理

经验和统计表明。参数值按等比数列分级，能在较宽的范围内以较少的规格，经济合理地满足社会需要。这就要求用“相对差”反映同样“质”的差别，而不能像等差数列那样只考虑“绝对差”。例如，对轴径分级，在10mm不合需要时，如选用12mm，则两级之间绝对差为2mm，相对差为20%。但对100mm来说，加大2mm变成102mm，相对差只有2%，显然太小。而对直径为1mm的轴来说，加大2mm变成3mm，相对差200%，显然太大。等比数列是一种相对差不变的数列，不会造成分级疏的过疏、密的过密的不合理现象。优先数系正是按等比数列制定的，因此，它提供了一种经济、合理的数值分级制度。

2. 统一、简化的基础

一种产品(或零件)往往同时在不同场合，由不同的人员分别进行设计和制造，而产品的参数又常常影响到与其有配套关系的一系列产品的有关参数。如果没有一个共同遵守的选用数据的准则，势必造成同一种产品的尺寸参数杂乱无章，品种规格繁多。优先数系是国际上统一的数值制度，可用于各种量值的分级，以便不同的地方都能优先选用同样的数值。这就为技术经济工作上的统一、简化和产品参数的协调提供了依据。按优先数系确定的参数和系列，在以后的标准化过程中(从企标发展到行标、国标等)，有可能保持不变，这在技术上和经济上都有很大意义。企业自制自用的工艺装备等设备的参数，也应当选用优先数系。这样，不但可简化、统一品种规格，而且可使尚未标准化的对象从一开始就为走向标准化奠定基础。在制定标准或规定各种参数的协商中，优先数系应当成为用户和制造厂之间或各有关单位之间共同遵循的准则，以便在无偏见的基础上达成一致。

3. 适应性强

优先数系中包含有各种不同公比的系列，因而可以满足较密和较疏的分级要求。由于较疏系列的项值包含在较密的系列之中，这样在必要时可插入中间值，使较疏的系列变成较密的系列，而原来的项值保持不变，与其他产品的配套协调关系不受影响，这对发展产品品种是很有利的。在参数范围很宽时，根据情况可分段选用最合适的基本系列，以复合系列的形式来组成最佳系列。由于优先数的积或商仍为优先数，这就更进一步扩大了优先数的适用范围。例如，当直径采用优先数时，π可近似用优先数3.15代替，则圆周长和圆面积也都为优先数。于是圆周速度、切线速度、圆柱体的面积和体积、球的面积和体积等也都是优先数。

优先数系适用于能用数值表示的各种量值的分级，特别是产品的参数系列。如长度、直径、面积、体积、载荷、应力、速度、时间、功率、电流、电压、流量、浓度、传动比、公差、测量范围、试验或检验工作中测点的间隔，以及无量纲的比例系数等。凡在取值上具有一定自由度的参数系列，都应最大限度地选用优先数。在制定产品标准时，特别在产品设计中应当有意识地使主要尺寸、参数符合优先数。

4. 简单、易记、计算方便

优先数系是十进等比数列，其中包含10的所有整数幂。只要记住一个十进段内的数值，其他十进段内的数值可由小数点的移位得到。所以只要记住 R20 中的 20 个数值，就可解决一般应用。优先数系是等比数列，故任意一个优先数的积和商仍为优先数，而优先数的对数(或序号)则是等差数列。利用这些特点可以大大简化设计计算。

一般来说，确定标准化对象的参数系列时，应根据具体情况，从经济和技术方面进行综合分析，找出最佳方案，再从优先数中选取接近最佳值的优先数系和优先数。由于优先数系本身的特点，能够适应多数情况下的要求，总的说来它是比较理想的数值制度。但是，优先数系不可能解决一切问题，对于有些产品的参数分级就不适用。例如，同人民生活直接相关的衣服、鞋、帽、锅、盆之类的产品的参数分级一般只能按等差数列。有些工业设备实际上也不遵守优先数系规律的，如有的国家生产的压力机系列为：20t，40t，55t，75t，100t。另外，由于优先数的和或差一般不再保持为优先数，因此，对于有些组合尺寸只能采用模数制。

4.4 E 系列

E 系列也是一种由几何级数构成的优先数系，只适用于电阻器的电阻值和电容器的电容值。由于它首先在英国的电工行业中应用，因而采用“electricity”的首字母表示此系列。

E 系列是由 $\sqrt[3]{10^n}$，$\sqrt[6]{10^n}$，$\sqrt[12]{10^n}$，$\sqrt[24]{10^n}$，……(n 为正整数或负整数)等理论数的修约值组成的，公比分别为 $\sqrt[3]{10}$，$\sqrt[6]{10}$，$\sqrt[12]{10}$，$\sqrt[24]{10}$，……等比数列导出的一组近似等比数列。该组数列分别称为 E3 系列，E6 系列，E12 系列，E24 系列等。

E 系列由国际电工委员会于 1951 年通过，1952 年公布为国际标准。我国于 1973 年制定了 SJ 616—1973《固定式电容器标称容量系列》、SJ 618—1973《电阻器标称阻值系列》、SJ 619—1973《精密电阻器标称阻值系列、精密电容器标称容量系列及其允许偏差》等无线电专业标准，1981 年转化为国家标准 GB 2471—1981《电子设备用电阻器的标称阻值系列和固定电容器的标称容量系列及其允许偏差系列》，1995 年对该标准修订时，等同采用了 IEC 63—1963。

表 4-2 为 E3、E6、E12、E24 的数值。表中的数值及其十进倍数或约数是伴有允许偏差的优先数系，分别适用于允许偏差大于 ±20%、±20%、±10%、±5% 的电阻器和电容器的取值。

表 4-2 E3、E6、E12、E24 的数值

E24	E12	E6	E3	E24	E12	E6	E3
允许偏差 ±5%	允许偏差 ±10%	允许偏差 ±20%	允许偏差 > ±20%	允许偏差 ±5%	允许偏差 ±10%	允许偏差 ±20%	允许偏差 > ±20%
1.0	1.0	1.0	1.0	3.3	3.3	3.3	
1.1				3.5			
1.2	1.2			3.9	3.9		
1.3				4.3			
1.5	1.5	1.5		4.7	4.7	4.7	4.7
1.6				5.1			
1.8	1.8			5.6	5.6		
2.0				6.2			
2.2	2.2	2.2	2.2	6.8	6.8	6.8	
2.4				7.5			
2.7	2.7			8.2	8.2		
3.0				9.1			

4.5 模数制

4.5.1 模数和模数的基本概念

模数是指在某种系统(构筑物或制品)的设计、计算和布局中普遍重复应用的一种基准尺寸。

以内件为基准的结构，采用组合模数。组合模数用“m”表示，是组合尺寸的最小基数。它的数值取决于元件装接的最小尺寸。这种组合尺寸是等差数列 $1m$，$2m$，$3m$，……，Km(K 为整数)中的项值。

以外件为基准的结构，采用分割模数。分割模数用“M”表示，是组合尺寸的最大基数。它的数值取决于最大外件的包容尺寸。在 M 已给定的条件下，内件的尺寸应取 M 的整数分割值，以充分利用包容面积和空间。这时内件尺寸系列由数列 $1M$，$M/2$，$M/3$，……，M/K 中的项值构成。

模数值就是模数 m 的取值。例如，在设计印制电路板时共同遵守的坐标网络系统是《印制电路网格》(GB 1360—1978)，该标准中所规定的网格模数 $m = 2.5\text{mm}$。

模数尺寸就是模数乘以正整数或分数所得尺寸值。

模数数列就是所选定的模数与某一乘数数列相乘所得到的模数尺寸数列。例如，模数值选定为 100 时，当它与数列 2，4，6，8，……相乘时，即可得到模数数列 200，400，600，800，……。

模数制就是在模数的基础上所制定的一套尺寸协调的标准。

4.5.2　建筑模数制

模数的应用起源于建筑业。按照选定的模数为基础，规定其尺寸，可使房屋建筑中采用的各种建筑制品、构配件和组合件实现工业化大规模生产和机械化施工，使不同材料、不同形式和不同制造方法的建筑构配件、组合件的尺寸及设备、储藏单元和家具等符合模数，并具有较大的通用性和互换性，以加快建筑设计速度，提高施工质量和效率，降低建筑造价。

建筑物的模数设计和建筑物构件的模数配合是实现建筑工业化的重要条件。世界上许多国家还把基本模数定为标准。目前的趋向是采用 100mm 作为构件标准化的基本模数，并以这个数的 3 倍和 6 倍作为扩大模数。

我国于 1955 年曾制定了以 100mm 为基本模数的《建筑统一模数制》，1973 年修订为国家标准 GBJ 2—1973，1986 年修订为 GBJ 2—1986《建筑模数协调统一标准》[65]。GBJ 2—1986 是参考采用了国际标准和国外先进标准，结合我国现有的技术经济水平修订而成的，是统一与协调建筑尺度的基本标准。

（1）基本模数。选定的标准尺寸单位，用 M 表示，其数值为 100mm，即 $1M=100$mm。

（2）导出模数。导出模数分为扩大模数和分模数。其基数应符合下列规定：

1）扩大模数，指基本模数的整数倍。

水平扩大模数的基数为 $3M$、$6M$、$12M$、$15M$、$30M$、$60M$，其相应的尺寸分别为 300、600、1200、1500、3000、6000mm。

竖向扩大模数的基数为 $3M$ 与 $6M$，其相应的尺寸为 300mm 与 600mm。

2）分模数，指基本模数的分数值。基数为 $1/10M$，$1/5M$，$1/2M$，其相应的尺寸为 10mm、20mm、50mm。

（3）模数数列。这是指在基本模数、扩大模数、分模数的基础上扩展组成的一系列尺寸，见表 4-3。

表 4-3 模数数列

基本模数	扩大模数						分模数		
$1M$	$3M$	$6M$	$12M$	$15M$	$30M$	$60M$	$\frac{1}{10}M$	$\frac{1}{5}M$	$\frac{1}{2}M$
100	300	600	1200	1500	3000	6000	10	20	50
100	300						10		
200	600	600					20	20	
300	900						30		
400	1200	1200	1200				40	40	
500	1500			1500			50		50
600	1800	1800					60	60	
⋮	⋮	⋮	⋮	⋮	⋮	⋮	⋮	⋮	⋮
3600	7500	9600	12000	12000	36000	36000	200	100	1000

4.5.3 包装模数

模数理论除在建筑业得到推广应用外，在包装物标准化方面也得到重要应用。为了适应货物装卸机械化、自动化、运输集装化以及仓储现代化的要求，包装物的外形尺寸必须实现模数化。

国际标准 ISO 3394—1984 以 600mm × 400mm 的标准底面积为基数，规定了硬质直方体运输包装件的尺寸系列。我国选用了 ISO 的包装基本模数作为确定运输包装尺寸模数的基础，同时又考虑到我国已于 1982 年采用了国际通行的 1200 系列，制定了托盘标准 GB 2934—1982《联运平托盘外部尺寸系列》。

确定包装尺寸系列时，须与托盘尺寸协调。为此，将 600mm × 400mm 这一模数值加以延伸，选择 1200mm × 1000mm 和 1200mm × 800mm 作为包装单元的最大尺寸基数。1996 年，国际上将公称外廓尺寸规定为 1200mm × 1000mm、1200mm × 800mm、1140mm × 1140mm、1219mm × 1016mm。这也是单元货物尺寸。将此数值加以分割，或通过用整数去乘或除以模数尺寸 600mm × 400mm，就会得到系列化的包装尺寸。以此为基础，我国制定了运输包装尺寸的国家标准 GB/T 4892—1996《硬质直方体运输包装尺寸系列》。

4.5.4 模数制的推广和统一

模数理论除在建筑业、包装物方面得到广泛应用外，在电器、仪器和成套装置的组装尺寸的标准化及机电工业产品的单元尺寸和组合尺寸的协调等方面，也都涉及模数配合与模数协调问题。图 4-5 是产品包装、包装箱、运输托盘和载重汽车之间的模数配合与模数协调示意图。

随着模数理论应用领域的扩大，建立一套综合完整、统一的模数系统，以便各个部门依据这个统一的模数系统制定的模数制度，能够与其他各类尺寸相互协调和衔接。为此，IEC 和 ISO 已开始着手这方面的工作。

图 4-5　模数配合与模数协调示意图

复习思考题

4-1　何谓产品的参数、基本参数、主参数、参数相关性？

4-2　参数选择与参数分级在确定产品系列时有什么意义？对参数分级起制约作用的因素有哪些？

4-3　试用韦伯-费希纳定律解释“让标准成为习惯”。

4-4　从标准化的角度说明等差数列与等比数列的特点及其适用范围。

4-5　优先数适用于哪类参数的分级？优先数在产品标准化中的重要意义是什么？

4-6　自选若干种安全设备、设施、劳动防护用品等，分析其参数系列，指出其构成规律。

4-7　举出安全生产领域若干种模数配合的例子。

第5章 标准化理论与方法

5.1 标准化的基本原理

5.1.1 国外标准化原理研究简介

标准化活动是人类的一种有组织、有目的的社会实践，标准化理论就是对标准化实践活动的总结、凝练、提升。近百年来，世界各国标准化专家、学者一直致力于标准化概念、原理、方法、经济效果测定与其他标准化基础理论问题的研究。1952年，ISO成立标准化原理研究常设委员会(STACO)，随之世界上一些国家也设立了相应的机构，如日本在1958年设立了标准化原理委员会(JSA/STACO)，使得标准化基础理论研究更为活跃；一些有关标准化原理的专著陆续出版，如英国桑德斯(T. R. B. Sanders)的《标准化目的与原理》[6]、印度魏尔曼(Lalc Verman)的《标准化是一门新学科》[10]、日本松浦四郎的《工业标准化原理》[11]、前苏联特卡钦科(B. B. Ткаченко)等人合著的《标准化对象参数最佳化系统》[12]、日本古川光的《标准化》[13]等，但比较有影响的是桑德斯和松浦四郎的著作。

1. 桑德斯原理

桑德斯是英国标准化专家，是ISO/STACO成员。他在1972年出版的《标准化目的与原理》[6]一书中提出“标准化七项原理”，习称“桑德斯原理”。

原理1　标准化从本质上来看，是人们有意识地努力使其统一的做法。标准化不仅是为了减少目前的复杂性，而且也以预防将来产生不必要的复杂性作为目的。

原理2　标准化不言而喻是经济活动也是社会活动，应该在所有有关者的互相协作下推动工作，也应该在全体同意的基础上制定标准。

原理3　出版了标准如不实施，就没有任何价值。实施的时候，为了多数利益而牺牲必要的少数的利益，这种情况是可能有的。

原理4　决定标准时的行动，实质上是选择以及将其固定之。

原理5　标准在规定的时间内，应该按照需要进行重新认识与修改。修改与再修改直接的间隔时间根据各个不同的情况而决定。

原理6　在规定产品的性能或其他特点时，规格中必须包括关于所使用的各种方法和检验说明，以便该指定商品是否与规格相符。在采用取样的场合下，应规定取样方法；必要时，还应规定试样的大小和取样次数。

原理7　关于国家标准以法律强制实施的必要性，应谨慎考虑其标准的性质，工业化程度及其社会上现行的法律和形势等各方面情况。

桑德斯在《标准化目的与原理》一书中总结了标准化活动的实践经验，阐明了标准化的目的、作用和方法，认为标准化的本质就是有意识的努力达到简化，以减少目前和预防以后的复杂性。概括地说，“桑德斯标准化七项原理”就是：简单化；协议；实施；选择与确定；修订；技术规定（包括试验方法和取样方法）；强制性的适用领域（安全、人的健康和消费者的利益）。对此，魏尔曼认为这些结论虽然一般说来是正确的和有效的，但鉴于标准化工作取得成功的机会不是立刻见效且通常是不能肯定的，因此又认为这些结论“并没有反映出标准化的类科学性质，相反地却表示其缺乏科学的手段”。

2. 松浦四郎原理

日本政法大学教授松浦四郎是日本规格协会标准化原理委员会（JSA/STACO）创始人之一，从1961年担任ISO/STACO成员。他在《工业标准化原理》[11]一书中提出“标准化十九项原理”，习称“松浦四郎原理”。

原理1　标准化本质上是一种简化，是社会自觉努力的结果。

原理2　简化就是减少某些事物的数量。

原理3　标准化不仅能简化目前的复杂性，而且还能预防将来产生不必要的复杂性。

原理4　标准化是一项社会活动，各有关方面应相互协作来推动它。

原理5　当简化有效果时，它就是最好的。

原理6　标准化活动是克服过去形成的社会习惯的一种活动。

原理7　必须根据各种不同观点仔细地选定标准化主题和内容。优先顺序应从具体情况出发来考虑。

原理8　对“全面经济”的含意，由于立场的不同会有不同的看法。

原理9　必须从长远观点来评价全面经济。

原理10　当生产者的经济和消费者的经济彼此冲突时，应该优先照顾后者，简单的理由是生产商品的目的在于消费或使用。

原理11　使用简明最重要一条是“互换性”。

原理12　互换性不仅适用于物质的东西，而且也适用于抽象概念或思想。

原理13 制定标准的活动基本上就是选择然后保持固定。

原理14 标准必须定期评论，必要时修订，修订时间间隔多长，将视具体情况而定。

原理15 制定标准的方法，应以全体一致同意为基础。

原理16 标准采取法律强制实施的必要性，必须参照标准的性质和社会工业化的水平审慎考虑。

原理17 对于有关人身安全和健康的标准，法律强制实施通常是必要的。

原理18 用精确的数值定量评价经济效果，仅仅对于使用范围狭窄的具体产品才有可能。

原理19 在拟标准化的许多项目中确定优先顺序，实际上是评价的第一步。

松浦四郎在《工业标准化原理》一书中，系统地阐述了标准化活动过程的基本规律，并创造性地运用热力学中“负熵”的概念来阐明标准化活动最基本的原理。他认为“标准化活动基本上可以看成是，人们为创造负熵所作的努力”[11]。松浦四郎这一大胆创见开辟出一条深入探讨标准化现象及其本质的崭新思路，其理论意义十分重大。

3. 国外其他学者的主要研究成果

法国的C. 雷诺(Charles Renard)通过对气球绳索规格简化的研究，提出了优先数系理论[73](参见本书4.3节)。

美国的J. 盖拉德(John Gaillard)在1934年出版的《工业标准化-原理与应用》(Industrial Standardization—Its Principles and Applications)[5]对标准化的定义曾在较长时期内被各国作为经典引用，1947年编著的标准化教材曾在较长时间内作为美国一些大学的标准化教材。

艾·卡柯特1939年通过对产品品种简化与集中生产对降低成本作用问题的研究分析，提出了卡柯特(CAQUOT)法则(即卡柯特公式)[73]。

波兰的约·沃基次基提出了标准化三维空间。

英国的西尔伯斯敦(A. Silberston)和马克西(G. naxcy)通过对汽车产量与成本关系的研究，于1969年提出了西尔伯斯敦曲线[73]。

前苏联国家标准委员会副主席B. B. 特卡钦科(B. B. Ткаченко)在标准化理论研究方面做了不少工作，对标准化的理论建设作出了不可磨灭的贡献。他主编的《标准化的方法与实践》(Методика и практика стандартизации)[12]一书，共8个部分，40章。著名的标准化专家印度魏尔曼博士认为，该书从前苏联的观点，以前苏联的背景详尽地叙述了标准化的发展[10]。

上述这些方法和理论都丰富了标准化理论，对标准化理论的发展作出了十分重要的贡献。但由于它们局限于工业标准化的实践，而且比较零散，犹如

“薄薄的雾气笼罩的密林”(E. J. Struglia 语,1965)[10]，并且有些并非只适用于标准化。因此，从总体上发掘，从更深刻的哲理上和更抽象的层面上去把握标准化活动的本质和规律，提出某些富有新意的假说并加以论证，是标准化学科理论建设中极富魅力的一大课题。印度的魏尔曼在1972年出版的《标准化是一门新学科》[10]一书中首次系统地论述了标准化是一门新学科，但他在该书的一开始又说：“最好不要把标准化的含义引申过分远，不要试图说服人们把它视为与物理、化学之类的自然科学相提并论的一门科学。充其量而言，可望将其视为与社会学、政治学之类的社会科学相仿的一种科学。由于标准化内容广泛的特性，使它涉及所有这类科学以及心理学、经济学与经营管理等方面的内容，……。”[10]在标准化理论研究方面值得一提的是，ISO/STACO在1974年的改组。改组后，ISO/STACO不再深入探讨标准化的一般性理论问题，而把工作目标的侧重点转向于解决ISO各技术委员会(TC)编制标准中一些具有共性的实际问题，如标准编制的基本规则、标准化基本术语和定义等。

5.1.2 国内标准化原理研究简介

我国标准化专家、学者对标准化原理的研究也已有数十年历史，具有中国特色，其中代表性人物有七位，下面分别简介之。

1. 陈文详的简化原理与六项原则

陈文详是我国机械行业著名的标准化专家。他从20世纪50年代起就在当时的机械工业部从事标准化管理工作，20世纪80年代在为西安交通大学标准化双学士学位班授课时，依据自己数十年的实践经验和研究成果，编写了《标准化原理与方法》作为教材。在该教材中，他综合运用重复利用效应、经验积累规律与熵增原理，论述了简化原理是标准化的基本原理。同时，他还提出，在标准化管理中应实施六项原则，即：①优化原则(包括功能结构优化和参数系列优化)；②动态原则；③超前原则；④系统原则；⑤反馈原则；⑥宏观控制和微观自由结合原则。

2. 王征的五项原理

王征是中国标准化研究院(原中国标准化综合所)研究员。他在1981年出版的《标准化基础概论》[17]一书中提出了五项标准化基本原理，即：①统一原理；②简化原理；③互换性原理；④协调原理；⑤阶梯原理。这五项原理中，他认为“统一原理”是标准化原理的核心和本质，其他原理都是统一原理的具体形式。他指出，“统一”是科学合理的统一，也就是一定范围、一定程度、一定级别、一定水平、一定时间和一定的多数的统一。

3. 常捷的八字原理

常捷是中国人民大学工业经济系教授。他在1982年提出“统一、简化、协调、选优”的标准化“八字原理”，认为“统一是目标，协调是基础，简化选优是同意协调的原则和依据”。

4. 李春田的四原理与四原则

李春田是我国著名的标准化专家(参见本书前言的正文夹注)。他在1982年出版的《标准化概论》[15]一书中，对我国标准化理论研究成果加以总结和归纳，提出“简化”、“统一”、“协调”、“最优化”四项原理。后在《标准化概论》(修订本,1987年)和《标准化概论》(第3版,1995年)中又提出“标准系统四项管理原则”，即：①系统效应管理原则；②结构优化原理原则；③有序发展原理原则；④反馈控制原理原则。

5. 郎志正的五项指导原则

郎志正是北京理工大学教授。他在1988年出版的《现代管理与标准化》[20]和1991年出版的《标准化工程学》[19]两本书中提出“标准化五项指导原则”，即：①效益原则；②系统原则；③动态原则；④优化原则；⑤协商原则。

6. 张锡纯的标准化四项原理

张锡纯是北京航空航天大学教授。他在1992年出版的《标准化系统工程》[21]一书中，提出标准化活动中的四项基本工作原理，即：①有序化原理；②统一协调原理；③系统优化原理；④反馈控制原理。

7. 叶柏林的标准化经济效果理论

叶柏林是原国家质量技术监督局总工程师。他长期从事标准化经济效果问题的研究，在1984年出版的《标准化经济效果基础》[18]一书中全面深入地论述了标准化的经济效果问题。

标准化实践是标准化理论的源泉。随着标准化实践的深化和发展，人类对标准化活动规律的认识也必将逐步深入和发展。“我们只能在我们时代的条件下认识事物，而且这种条件达到什么程度，我们便认识到什么程度”（恩格斯语)。对标准化活动规律的认识也是一个无限渐进的过程，“理论在一个国家的实现程度，总是决定于理论满足这个国家的需要的程度”。[229]

5.1.3 标准化活动的基本原则

“原理”是“带有普遍性的，最基本的，可以作为其他规律基础的规律；具有普遍意义的道理”。“原则”是“说话或行事所依据的法则或标准”。在英文中，“原理”和“原则”是同一个词“Principle”。因此，无论是称“标准化原理”，或是叫“标准化原则”，它们都是揭示标准化活动或标准化工作过程中一些最基本的客观规律，以作为开展标准化活动时应遵循的基本规则。根据国内外标准化专家、学者的研究成果，现代标准化活动应遵循的基本原则可概括为以下八项。

1. 超前预防原则

标准化对象不仅应在依存主体的实际问题中选取，而且更应从潜在问题中选取，以避免该对象非标准化所造成的损失。

现代社会经济高速发展和科学技术进步，使现代标准化不能再像传统标准化那样，仅仅对已发生多样化的问题实行标准化(简化)，那样的简化会付出相当大的代价，因此必须对潜在问题实行超前标准化，这样就能有效地预防多样化和复杂性化。超导技术的标准化是“超前预防”的成功范例。

2. 系统优化原则

标准化的对象应优先考虑其所依存主体系统能获得最佳效益的问题。

(1) 标准化对象应在能获取效益的问题(或项目)中确定，没有标准化效益的问题(或项目)，不必去实行标准化。

(2) 在能获取标准化效益的问题中，首先应考虑能获取最大效益的问题。

(3) 在考虑标准化效益时，不只是考虑对象自身的局部标准化效益，而是考虑对象所在依存主体系统即全局的最佳效益。

3. 协商一致原则

标准化的成果应建立在相关各方协商一致的基础上。

标准化活动的成果(即标准)要让大家公认而接受并进而去执行，就必须让与标准相关的各个方面充分协商一致，取得共识。这样既可使标准制定得科学合理，具有广泛的基础，而且又能为标准顺利、有效的实施创造条件。

4. 统一有度原则

在一定范围、一定时期和一定条件下，对标准化对象的特性和特征应作出统一规定，以实现标准化的目的。

统一有度原则使标准化对象的形式、功能及其他技术特征具有一致性。

(1) 等效是统一的前提条件，只有统一后的标准与被统一的对象具有功能上的等效性，才能代替。

(2) 统一要先进、科学、合理，也就是要有度。

1) 统一是有一定范围或层级的。据此，可确定某项标准是作为国家标准，还是地方标准，还是企业标准来制定。

2) 统一是在一定水平上的统一。据此，可确定标准的技术指标，体现了标准的先进性。

3) 统一是有一定量度的。某些标准要规定统一的量值，如全国运行铁路的轨距要统一为1435mm；有些标准要统一规定量值的上限(如作业场所有害物质的含量)，有些标准要统一规定量值的下限(如安全距离)，还有些标准要统一规定量值的允许范围(如某一机器安全操作范围的几何尺寸)。

4) 统一可在一定理想范围内统一。如服装型号尺寸系列只是满足大多数人的着装需要。

5. 动变有序原则

标准应依据其所处环境变化而按规定程序适时修订，以保证标准的先进性和适用性。

标准是一定时期内依存主体技术或管理水平的反映，随着时间变化，必然导致标准使用环境的变化，因此必须适时修订标准。

（1）标准不是永恒不变的。标准应随着依存主体的发展变化而及时进行修订，以适应发展需要，否则就会滞后而丧失生命力，甚至阻遏依存主体的发展。

（2）修订标准是有规则的。修订标准要按规定的时间、规定的程序进行。

6. 互换兼容原则

标准应尽可能使不同的产品、过程或服务实现互换和兼容，以扩大标准化效益。

互换性是一种产品、过程或服务可以代替另一产品、过程或服务，以满足同样需要的能力，它一般包括功能互换性和尺寸互换性。

兼容性是指不同产品、过程或服务在规定条件下一起使用，能满足有关要求而不会引起不可接受的干扰的适宜性。

集装箱尺寸系列标准的实施，使火车、汽车、船舶等运载设备充分发挥了效用，就是这一原则的应用效果。

7. 阶梯发展原则

标准化活动过程是阶梯状的上升发展过程。

标准化活动过程一般呈阶梯状，即：

制定标准→实施标准（相对稳定一个时期）→修订标准（提高）→再实施（相对稳定）→再修订（再提高）

每次修订标准就把标准水平提高一步，就像走楼梯一样，一阶、一阶地登高，它形象地反映了标准化必须伴随其依存主体的技术或管理水平的提高而提高，至于阶梯的幅度即标准的实施时间（又称为标龄），一般应看依存主体的技术或经济发展要求及标准的层级等具体情况而定，目前。国际标准和国家标准的标龄一般为五年，企业标准为1~3年。

8. 滞阻即废原则

当标准制约或阻碍依存主体的发展时，应立即废止。

任何标准都有二重性[24]，它既可促进依存主体的顺利发展而获取标准化效益，也可制约或阻碍依存主体的发展，而带来负效应，因此对标准要定时复审，确认其是否适用，如不适用，则应根据其制约或阻碍依存主体的程度、范围等情况决定对其进行更改、修订、废止。

（1）更改。增加或删除标准中不适用部分的内容。一般由标准颁布机构采用“标准修改通知单”的形式发布。

（2）修订。对标准中不适用内容作较大修改。一般由标准颁布机构采用重新批准、更新发布年份的形式公告。

（3）废止。公布某项标准作废，停止实施。当某项标准所依存的主体已发生变化，该标准已无效用或已有新标准代替时，由标准颁布机构发布废止公告。

5.2 标准化的形式与方法

形式是内容的表现方式。内容决定形式，形式随着内容的变化而变化，但形式具有相对的独立性和自身的继承性，并反作用于内容，影响内容。

标准化内容是通过标准化的形式表现的。不同的标准化任务有不同的标准化内容，所以也要采用不同的标准化表现形式来达到不同的标准化目的。

研究各种标准化形式及其特点，可以在标准化实践活动中根据不同的标准化任务，选择和运用适合标准化内容的标准化形式，达到标准化目的。此外，研究标准化形式及其特点，还能够根据社会经济的发展、科技进步和标准化事业的发展、标准化实践活动的需要，及时地创造新的标准化形式。

标准化的形式主要有简化、系列化、组合化、综合标准化、超前标准化[5-23]。

1. 简化

“简化”是标准化活动中最常见的形式和最常用的方法，一般是“事”后进行的。简化就是在一定范围内缩减“事物”的类型数目。当然，“简化”也是有条件的。“简化”的应用领域十分广阔，安全生产标准化活动中可以作为“简化”对象的事物也很多。

2. 系列化

系列化是标准化的高级形式。它通过对同一类产品发展规律的分析研究，经过全面的技术经济比较，确定先进、适用的产品系列，以协调同类产品和配套产品之间的关系。安全生产标准化活动中可以作为“系列化”对象的事物也很多。

3. 组合化

组合化是受积木式玩具的启发而发展起来的，所以也有人称它为“积木化”和“模块化”。组合化的典型范例当是活字印刷术。组合化的过程，既包括分解也包括组合，是分解与组合的统一，建立在统一化成果多次重复利用的基础上。

4. 综合标准化

所谓综合标准化，又可叫做“全面标准化”或“整体标准化”，它是系统工程和标准化相结合的产物。系统性、目标性和整体最佳性是综合标准化的基本特征。

5. 超前标准化

超前标准化是为适应当代社会经济、科学技术飞速发展的需要应运而生的。超前标准化就是对今后将要成为标准化的对象规定出高于实际达到水平的规格和要求。超前标准化是现代标准化管理方法和形式，我国在1982年制定《文件传真二类机互通技术条件》国家标准时就采用了超前标准化方法。

标准化的形式与方法是多种多样的，随着社会经济的发展和科学技术的进步，标准化活动领域的扩大以及标准学的发展，肯定还会出现更多更好的标准化形式与方法。

5.3 简化

5.3.1 简化的定义及其必要性

简化就是在一定范围内缩减对象(事物)的类型数目，使之在一定时间内足以满足一般需要的标准化形式和方法。

简化的定义涵盖了以下三个方面的内容：

(1)“简化”一般是事后进行的。当事物的类型数目已发展到一定规模，品种构成已多样化到需要“治乱”时，才按照标准化原理缩减事物的类型数目，即进行简化。

(2)“简化”是有条件的。“简化”不是“乱砍”。“简化”必须遵循标准化原理和一定的要求，使“简化”的结果能保证满足社会的一般需要。

(3)“简化”是有目的的。“简化”的目的不是消极的“治乱”。它既要“能简化目前的复杂性，而且还能预防将来产生不必要的复杂性”(松浦原理3，见本书5.1.1节)。通过“简化”确立的品种构成，不仅对当前的生产有指导意义，而且在一定时期、一定范围内能预防和控制不必要的“复杂性”发生。

简化的实质是有目的地对客观事物的构成加以调整并使之最优化，其客观必要性有以下三点。

(1) 事物发展必然多样化，要求对事物加以简化。科技进步，经济发展，使社会需求多样化，要求社会提供种类更加丰富的产品，这就促使社会产品(商品)的种类急剧增多。在商品生产社会，社会产品(商品)这种多样化的发展趋势，在激烈的市场竞争推动下，难免带有不同程度的盲目性。如果不加以调控，任其发展，就有可能出现多余的、无用的和低功能的社会产品(商品)品种。这类产品的大量存在，不仅不能更好地满足社会需求，而且造成社会生产力的浪费，不利于社会经济发展。当然，这类产品(或其他对象)会在残酷的市场竞争中被自然淘汰，但那样所造成的经济损失之大和资源浪费之多是要由整个社会来承担的。世界上每一个国家在工业化过程中都曾遇到这样的问题，并且都曾把简化作为克服和防止社会产品(商品)混乱的手段加以广泛应用。简化，至今仍是人类有意识自我控制社会产品类型的一种有效方式。

(2) 对象类型的盲目膨胀阻碍了更必要的新类型的出现。简化，消除了低功能和不必要的对象类型(如产品的品种、规格)，直接控制了产品的品种、规格的盲目膨胀，使产品系统的结构更加精练、合理，这就为新的更必要的类型的出现扫清障碍。它可以大大提高产品系统的功能，使社会产品更加丰富多彩，更能满足人类生活需要，实现产品多样化的合理发展。所以，简化不是一般地限制多样化，而是运用简化的手段，有目的地对事物进行控制，使其生产更加合理化，从而为社会所需要的多样化得以实现创造条件。简化，是事物(尤其是产品系统)发展的外在动力。

(3) 市场竞争导致多样化失控，要求自我调控(简化)对象类型。商品化生产，市场化经济，你死我活的激烈竞争是社会产品类型盲目膨胀的土壤，为了阻遏事物类型的多样化失控，要求社会产品系统通过自我调节、自我控制的方式来简化事物类型多样化。简化，是事物自我调节、控制自身类型盲目多样化的必不可少的手段。

5.3.2 简化的原则与要求

简化是一项有目的的标准化活动，必须遵循以下原则和要求。

(1) 适度压缩，合理简化，整体优化原则。当客观事物类型的多样化呈现盲目膨胀状态，需要进行简化时，要对事物类型进行适度压缩，既要压缩那些不必要的多样化的类型，又要防止过分压缩。简化方案，即压缩方案必须经过比较、论证，衡量、评价其优劣的标准是简化后事物的总体功能是否合理并达到整体最佳。

(2) 限定时空，视高步远，相对稳定原则。比较、论证简化方案优劣，应以确定的时间、空间范围为前提，在时间范围里，既要考虑当前的情况，也要预测今后一定时期的发展要求，在统筹规划全局利益的基础上，作较为准确的计算或估计。要保证“简化”成果在所涉及的时空范围内，产品系统是相对稳定的，具有一定的生命力。

(3) 满足一般需要原则。对客观事物类型多样化进行压缩(简化)的结果不能损害大众(用户)的利益，必须保证在既定的时间内足以满足大众(用户)的一般需要。

(4) 构成系列，参数组合分级，符合标准原则。对产品的简化要形成系列，其参数组合应尽量符合标准数值分级制度。

5.3.3 简化的应用

简化是标准化活动中最古老而又是最基本的标准化形式和方法。

简化的应用领域十分广阔，就产品的生产过程来说，从构成产品系列的品种、规格，原材料的品种、规格，工艺装备的种类，零部件的品种、规格，直到构成零件的结构要素等，都可作为简化的对象，至于管理活动中可作为简化对象的事物也很多。

安全生产标准化活动中可以作为“简化”对象的事物也有很多。

简化所需的投资少，但收效显著。所以，开展比较普遍，应用领域十分广阔。

5.4 统一化

5.4.1 统一化的定义

统一化就是把同类事物两种以上的表现形态归并为一种或限定在一个范围内的标准化形式。

统一化的实质，是使对象的形式、功能(效用)或其他技术特征具有一致性，并把这种一致性通过“标准”确定下来。

统一化的目的，是消除由于不必要的多样化而造成的混乱(打破旧平衡)，为人类的正常活动建立共同遵循的秩序(建立新平衡)。

统一化有两类。一类是绝对的统一，不允许有灵活性；另一类是相对的统一，允许统一中有灵活性，可以根据情况区别对待。前者如各种编码、代号、标志、名称、单位、运动方向(开关的转换方向、电机轴的旋转方向、交通规则)等。后者如产品的质量标准，就不强求统一，它允许产品的质量指标有灵活性(分级规定、指标上下限等)，允许有自由竞争的内容，但它的出发点是统一。

统一化同简化一样，都是古老的、基本的标准化形式。但统一化与简化是两个不同的概念，它们是有区别的。“统一化”着眼于取得一致性，即从个性中提炼共性。“简化”是在肯定某些个性同时共存的前提下着眼于精练，简化的目的不是为了只缩减为一种，而是在简化过程中保存若干合理的品种。“统一化”与“简化”在实际工作中虽然常常交叉并用，甚至难以分辨，但其出发点毕竟完全不同。

古代人统一度量衡、文字、货币等。当今，由于社会经济的发展，科学技术的进步，国际间交往扩大，企业间的联系日益复杂，因而需要统一的对象越来越多，统一的范围也越来越大。

5.4.2 统一化的一般原则

1. 同质原则

实施统一化的对象必须具有相同的质或相同的内容，只是在量或表现形式上存在某些差异。质或内容不同的事物是不能统一的。

2. 等效原则

“等效”，是指将标准化对象统一后，被确定的对象与被取代(被统一)的对象之间在功能上必须等效。可简言为“等效替换”。如果不等效，则被确定的对象不能成为被取代(被统一)的对象的统一物。

3. 适时原则

“适时”，是指统一的时机要选准，既不能过早，也不能过迟。统一化是事物发展到一定规模、一定水平时，人为地进行干预的一种标准化形式。“干预”（统一)得过早，已出现的类型并不理想，新的更优秀的、更适宜的类型正在酝酿产生中，这时强行统一就可能使低劣的类型合法化，不利于优异的类型的产生。“干预”（统一)得过迟，必要的类型早已出现，并且重复的、低功能的类型也已大量产生，这时虽能选择出较为合适的类型，但淘汰低劣类型必然增加难度，也一定会造成较大的经济损失。因此，把握好统一的时机，是搞好统一化的关键。根据标准化实践经验，在标准化活动中，统一过早的事例并不多见，而统一过迟的事却屡见不鲜。

4. 适度原则

“适度”，是指要合理地确定统一化的范围和指标水平。在对统一化对象的某一特性作定量规定时，对可以灵活规定的技术特性指标，要掌握好指标允许值的上下限的幅度。由于统一化对象的复杂性和客观要求的多样性，所以对某些对象的统一化只能实现相对的统一，也就是有一定灵活度的统一。例如以产品质量、工作质量为对象的统一化，常需要有适当的灵活度。

5. 先进性原则

“先进性”，是指标准化所确定的一致性(统一规定)应有利于促进社会经济发展和科学技术进步，有利于社会需求得到更好的满足。

5.5 通用化

5.5.1 通用化的相关概念与定义

1. 互换性概念

互换性是指不同时间、不同地点制造出来的产品或零件，在装配、维修时不必经过修整就能任意替换使用的特性。

互换性概念表达了两层含义：

(1) 指产品的功能可以互换，叫功能互换性。它要求某些影响产品使用特性(常指线性尺寸以外的特性)的参数按照规定的精确度互相接近。

(2) 指产品的尺寸可以互换，叫尺寸互换性。当两个产品的线性尺寸相互接近到能够保证互换时，就达到了尺寸互换性。尺寸互换性是功能互换性的部分内容。

2. 通用化的定义

通用化就是在互相独立的系统中，选择和确定具有功能互换性或尺寸互换性的子系统或功能单元的标准化形式。

从通用化的定义可以看出，通用化是以互换性为前提的。

5.5.2 通用化的目的和作用

零部件通用化的目的是最大限度地减少零部件在设计和制造过程中的重复劳动。在同一类型不同规格或不同类型的产品或装备之间，总会有相当一部分零部件的用途相同、结构相近，或者用其中的某一种可以完全代替时，经过通用化，使之具有互换性。在设计和试制另一种新产品时，就缩短了该种零部件的设计、试制周期，减少了设计与制造工作量。此外，还简化了管理，扩大生产批量，提高专业化水平，产生一系列经济效益。

对于具有功能互换性的复杂产品来说，其通用性越强，产品的销路就越广，生产的机动性越大，对市场的适应性越强。发展这样的产品，对于防止不必要的多样化、组织专业化生产、提高经济效益具有重大意义。例如，一个企业生产的柴油机，如既可用于汽车，又可用于拖拉机，又可用于装载机、推土机和挖掘机等，则其社会、经济效益是显而易见的。

通用化虽然不是标准化的典型形式，但它是标准化过程中的一个重要阶段。许多通用的零部件或典型工艺经过实践检验后有可能提升为标准件，所以它也是标准化的必要阶段。

通用化在企业安全生产中同样可以得到广泛的应用。根据企业生产特点和要求，把生产上具有较多共性的安全生产（技术、管理、工作）规程分类分组，归并统一，形成通用安全生产（技术、管理、工作）规程。它在一定程度上也能起到标准的作用。编制通用安全生产（技术、管理、工作）规程有利于改进企业安全生产管理，减少安全生产管理文件的编制数量（工作量），为安全生产创造条件，提高安全生产管理水平。

5.5.3 通用化的一般方法

1. 选择相似件

根据相似零部件在各种产品中出现的频数来确定可以通用化的相似件。相似件可通过查阅设计图样等文件进行直接选择，也可通过编码选择。通过编码选择相似件的方法是，先将零部件按形状、尺寸、材料、加工精度等特征进行编码，再按编码将之进行分类、分族、分组。这样，编码相近的就是相似件。

2. 确定相似级别

按照零部件的功能特征、结构参数、基本形状三个要素的相似程度划分相似级别。三个要素均相似的为一级相似件，二个要素相似的为二级相似件，一个要素相似的为三级相似件。

3. 归并统一

对于一级相似零部件，可根据其功能、结构特征及量值，在保证技术要求合理的前提下进行归并统一，形成通用件。根据情况，有的通用件可发展为标准件。

对于二、三级相似零部件，通过分析研究，确定推荐的典型结构型式和部分编制数据，汇编成指导性技术文件。

4. 编制图册

把通用件编成图册（包含图纸编号、零部件编码、结构参数、技术要求等）或典型工艺，供有关方面参考选用。

5. 采用通用件

设计产品时，应尽量采用已有的通用件。新设计的零部件应充分考虑到使其成为新的通用件。

5.6 系列化

5.6.1 系列化的定义

系列化就是对同一类产品中的一组产品进行通盘规划的一种标准化形式。

它通过对同一类产品发展规律的分析研究，产品在一定时空范围内发展趋势的预测，结合当时生产技术条件，经过全面的技术经济比较，将产品的主要参数、形式、尺寸、基本结构等作出合理的安排与规划，确定先进、适用的产品系列，以协调同类产品和配套产品之间的关系。因此，也可以说，系列化是使某一类产品系统的结构优化、功能最佳的高级标准化形式。

5.6.2 产品系列化内容

一般来说，产品系列化有三方面内容：①制定产品参数系列标准；②编制系列型谱；③开展系列设计。

1. 制定产品参数系列标准

(1) 意义和作用。产品参数是产品性能或技术特征的标志，是选择或确定产品使用范围、规格尺寸的基本依据。产品参数按其特性可分为工况参数与几何尺寸参数两种。

产品参数系列确定的是否合理，不仅直接关系到该产品与相关产品之间的配套协调，而且在很大程度上影响企业的经济效益。

产品参数系列化是产品系列化的首要环节，也是编制产品系列型谱，开展产品系列设计的基础。

(2) 步骤和方法。具体如下：

1) 选择确定产品主参数。主参数是反映产品主要性能和基本结构的参数，是产品型号的组成部分，与产品设计、制造、使用、维修是否方便直接相关。为此，在选择确定产品主参数时必须遵循以下五项原则：①应能反应产品基本特性（如电动机功率）；②应是产品中最稳定的参数（如车床床身工件回转直径）；③能作为产品设计出发点的参数；④能作为用户选用产品的主要依据的参数；⑤主参数的数目一般只选一个，最多也只能选两个。

2) 确定主参数数值范围。就是确定本系列产品主参数的上、下限。这个数值范围，一般是在对用户近期和长远需要情况、生产情况、质量水平、技术发展以及同类产品生产和使用情况进行周密比较分析后确定的。

3) 确定参数系列。主要是在主参数数值范围内如何合理地分档、分级，整个系列安排多少档，档与档之间选用怎样的公比等。这项工作是在调查研究的基础上，通过技术经济比较，运用优先数、优先数系和参数系列最佳化等数学方法，才能科学、合理地进行分档分级。只要能满足技术、经济要求，机电类产品参数系列应尽量符合优先数系。

2. 编制产品系列型谱

(1) 型谱意义和作用。具体如下：

对参数分级分档，只是把产品划分成不同的规格。但社会对产品的需要是多方面的，有时为了满足某些特殊要求，还要求同一规格的产品拥有不同的产品型式。

系列型谱是根据市场和用户的需要，依据对同类产品生产状况的分析，对基本参数系列所限定的产品进行型式规划，把基型产品与变型产品的关系以及品种发展的总趋势，用图表反映出来，形成一个简明的产品品种系列表。

一种产品的系列型谱，实际上是该产品的品种发展规划的一种表现形式，它是一项具有战略意义的基础性标准，对整个企业未来产品的发展有着重要的指导意义。因此，编制型谱是一件很复杂、很细致又很慎重的工作。要以大量的调查资料和科学的分析预测为基础。产品系列型谱主要有以下四方面作用：

1）它指导产品发展方向和制定产品和技术发展规划的重要依据。

2）可根据型谱所确定的产品品种，合理安排产品的发展计划和生产同类产品的企业间的生产分工，充分发挥系列产品的通用性强的优越性，提高生产专业化水平。

3）可防止企业盲目的设计落后的、没有发展前途的品种，避免不同企业同时平行设计同一型式的产品。

4）型谱既可迅速地发展新品种(利用基型发展变型)满足社会多种多样的要求，又可限制整个社会产品品种杂乱，使产品走向系列化的轨道。

（2）型谱的内容。系列型谱的内容如下：

1）产品的系列构成，列出基型系列和所有的变型系列。

2）对基型系列和所有的变型系列的结构形式、用途、主要技术性能和部件的相对运动特征所作的说明。

3）产品的品种规划表。用符号在表中标明各个品种的开发情况。

4）部件间的通用化关系。

5）产品参数表。包括主参数、基本参数和一般参数。

6）附录。必要的说明以及系列型谱没有包括而又必须规定的内容。

（3）型谱的形式。系列谱型的形式不尽一致，有的简单，有的复杂，要依情况而定。通常系列谱型都以“表”的形式来表示，称之为系列型谱表，表5-1表现的是其一般形式。

表5-1中的“基型”，是指系列内最具有代表性、规格适中、用量较大、生产较普遍、结构较先进、经过长期使用和考核、性能可靠、又有发展前途的产品型号；“变型”是指以“基型”为基础派生出来的产品型号。

表 5-1　系列型谱表

主参数	型式				
	基型	变型 1	变型 2	变型 3	……
x_1	■				
x_2	■				
x_3		■ ●			
…					
x_i				■ ★	
…					

注：■发展的品种；●已完成设计的品种；★特殊订货供应的品种。

表5-1中的纵列是结构型式相同、功能相同，但主参数不同、规格不同的同一系列的基型产品或各种变型产品；横行是主参数相同、规格相同，但结构型式不同、基本功能相同、附加功能不同的基型产品或各种变型产品；纵横交叉的每个格子表示型号、规格确定的一个品种。空格内可以用符号表示该型号、规格的品种生产开发情况、设计试制状况、近期及远期发展方向等，用醒目的符号加以标志，以指导生产和设计。

3. *产品的系列设计*

系列设计是以基型为基础，按相似设计及互换、组合的方法，对整个系列产品进行总体技术设计或施工设计。

（1）系列设计的意义与作用。

1）系列设计是最有效的统一化。系列设计是最广泛的选型定型工作，它可有效地防止同类产品型式、规格的杂乱，便于组织专业协作生产和维修。

2）能快速开发市场急需新产品。系列设计可最大限度地发挥企业的设计优势，能以最快的速度开发出市场急需的新产品，并能显著降低开发成本，最大限度地节约资源，还可以防止企业盲目设计落后产品。

3）能机动灵活开发新品种。系列设计的产品，基础件通用性好，它能根据市场的动向和消费者的特殊要求，采用发展变型产品的办法，机动灵活地发展新品种。这样，既能及时满足市场的需求，开发成本又低，还可保持企业生产的稳定性。

4）系列设计是推广新技术、促进产品更新的手段。系列设计不是简单的选型、定型，而是选中有创，选创结合。在对产品定型进行系列设计时，一般都要采用新技术，以求能对产品有显著的改进，促进了产品更新。

（2）系列设计的内容与方法。

1）在系列内选择基型。

2）设计基型产品。在充分考虑系列内产品之间以及与变型产品之间的通用化的基础上，对基型产品进行技术设计或施工设计。

3）设计全系列的各种规格的产品。在向横的方向扩展，设计全系列的各种规格的产品时，要充分利用结构典型化和零部件的通用化的方法，扩大通用化程度，或者对系列内的产品的主要零部件确定几种结构型式（叫做基础零部件），在具体设计时，从这些基础件中选择合适的。

4）设计变型系列或变型产品。在向纵的方向扩展设计变型系列或变型产品时，要最大限度地使“变型”与“基型”通用，尽量做到只增加少数专用件就可发展一个变型产品或变型系列。

5.7 组合化

5.7.1 组合化的概念、定义和特征

1. 组合化的概念

组合化是建立在系统的分解与组合的理论基础上。

把具有某种功能的产品看做一个系统。不管这个系统如何复杂，它都是由具备某些特定功能的零部件所组成的，因而也都是可分解的。把这个系统分解为若干功能单元，由于某些功能单元不仅具备特定的功能，而且与其他系统的某些功能单元可以通用、互换。于是，这类功能单元经过分解便分离出来，以标准单元或通用单元的形式独立存在。这就是分解。为了满足一定的要求，把若干个事先准备的标准单元、通用单元和个别的专用单元按照新系统的要求，再它们有机地结合起来，就可以组成一个具有新功能的新系统。这就是组合。组合化的过程，既包括分解也包括组合，是分解与组合的统一。

组合化又是建立在统一化成果多次重复利用的基础上。组合化的优越性和它的效益均取决于组合单元的统一化（包括同类单元的系列化），以及对这些单元的多次重复利用。因此，也可以说组合化就是多次重复使用统一化单元或零部件来构成物品的一种标准化形式。通过改变这些单元的连接方法和空间组合，使之适用于各种变化了的条件和要求，创造出具有新功能的系统。

组合化是受积木式玩具的启发而发展起来的，所以也称之为“积木化”。

2. 组合化的定义

组合化是按照标准化的原则，设计并制造出一系列通用性很强且能多次重复应用的单元，根据需要拼合成不同用途的产品的一种标准化的形式。

3. 组合化的特征

组合化的特征是通过标准化的单元，组合成物体，该物体能拆装，重新组合成为新的结构，而标准化单元则可多次重复使用。

5.7.2 组合化的方法和步骤

组合化的关键技术是选择和设计标准单元、通用单元(称之为“组合元”)。组合化的步骤如下：

(1) 确定组合元的应用范围。即确定组合元将用于组合哪一类产品，或哪几类产品，然后根据这些产品的功能和结构特点来确定应该设计哪些组合元。

(2) 组合元分类。将组合元按其功能和结构特点，划分为不同的类型。

(3) 编排组合型谱。用图表的形式列出用一定数量的组合元组成产品的各种可能形式，并检验组合元是否能完成各种预定的组合。

(4) 设计组合元，制定相应的标准。在设计时除确定必要的结构形式和尺寸规格系列外，应特别注意连接部分和配合面(接口)的协调统一以及组合元的互换性。

(5) 生产组合元。批量生产并储存标准组合元，根据需要组装成各种产品。

5.7.3 组合化的应用

组合化早就被人们用来作为生产和生活的科学手段。从“组合化”角度来看，建筑用砖是最原始的组合件；活字印刷术是组合化的典型创造；文字和数字符号是表达语言和数量的组合单元；音乐中的乐谱是选择最佳音响的组合式系统。

当今，无论在产品设计、生产过程，以及产品的使用过程中，都可以运用组合化的方法。在机械、仪表、工艺装备、日常生活用品等的设计与制造中和现代建筑设计与施工中，都广泛应用着组合化的原理和方法。特别是在编码系统和计算机软件中，组合化更是得到了科学合理的应用。

组合设计系统是一种把组合化的原则运用于产品设计的高效能的新型设计系统。组合设计系统是在设计新产品或新零件时，不是将其全部组成部分和零件都重新设计，而是根据功能要求，尽量从储存的标准件、通用件和其他可继承的结构和功能单元中选择。即使重新设计的零件，也要尽量选用标准的结构要素，实现原有技术和新技术的反复组合，扩大标准化成果的重复作用。应用组合设计系统需要具备的条件是：建有信息情报输入子系统、技术存储子系统、设计审查评价子系统，并制定一系列设计标准。组合设计系统的工作程序

(见图 5-1)是：①输入产品的有关信息情报；②从存储子系统中检索、选择符合要求的单元(零部件或典型结构)，必须重新设计的新单元按标准化的要求进行设计，然后将两部分加以组合；③通过审查评价系统对设计图和其他技术信息情报进行审查、批准。运用这种设计方法，能根据市场动向和顾客的要求及时改变产品性能、产品结构甚至产品品种。

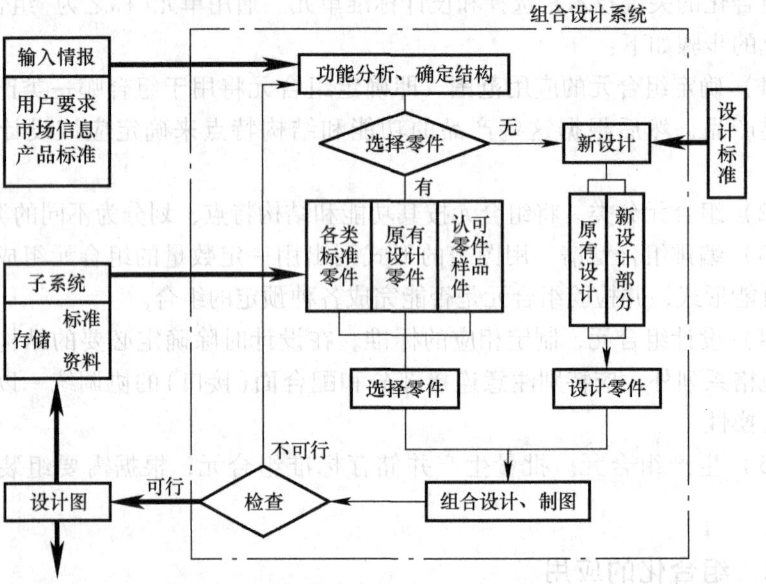

图 5-1 组合设计系统的工作程序示意图

5.8 模块化

5.8.1 模块化的概念

1. 模块化产生的背景

模块化是 20 世纪后半叶发展起来的一种新的标准化形式。20 世纪后期，随着社会发展，社会需求多样化，使市场竞争加剧，新产品日趋复杂化、多样化，产品经济寿命周期不断缩短。这就要求企业去探索“以不变应万变”或“以少变求多变”的产品开发策略，于是主要针对复杂系统(产品或工程)的标准化形式——“模块化”应运而生。

2. 模块

模块通常是由元件或子模块组合而成的、具有独立功能的、可成系列单独制造的标准化单元，通过不同形式的接口与其他单元组成产品，且可分、可合、可互换。

由这个定义可看出模块具有如下特征：

（1）模块是一种具有独立功能、可单独制造、销售的产品。

（2）模块由各种元器件组合而成。高层次模块可包含低层次模块。

（3）模块是构成产品系统的完整单元（要素），它与产品系统的其他要素可分、可合。

（4）模块与模块之间的连接与组合可通过各种形式（刚性、柔性）的接口以某种连接方式（单向、双向、多向）实现。

（5）模块通常是标准化产品，可成系列设计和制造。

3. 模块的种类

按照模块的用途和特征可把模块划分为功能模块、结构模块。

（1）功能模块。又可分为基本功能模块、辅助功能模块、特殊功能模块等，而它们又可根据产品的特点进一步细分为功能更具体的模块。

（2）结构模块。依据模块在产品系统中所处的地位和模块之间的关系，可将模块划分为不同等级，被叫做分级模块，在这个分级体系中通常包括高层模块、分模块（或子模块）、通用模块、专用模块等。

4. 模块化定义

模块化是以模块为基础，综合了通用化、系列化、组合化的特点，解决复杂系统类型多样化、功能多变问题的一种标准化形式。

这个定义涵盖了以下内容：

（1）模块化是标准化的一种形式，它是在综合了其他标准化形式特点的基础上发展起来的标准化高级形式。

（2）模块化的对象是复杂系统，该系统的特点是结构复杂、功能多变、类型多变。这个系统可以是产品、工程系统（如安全生产管理系统）或一项活动。

（3）模块化的基础是模块，由模块（而不是零部件）组合成产品或工程系统。

5.8.2　模块化的过程

模块化过程通常包括模块化设计、模块化生产和模块化装配。

1. 模块化设计

模块化设计可有两种情形：

（1）为生产某种复杂产品或为完成某项工程系统采用模块组合的方法。根据该产品或工程系统的功能要求，选择、设计相应的模块，确立它们的组合方式。

（2）在对各种不同类型、不同用途、不同规格产品进行功能分析的基础上，从中提炼出共性较强的功能，据此设计功能模块，目的不仅仅是满足某种产品的需要，而是要使它在更广的范围内通用。

模块化设计的具体工作程序与产品系列设计极其相似。

2. 模块化生产

由于模块本身就是一件标准化的产品，并且构成模块的元件和分元件也基本上是标准化的，所以模块的生产制造，可采用先进、高效的制造技术（如GT/成组技术、CAM/计算机辅助制造技术、CIM/计算机集成制造技术、FMS/柔性制造技术等），以提高模块的制造质量和生产效率。

3. 模块化装配

模块化装配是由模块组装成所需产品的过程。

有些产品，可在工厂里完成装配之后，运送到用户，例如计算机。还有些产品或工程，由于形体规模过于庞大而无法整体运输，则可将各类模块配套之后运到现场装配，如模块化变电所、模块化制冷机组等。如沈阳某集团生产的MCL型与BCL型离心式压缩机就是应用模块化原理设计、制造的大型设备。

5.8.3 模块化的应用

模块化的应用领域十分宽阔，现已从产品扩展到工程领域。例如，模块化机床，各种高精度测试设备，模块化汽车，功能模块化的船舶和舰艇，海洋平台，宇宙飞船，空间站，集成电路，通信设备，计算机硬件和软件，模块化教育系统，等等。

5.9 综合标准化

5.9.1 综合标准化的概念与定义

当今，科学技术、各类产业高度分化，分支越来越细、越来越多，但它们又互相渗透、互相交叉，高度综合，发展形成现代化综合性生产体系，向整体化发展。这也推动着标准化向系统化、综合化发展，产生了综合标准化[229-237]。

综合标准化是系统工程和标准化相结合的产物。它以标准化具体对象系统为研究对象，准确地把握对象系统各种相关要素之间的关系，以保证对象系统整体功能效果最佳为主要目标，把所涉及的全部因素综合起来进行系统处理的标准化管理方法。它又被称之为“全面标准化”或“整体标准化”。

GB/T 12366.1—1990《综合标准化工作导则　原则与方法》中对综合标准化的定义是："为了达到确定目标，运用系统分析方法，建立标准综合体，并贯彻实施的标准化活动。"

GB/T 12366.1—1990 对"标准综合体"的定义是："综合标准化对象及其相关要素按其内在联系或功能要求形成的相关指标协调优化、相互配合的成套标准。"这就是说，标准综合体是针对具体的标准化对象而制定的一整套相互协调的标准和标准技术文件，这套文件是经过系统处理，能够保证标准化对象整体最佳效果。

标准综合体则是综合标准化的物质基础，按其性质可分为"产品标准综合体"和"一般技术性标准综合体"两类。

产品标准综合体是以产品标准作为主要标准化对象，将原料、材料、零部件、半成品等物质性要素的标准和设计文件、工艺文件等非物质性要素标准进行统筹协调，共同组成一个产品综合标准化体系，如图5-2所示。例如，我国制定的长绒棉综合标准体由20项标准构成；烤烟综合标准体由17项标准构成；彩电综合标准体由344项标准构成。

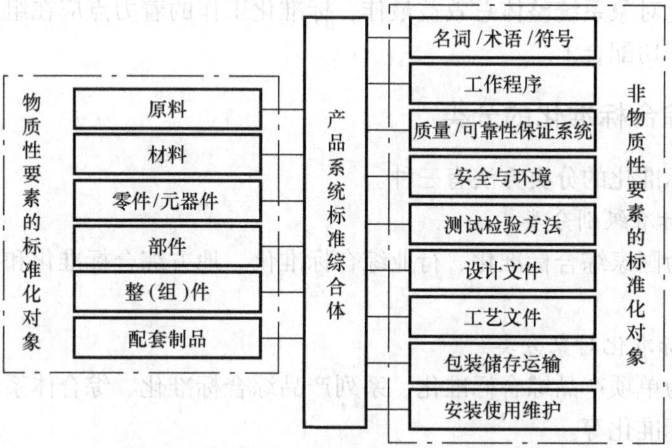

图5-2　产品系统标准综合体

"一般技术性标准综合体"是以基础标准、跨专业部门的综合性课题及对社会经济发展有重要意义的专门课题等非物质性要素作为标准化对象进行统筹协调，共同组成的一个技术文件标准综合体。它主要是为了保证跨部门的高度协调统一，是针对社会经济发展的具体情况和部门生产的共性而编制的整套标准。

上述两类标准综合体中，一般技术规定的标准综合体具有更重要的意义，它是进行跨专业部门协调工作的基础，是开展产品综合标准化的保证条件和依据。这两类标准综合体有机地结合起来，就形成完整而统一的综合标准化体系。

5.9.2 综合标准化的基本特征

综合标准化的基本特征主要有以下三个[229-237]。

1. 系统性

系统性是综合标准化的实质性特征之一。它表明，在综合标准化时，充分考虑了标准化对象同相关要素之间的重要职能联系，确定了主体对象和各相关要素的协调一致要求，合理地确定综合系统的范围和最佳约束条件，使标准化对象系统获得整体最大效益。

2. 目标性

凡计划推行综合性标准化，都在其涉及范围内有明确的战略目标，这些目标是通过综合标准化的长远规划反映出来的。

3. 整体最佳性

推行综合标准化的着眼点不在于要求各相关要素的单项指标最佳，而在于考虑标准化对象系统整体总效益最佳，标准化工作的着力点应在组织、协调各相关要素密切配合上。

5.9.3 综合标准化的分类

综合标准化的分类方法有三种。

1. 按标准级别分类

可分为国家综合标准化、行业综合标准化、地方综合标准化和企业综合标准化等。

2. 按标准化对象分类

可分为单项产品综合标准化、系列产品综合标准化、综合体系或综合性课题的综合标准化等。

3. 按综合性范围分类

可分为“产品、零件”综合标准化，“产品、零件、材料”综合标准化，“产品、零件、材料、设备”综合标准化，“产品、零件、材料、设备、工艺”综合标准化……。

上述分类说明无论在哪一级标准化水平上都可以推行综合标准化，根据不同的标准化对象可确定相应的综合性程度。

世界各国推行综合标准化的实践证明，越是在最高一级推行综合标准化，越能获得巨大的效果。

5.9.4　综合标准化对象的选择

为了获得标准化对象系统整体总效益最佳，必须正确选择综合标准化对象。选择时一般应遵循下列四项原则：

（1）对象及其各要素的各种产品、产品生产量和经济效益。

（2）对象在综合标准化后能产生的经济效益，其中包括质量提高所产生的效益。

（3）对象的结构较完善，能建立结构统一系列和参数系列。

（4）对象的内部结构能使零部件实行统一化和专业化生产。

上述各项原则中，经济性应是决定性原则。

5.9.5　综合标准化的基本原则

综合标准化基本原则有七项，是由 GB/T 12366.1—1990 提出的。

（1）把综合标准化对象及其相关要素作为一个系统开展标准化工作。实质上是以综合标准化对象为中心的标准化工程。

（2）综合标准化对象及其相关要素的范围应明确并相对稳定与完整。

（3）综合标准化的全过程应有计划、有组织地进行，显然，综合标准是人造标准化工程。

（4）以系统的整体效益最佳为目标，局部效益服从整体效益。当然，整体效益是指技术，经济和社会三个方面的综合效益。

（5）标准综合体的各项标准之间，应贯彻低层次服从高层次的要求。

（6）充分选用现行标准，必要时可对现行标准提出修订或补充要求。

（7）标准综合体内各项标准的制定及实施应相互配合。

工业产品开展综合标准化时，除了遵循上述七项基本原则之外，还应遵循 GB/T 12366.2《工业产品综合标准化　一般要求》中提出的另外两项基本原则：

（1）根据标准化对象的内在联系和实现整体最佳目标的需要，从全局出发，各部门、各行业要密切配合，协调行动。

（2）单项标准服从标准综合体的要求；原材料标准服从零部件、元器件标准的要求；零部件、元器件标准服从成品标准要求；装置和整机标准服从全系统的要求；制造服从使用的要求。

5.9.6　综合标准化的工作程序

GB/T 12366.1—1990 提出的综合标准化工作程序见表 5-2。我国一些部门和地方在开展综合标准化工作过程中，结合我国国情，总结出综合标准化的工作程序（见图 5-3）。

表 5-2 综合标准化工作程序表

工作阶段	一般工作步骤（GB/T 12366. 1—1990）	工业产品综合标准化工作步骤（GB/T 12366. 2—1990）
准备阶段	（1）确定对象 （2）建立协调机构	（1）确定对象 （2）调研 （3）可行性分析 （4）建立协调机构
规划阶段	（3）确定目标 （4）编制标准综合体规划	（5）确定目标 （6）编制标准综合体规划
制标阶段	（5）制订工作计划 （6）建立标准综合体	（7）制订工作计划 （8）建立标准综合体
贯标阶段	（7）组织实施 （8）评价和验收	（9）组织实施 （10）评价和验收

要编制标准综合体，首先应编制标准综合体规划。GB/T 12366. 4—1990《标准综合体规划编制方法》具体地规定了标准综合体规划的性质，内容，编制原则和方法。标准综合体规划的编制是推行综合标准化的关键。

现以工业产品为例，依据 GB/T 12366. 2—1990 详细说明其每一个工作步骤的具体内容。

1. 确定对象

一般来说，选择综合标准化对象，下列三种对象应优先：

（1）对社会经济发展具有重大经济、技术意义和明显经济效益的产品。

（2）投资少、见效快、收益大的产品。

（3）在一定范围内功能互相关联，纵横向协作能解决相关参数指标协调与优化组合问题的产品。

2. 调研内容

（1）产品现状及国内外同类产品技术、质量水平。

（2）与该产品有关的国内外现行标准及其水平。

（3）产品生产企业及协作企业的基本情况。

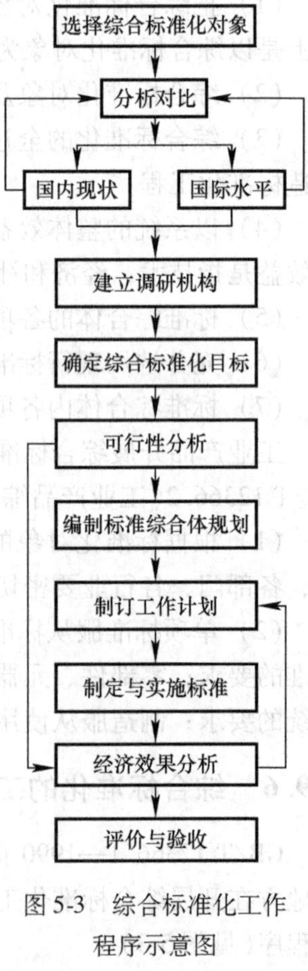

图 5-3 综合标准化工作程序示意图

（4）有关主管部门、协作部门和使用者的意见。

3. 可行性分析

根据需要和可能，对选择的对象情况，所需人力、物力和财力的情况，以及能否获得预期的技术、经济和社会效益进行可行性分析。

4. 建立协调机构

根据综合标准化的对象及其相关要素的综合范围，由主管部门、科研部门、标准化部门和企事业单位组成有权威的协调机构。该协调机构负责制订总体规划和组织全部标准的起草与审定工作。协调机构内应建立严格的工作制度，明确职责。

5. 确定目标

在充分考虑科学技术发展趋势的情况下，确定近期、中期和远期应达到的目标，其主要内容为：

（1）产品的技术水平。

（2）产品的质量水平。

（3）技术、经济和社会效益等。

6. 编制标准综合体规划

标准综合体规划之前，首先应收集、分析各种有关的信息资料，对综合标准化对象进行系统分解，分析其结构、工艺流程，根据它与相关要素及相关要素之间的内在联系或功能要求；找出各环节中影响目标实现的关键要素，明确各类要素的相互关系。然后以最终产品为核心，绘制标准相关要素图，编写有关文字说明，表述产品及其相关要素的整个系统构成状况以及层次之间的隶属关系。在综合标准化相关要素图的基础上编制标准综合体规划草案，确定系统项目内容和综合范围，提出各相关要素近期达到的要求或指标，列出有关标准和研究项目课题。

最后，组织有关人员对该草案认真进行审议。评审的主要内容是：

（1）目标能否保证。

（2）构成是否合理。

（3）标准是否配套。

（4）总体是否协调。

经评审后正式确定标准综合体规划（参见本书5.9.7节）。

7. 制订工作计划

按照标准综合体规划的要求制订工作计划，工作计划中应有明确分工和进度要求，对一些技术难题，还应制订攻关计划。

8. 建立标准综合体

根据工作计划，组织起草、审定、批准、发布有关的各项标准，或认可现行标准，建立标准综合体。

9. 组织实施

标准综合体内各项标准一旦批准发布或认可，即要制定实施措施，确保标准及时实施以及取得预期的技术、经济和社会效益。

10. 评价与验收

由下达综合标准化工作任务的部门组织有关单位和人员对标准综合体实施后的情况进行评价。评价的项目的内容包括：

（1）文件资料审查。包括相关要素图，标准综合体的标准目录和文本，产品鉴定证书和标准化审查报告，检查测试报告以及协调机构的总结报告等。

（2）标准综合体的实施情况。

（3）在设计、生产、流通和使用各个阶段中综合标准化产生的经济效益和社会效益。

5.9.7 标准综合体规划的编制

要编制标准综合体，首先应编制标准综合体规划。GB/T 12366.4—1991《标准综合体规划编制方法》具体地规定了标准综合体规划的性质、内容、编制原则和方法。

1. 标准综合体规划的性质和内容

标准综合体规划是建立标准综合体，编制标准制定、修订计划和确定相关科研项目的依据，也是协调和解决综合标准化工作过程中涉及跨部门、行业、企业问题的依据。因此，它是综合标准化工作中一份重要的指导性文件，也是综合标准化工作计划文件，在达到综合标准化目标之前一直有效。

依据 GB/T 12366.4—1991 规定，标准综合体规划包括下列内容：

（1）综合标准化对象及其相关要素。

（2）需要制定、修订的全部标准。

（3）最终目标值和相关要素的技术要求。

（4）必要的科研项目。

（5）各项工作的具体组织和完成期限、预算计划及物资经费等保证措施等。

2. 标准综合体规划的编制原则

GB/T 12366.4—1991 规定了编制标准综合体规划的四项原则：

（1）应由各有关部门共同参加编制。这样，就可以集思广益地把标准综合体规划编制更好，也有利于该规划的顺利实施。

（2）应考虑所需的物资、劳力资源和经费。这样做的目的是保证标准综合体规划能切实可行，不会因人、财、物方面的原因而不能如期实施。

(3) 应同各部门的生产、基本建设、技术改造以及科研计划任务相结合。这样做，可以避免因推行综合标准化给各部门带来“额外负担”。

(4) 应附有编制说明书和实施大纲。这样可使有关人员更加容易理解标准综合体规划的内容和实施方法。

3. 标准综合体规划的编制程序

GB/T 12366.4—1991 科学地总结了国内外综合标准化的工作经验，提出编制程序如下：

(1) 确定对象系统目标，进行系统分析，选择最佳方案。首先，应提出综合标准化对象系统的总目标以及各分系统的分目标的目标值方案。其次，对综合标准化对象进行系统分析，对其科技水平、技术参数、综合质量指标和产量指标、效益等进行预测和论证。最后，根据需要和可能(如已最大限度地继承了已有的现行标准、技术成果，合理地使用了已有的生产设备条件等)，合理地确定对象系统的综合范围和深度，按功能或生产流程确定标准综合体规划及编制相关要素图。

(2) 确定科研攻关项目、试验及步骤、技术措施和组织保证等其他措施，保证综合标准化对象的及时开发、研制和生产，提高其整体质量水平和技术水平。

(3) 依据相关要素图，按性质、级别确定标准项目，确定需制定、修订的标准数量和内容，确定标准制定、修订时间的最佳顺序和工作进度，并分别纳入相应的标准制定、修订规划和计划，明确负责单位与协作参加单位等。

(4) 对标准综合体规划的可行性以及技术、经济和社会效益进行论证和估算评价。最后确定标准综合体规划，分发有关部门或单位组织实施。

现在，积极推行综合标准化已成为我国的一项标准化工作重要方针，综合标准化项目越来越多，积累了更多的综合标准化实践经验，并产生了显著的标准化效益。

5.10 超前标准化

5.10.1 超前标准化的概念与定义

科学技术的进步、社会经济的发展和市场的繁荣，催生了超前标准化。超前标准化就是根据预测，对以后将成为最佳的标准化对象，规定出高于实际达到水平的规格和要求的标准化。

依据先进的科学技术，对某个标准化对象作出在标准有效期内普遍不能达到的规定(产品的指标、规格和特性)，按照此规定，标准化对象可达到一个先进的水平，这种规定就是“超前标准”。换言之，在产品生产之前，依据预测科学技术发展情况所制定的具有超前指标的标准，称为“超前标准”。这种产品在标准有效期内没有同类产品，而从技术水平衡量，它已跨入一个新阶段，是体现先进技术的“带头”产品，当然也是新产品。

某些新产品或先进产品在标准有效范围内只被个别先进企业所掌握，并且在质量指标方面显著超过其他企业的同类产品，则针对这类产品规定的最佳规格和技术要求的标准，对其他大多数企业来说也是超前标准。

凡具有一定的超前期，保证在有效期内，贯彻工作的实施、组织与管理办法随着时间的变化而及时更新，并规定有相应的指标性要求，能在整个有效期内始终处于最佳状态的现代标准化管理方法也是超前标准化，其管理标准也是超前标准。如有关全套自动化管理体系标准、自动化设计体系标准等。

超前标准是超前标准化的工作成果。

5.10.2 超前标准化的内容与特点

1. 超前标准化的内容

超前标准化的内容主要包括：

（1）制定超前标准。主要工作是必须在超前标准中规定促进产品发展的指标。

（2）确定超前标准的级别和种类。

（3）超前标准实施期限。

（4）实施超前标准的有关措施（包括工艺规程、试验和计算方法、组织和管理方法以及必要的行政手段等）。

（5）超前标准指标的定性与定量值最优化选择。

2. 超前标准化的特点

超前标准化是动态标准化的具体反映，它具有下列特点：

（1）产品的质量指标随时间而变化，也就是说，它是一个时间的函数。

（2）质量指标的变化要同科学技术的进步速度同步。

（3）及时地制定与贯彻标准，在整个有效期内使标准始终处于有效最佳状态。

5.10.3 超前标准化的工作过程

制定与贯彻超前标准过程是一个很复杂的过程，一般可分为三个阶段。

（1）准备阶段。在全面地分析和处理大量的有关情报数据的基础上，选择超前标准化的对象，确定超前标准化方向，然后确定其具体指标。如产品，就要对其发展趋势进行技术上的质量分析，特别是对具体的技术手段发展趋势进行技术上的质量分析，尤其是对具体的技术手段发展情况作定量分析，最后要对技术经济分析和技术经济效果进行计算。

（2）制定超前标准阶段。制定超前标准与制定一般标准的程序、方法差别不大，但在超前标准中必须规定促进产品发展的指标，其发展方向应符合社会经济发展的需要。

（3）贯彻超前标准阶段。由于超前标准所规定的产品指标尚未被工业企业所掌握，因此必须建立贯彻超前标准所必要的物质条件、经济条件、组织条件和技术条件。然后根据不同的产品种类，在规定的生产范围内认真贯彻实施。

复习思考题

5-1 桑德斯在《标准化目的与原理》一书中提出了哪些标准化原理？

5-2 试述松浦四郎十九项标准化原理。

5-3 评述我国标准学领域学者对标准化原理的贡献。

5-4 标准化的形式有哪些？

5-5 简化的目的和作用是什么？试举出一两个安全生产中需要加以简化的事例。

5-6 统一化的目的和作用是什么？统一化对社会经济技术发展有什么重要作用？

5-7 始皇帝嬴政夺九鼎扫六合，一统中国后，令全国“书同文”（举例见表 5-3），“度同制”（举例见表 5-4），“车同轨”，“行同伦”。对此，从标准化的角度来看，有人认为，这是统一化的典型事例；也有人认为，这是简化的典型事例。请谈谈你的看法。“简化”与“统一化”的区别是什么？

表 5-3 秦统一中国前后“马”字的不同写法

统一前的写法		统一后的写法
秦国		
齐国	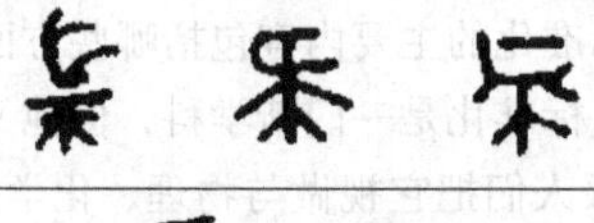	
楚国		
韩国		
赵国		
魏国		
燕国		

表 5-4 秦统一中国前后的货币

统一前的各国货币示意图		统一后的货币示意图
秦国		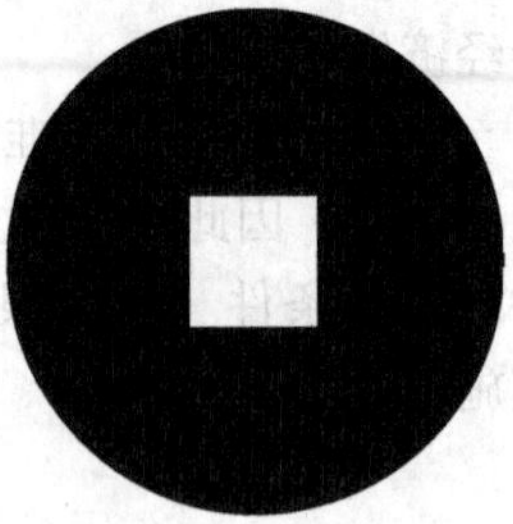
齐国、燕国		
楚国		
韩国 赵国 魏国		

5-8 在新中国成立以前，各国在我国修建的铁路轨距各不相同，如中东铁路轨距为1524mm，京沈铁路轨距为1435mm，滇越铁路为1000mm。建国后，全国营运铁路的轨距统一为1435mm。这样一来，铁路钢轨型式也就由原来的108种简化为3种。从标准化的角度来看，这是统一化还是简化？

5-9 在新中国成立以前，我国民用电的电压与频率有110V/60Hz、110V/25Hz、100V/50Hz、125V/50Hz等；建国后，统一为220V/50Hz。从标准化的角度来看，这是统一化还是简化？

5-10 系列化的目的和作用是什么？

5-11 通用化的目的和作用是什么？举例说明通用化的好处。

5-12 组合化的作用是什么？系列化和组合化对提高企业产品竞争力有什么作用？

5-13 模块化的作用是什么？为什么说模块化为实行大规模定制生产创造了前提？

5-14 何谓综合标准化？其基本特征与基本原则是什么？结合当前安全生产实际情况谈谈综合标准化在安全生产标准化中的应用现状与前景。

5-15 何谓超前标准化？超前标准化的主要内容包括哪些方面？

5-16 魏尔曼首次系统地论述了标准化是一门新学科，但他又说："最好不要把标准化的含义引申得过分远，不要试图说服人们把它视做与物理、化学之类的自然科学相提并论的一门科学。充其量而言，可望将其视作与社会学、政治学之类的社会科学相仿的一种科学。由于标准化内容广泛的特性，使它并涉及所有这类科学以及心理学、经济学与经营管理等方面的内容，……"。犹如"薄薄的雾气笼罩的密林"（E. J. Struglia 语），该如何理解？

5-17 表5-5是摇臂钻床的系列型谱表。以该表为例，在调查、收集有关资料的基础上，制作：①离心式矿用扇风机的系列型谱表；②安全帽的系列型谱表(注意:除了按参数形成系列外,还可按使用对象形成系列,如建筑工人用,石油工人用,井下用等)。

表 5-5　摇臂钻床的系列型谱表

型式＼最大钻孔直径/mm			25		40			63		80			100		125	品种数
型式＼跨距/mm			800	1000	1250	1600	2000	2000	2500	2500	3150	4000	3150	4000	4000	
普通摇臂钻床	机械操纵式		○▲	○▲	▲	▲	▲	—	—	—	—	—	—	—	—	5
	液压操纵式				○▲	○▲	▲	○▲	▲	○▲	▲	▲	○▲	▲	○▲	11
滑座式摇臂钻床	滑座行程/mm	2	—		—	▲	▲	▲	—	—	—	—	—	—	—	3
		4				—	▲	▲	▲	▲	▲	▲	▲	▲	▲	9
		6				—	—	—	☆▲	☆▲	☆▲	☆▲	☆▲	☆▲	☆▲	7
		8				—	—	—	—	—	☆▲	☆▲	☆▲	☆▲	☆▲	5
		10				—	—	—	—	—	☆▲	☆▲	☆▲	☆▲	☆▲	5
万向摇臂钻床				▲	▲	▲	▲	▲	▲	▲	—	—	—	—	—	7
滑座式万向摇臂钻床	滑座行程/mm	2	—		—	▲	▲	▲	—	—	—	—	—			3
		4			—	—	▲	▲	▲	▲	—	—				4
车式摇臂钻床			—		—	—	▲	—	▲	—	▲	▲	▲	▲	—	6
坐标摇臂钻床	普通型		—		—		▲	—	▲	—			—			2
	数控型						▲	—	▲							2
图例	▲表示发展的品种；○表示已完成设计的品种；☆表示特殊订货供应的品种。															

第6章

安全标准的编制技术

6.1 概述

制定安全标准是安全生产标准化工作过程中的首要环节，也是安全生产标准化管理的起点。科学合理的安全生产标准体系与先进的安全标准是推行安全生产标准化工程的基础。因此，必须重视并做好各类标准的制定(修订)、审定和发布工作。

实践中发现，有些标准的表达方式和格式不符合规范性要求，技术内容的逻辑性不强，存在条款之间内容矛盾、文字和公式错误、表述含糊不清等现象。还有，标准编制说明与标准草案的内容不对应，编制说明、研究报告等文件的内容过于简单，未对提出标准技术内容的依据和标准实施的效果作出说明，未对标准技术内容的必要性、合理性、可操作性、技术经济可行性等进行充分论证。

制定(修订)标准应围绕制定标准的目的，合理选择制定标准的对象，按照规定的工作程序和方法，遵循制定标准的原则，依据基础性国家标准(参见附录7)进行编写[239-260]，才能保障标准的质量，提高标准编制工作效率。

6.2 标准化对象

6.2.1 标准化对象的定义

原则上说，凡是具有多样性和相关性特征的重复性事物和概念都可以是制定标准的对象。但是否要制定标准，就要根据社会对标准化对象的需要情况及其所起到的作用大小来确定。GB/T 20000.1—2001 给“标准化对象”下的定义是“需要标准化的主题”[9]。这个定义的关键词是“需要”，意思是，在诸多的“主题”中，只有“需要”标准化的主题才能成为标准化对象。“需要”的主体包括两个方面，一是反映客观需要的主体(标准的用户)，另一个是反映主观需要的主体(标准的发布机构)。标准的客观需要，是一个“主题”之所以能成为标准化对象的基础。如果标准没有用户，即使标准发布机构认为有需要，标准发布后也会出现无用户的现象。反之，如果客观上有需要，而标准发布机构还没有认识到这种需要，那么这种需要仅仅只是标准用户单方面的需要，则这一“需要标准化的主题”就不能被标准发布机构立项并组织制定，结果是没有标准可用。因此，只有客观需要和主观需要有机地结合，标准才能得以发布，而发布的标准才能被标准用户使用。

确定标准化对象是标准制定工作的第一项任务，是在具体编写标准之前必须完成的工作之一。标准化对象决定了标准的名称、范围、内容及标准技术要素的选择。

6.2.2　标准化对象与相关因素的关系

(1) 标准化对象与标准发布机构的性质、法律地位及其所涉及的领域的关系。每项标准都是由具体的标准发布机构发布的。标准发布机构可以是国家标准化行政管理机构(如SAC)，也可以是非政府组织(如ISO、IEC、ITU)。绝大多数标准发布机构依法成立，在所在地政府主管部门注册登记并受当地法律管辖，所发布的标准也受所在地法律约束，涉及的标准化对象不应与所在地法律、法规，尤其是技术法规的内容相抵触。绝大多数标准发布机构只发布该机构所涉及领域内的标准。例如，ISO、IEC与ITU虽是国际标准化组织，但ISO主要发布传统制造领域的国际标准，IEC主要发布电工领域的国际标准，ITU主要发布通信领域的国际标准，然而它们发布的国际标准没有涉及食品、卫生、农业等方面的标准化对象，并没有完全覆盖“需要标准化的主题”。而国家标准化行政管理机构发布的标准所涉及的领域就比较广泛，可以覆盖一个国家社会经济的所有领域，它关注的是需要在一国范围内统一的标准化对象。

(2) 标准化对象与立法对象的关系。标准化对象与立法对象都具有“共同使用”和“重复使用”的特点。法律规定的条文在国家范围内是“共同使用”的，在下一次修订前是“重复使用”的。法律条文代表国家的意志，由国家行政机关强制实施。标准是由无立法权的公认机构发布的。虽然标准中的条文也具有“共同使用”和“重复使用”的特点，但是标准规定的条文是供大家自愿选用的，不具有强制力。但标准化对象与立法对象，尤其是技术法规的立法对象的关系是非常密切的。标准发布机构确定标准化对象时，需要考虑现行的技术法规，只有技术法规所覆盖的对象以外的或技术法规认为需要由标准来补充的内容，才可成为标准化对象。所以，标准化对象与技术法规的立法对象的关系是互补的。

我国曾经将标准作为技术法规来执行[㊀]，实际上当时的标准化对象就是技术法规的立法对象。20 世纪 80 年代后期，我国开始将标准分为强制性标准和推荐性标准(见本书 1.2.1 节)。强制性国家标准是技术法规的一种形式，它与推荐性标准的标准化对象是互补的关系。

(3) 标准化对象与标准公开程度的关系。根据标准的公开程度可以将标准分为：可公开获得的标准(如国际标准、区域标准、国家标准、行业标准和地方标准等)和其他标准(如企业标准、公司标准、集团标准等)。凡含有自主知识产权，属知识产权保护范围的新技术、新产品、新工艺不宜作为可公开获得标准的标准化对象，但可作为企业标准的标准化对象或成为企业标准的内容(参见本书 6.6.2 节下“8. 慎用专利”)。

6.2.3 标准化对象的确定

确定标准化对象一般要从以下四方面来考虑。

(1) 标准需求的紧迫性。对标准的需求分析应做得充分到位，要能及时地准确反映需求的紧迫性，使发布的标准具有较高的利用率。评估分析标准需求紧迫性的要素有三：一是标准化项目的目的和用途；二是制定标准的适时性；三是实施标准的可行性。

(2) 考查标准化对象的特点。确定标准化对象时，应考查所确立的标准化对象是否同时具备“共同使用”和“重复使用”的特点。只具备“共同使用”，不具备“重复使用”的文件(例如仅适用于一次性大型活动的文件)，不适宜作为标准发布。

(3) 标准化对象所属领域的发展动向。应随时了解、掌握标准化对象所属领域的发展状况与趋势，为确定标准化对象做好充分的技术性储备。

(4) 标准的协调。要考虑到新标准与现行有关标准、法规或其他文件的关系，并评估它们涉及的特性和水平，判断是否需要在技术上进行协调。在此基础上决定是否开展新的标准制定项目。如果现有标准能够满足需要，就不必开展新的标准制定项目，如果只需在现有标准的基础上进行修改，则只应开展标准修订工作，而不必制定新的标准。

㊀ 1979 年国务院颁发的《中华人民共和国标准化管理条例》第十八条规定：“标准一经批准发布，就是技术法规，各级生产、建设、科研、设计管理部门和企业、事业单位，都必须严格贯彻执行，任何单位不得擅自更改或降低标准。”

6.3　基础性国家标准体系

基础性国家标准是支撑各类标准的制定(修订)、审查或管理工作的依据。为此必须了解和掌握基础性国家标准的体系框架。

1999 年，我国开始以 GB/T 1㊀《标准化工作导则》为核心构建基础性国家标准的体系，其框架在 2006 年年底形成。基础性国家标准的体系由 GB/T 1《标准化工作导则》、GB/T 20000《标准化工作指南》和 GB/T 20001《标准编写规则》等基础标准构成。到 2006 年年底，上述三项标准共发布了 13 个部分[239-260]。

随着标准化工作的深入发展，这个体系的一些缺点和不足逐渐显现。于是在这个体系的基础上，通过研究，我国现已初步确立了由 GB/T 1《标准化工作导则》、GB/T 20000《标准化工作指南》、GB/T 20001《标准编写规则》、GB/T 20002《标准中特定内容的起草》等四项标准构成的新的基础性国家标准体系(见表 6-1)。其中，GB/T 1 对制定标准的程序以及标准结构和编写的总规则进行规定，主要与 ISO/IEC 导则相对应；GB/T 20000 对标准化活动的通用方法和原则给予指导，主要依据 ISO/IEC 指南制定；GB/T 20001 规范各类标准的编写，其中主要依据我国标准的特点和研究成果进行制定；而 GB/T 20002 规范标准中涉及的某些特殊内容，如安全、环境等(但标准本身又不是安全标准)的编写，主要依据 ISO/IEC 指南制定。

表 6-1　基础性国家标准体系

类别	标准编号	标准名称	代替标准编号	对应的国际标准(导则/指南)
导则	GB/T 1.1—2009	标准化工作导则　第 1 部分：标准的结构和编写	GB/T 1.1—2000 GB/T 1.2—2002	ISO/IEC Directives, Part 2：2004
	GB/T 1.2—20××	标准化工作导则　第 2 部分：标准制定的工作程序	GB/T 16733—1997	ISO/IEC Directives, Part 1：2008
指南	GB/T 20000.1—20××	标准化工作指南　第 1 部分：标准化和相关活动的通用词汇	GB/T 20000.1—2002	ISO/IEC Guide 2：2004
	GB/T 20000.2—2009	标准化工作指南　第 2 部分：采用国际标准	GB/T 20000.2—2001	ISO/IEC Guide 21-1：2005

㊀　标准编号后不带年份表示该标准的任何版本均适用(参见本书 6.7.3 节中“4. 引用其他文件”)。全书同，不另注。

（续）

类别	标准编号	标准名称	代替标准编号	对应的国际标准（导则/指南）
指南	GB/T 20000.3—20××	标准化工作指南 第3部分：采用其他类型的国际文件		ISO/IEC Guide 21-2：2005
	GB/T 20000.4—20××	标准化工作指南 第4部分：标准在技术法规中的应用	GB/T 20000.3-2003	ISO/IEC Guide 15：1977
	GB/T 20000.6—2006	标准化工作指南 第6部分：标准化良好行为规范		ISO/IEC Guide 59：1994
编写规则	GB/T 20001.1—2001	标准编写规则 第1部分：术语		IS0 10241：1992
	GB/T 20001.2—2001	标准编写规则 第2部分：符号		
	GB/T 20001.3—2001	标准编写规则 第3部分：信息分类编码		
	GB/T 20001.4—2001	标准编写规则 第4部分：化学分析方法		IS0 78-2：1999
	GB/T 20001.5—20××	标准编写规则 第5部分：产品		
	GB/T 20001.×—20××	标准编写规则 第×部分：管理体系标准的论证和制定	GB/T 20000.7—2006	ISO/IEC Guide 72：2001
特定内容起草	GB/T 20002.1—2008	标准中特定内容的起草 第1部分：儿童安全	GB/T 13433—1992	ISO/IEC Guide 50：2002
	GB/T 20002.2—2008	标准中特定内容的起草 第2部分：老年人和残疾人的需求		ISO/IEC Guide 71：2001
	GB/T 20002.×—20××	标准中特定内容的起草 第×部分：安全	GB/T 20000.4—2003	ISO/IEC Guide 51：1999
	GB/T 20002.×—20××	标准中特定内容的起草 第×部分：产品标准中涉及环境的内容	GB/T 20000.5—2004	ISO/IEC Guide 64：2008

这个体系与上述“2006年体系框架”相比，体系中各项标准的归类原则发生了变化，主要体现在：

（1）增加了GB/T 20002。

（2）对三项标准的内容进行了调整，变动较大的是GB/T 20000，如把GB/T 20000中的GB/T 20000.7调整到GB/T 20001，把GB/T 20000.4与GB/T 20000.5调整到GB/T 20002。

（3）在GB/T 20000和GB/T 20001两项标准中还增加了新的内容。

经过这样调整、补充和完善，以GB/T 1为核心，由GB/T 1、GB/T 20000、GB/T 20001和GB/T 20002等四项基础性国家标准共同构成了的支撑标准制定、修订工作的国家标准体系。

GB/T 1.1已发布过两个版本（GB/T 1.1—1993与GB/T 1.1—2000），现行GB/T 1.1《标准化工作导则第1部分：标准的结构和编写》的2009版是国家质监总局、国家标准委于2009年6月17日批准发布的。GB/T1.1在我国标准化领域具有十分重要的地位，是我国国家标准中的最基础的标准，它对各类标准的体系、结构、内容和编排形式等方面均有明确规定，是用来指导各类标准（包括行业标准、地方标准、企业标准）编写的指南和导则性的基础标准（有人称之为“标准的标准”）。

制定安全标准也必须符合GB/T 1.1。国家标准化管理委员会要求，自2010年1月1日起，标准起草单位要按GB/T 1.1—2009的要求编写国家标准、行业标准和地方标准，企业标准可参照执行。自2010年7月1日以后上报的国家标准报批稿应当符合GB/T 1.1—2009规定的要求和格式。2011年1月1日以后，国家标准化管理委员会将不再受理未按GB/T 1.1—2009要求编写的国家标准报批稿。2011年1月1日以后，国家标准化管理委员会对未按GB/T 1.1—2009要求编写的行业标准和地方标准将不予备案。

6.4 标准的构成和层次

6.4.1 标准的构成要素

每项标准都是由各种要素构成的，根据要素的性质，可分为规范性要素和资料性要素。

1. 规范性要素

规范性要素是指所编写的标准应遵守某项标准（如GB/T 1）及其他相关标准中某些条款的要素。按照规范性要素在标准中所处的位置，可分为规范性一般要素和规范性技术要素。

（1）规范性一般要素。包括标准的名称、范围、规范性应用文件等，位于标准正文中的前部。

（2）规范性技术要素。包括术语和定义、符号和缩略语、要求、规范性附录等，为标准的主要技术内容，是标准的核心部分。

2. 资料性要素

资料性要素是标识标准、介绍标准、提供标准的附加信息的要素。这些要素，标准使用者是无须遵守的。按照资料性要素在标准中所处的位置，可为资料性概述要素和资料性补充要素。

（1）资料性概述要素。包括标准的封面、目次、前言、引言等，用于标识标准，介绍该标准的背景、内容、制定情况及该标准与其他标准的关系。

（2）资料性补充要素。包括资料性附录、参考文献、索引等，提供标准的附加信息，有助于对标准的理解和使用。

根据要素在标准中的必要性，可将所有要素分为必备要素和可选要素。

（1）必备要素。指标准中必须存在的要素，包括封面、前言、名称、范围。

（2）可选要素。在标准中不是必须存在的要素，其存在与否视标准条款的具体需要而定。除必备要素外，其他要素都是可选要素。

由于每项标准的对象不同，其构成内容也不完全相同。标准构成要素的典型编排格式见表6-2。

表6-2 标准构成要素的典型编排格式

要素类型	要素的编排	要素所允许的内容
资料性概述要素	封面（必备）	编号、名称、批准和发布及实施的日期、部门等内容
	目次（可选）	前言；引言；章的编号、标题；条的编号、标题（若需要）；附录编号、附录性质、标题；参考文献；索引；图、表的编号和标题（若需要）
	前言（必备）	特定部分（给出标准的重要信息）和基本部分
	引言（可选）	编制此标准的原因；有关标准技术内容的特殊信息或说明；若设计专利，应给出有关专利的说明
规范性一般要素	名称（必备）	引导要素（可选）、主题要素（必备）、补充要素（可选）
	范围（必备）	标准的对象、适用性（领域）及适用界限
	规范性引用文件（可选）	规范性引用（文件成为标准的组成部分）
规范性技术要素	术语和定义（可选）	必备内容为条目编号、首选术语、英语对应词、概念的定义；还可包括许用术语、拒用和被取代术语、专业领域、概念的其他表述形式、参见相关条目、示例、注等

（续）

要素类型	要素的编排	要素所允许的内容
规范性技术要素	符号和缩略语（可选）	给出为理解标准所必需的符号和缩略语一览表
	……	……
	规范性附录（可选）	给出标准正文的附加条款，构成标准整体的不可分割的组成部分
资料性补充要素	资料性附录（可选）	给出对理解和使用标准起辅助作用的附加信息
	参考文献（可选）	列出标准中资料性引用文件
	索引（可选）	

6.4.2　标准的层次

根据标准内容，通常将其分为若干层次叙述。标准的层次采用“部分”、“章”、“条”、“段”、“列项”及“附录”等形式。

1. 部分

部分是一项标准被分别起草、批准发布的系列规范性文件之一。一个标准的不同部分使用相同的标准顺序号出版。部分的编号放在标准顺序号后面，使用阿拉伯数字从1开始编号，用下脚点将部分编号与标准顺序号隔开，如“GB/T 1.1—2000”，“GB/T 1.2—2002”等。

同一标准中各个部分的名称都包含相同的引导要素（如果有）和主体要素，以表明各部分属于同一标准；补充要素应不同，以便区分各个部分。在每个部分的名称中，补充要素前均应用阿拉伯数字标明“第×部分”。部分不能再细分成所谓的“子部分”。

分为若干部分的标准的前言中应说明标准的结构。在第1部分的前言中应有标准预计结构的说明，并且在标准的每一部分的前言中都应列出所有已知的其他部分的名称。

2. 章

章是标准层次划分中基本的组成单元。应使用阿拉伯数字从1开始对每项标准及其部分中的章编号。从“范围”一章开始连续编号直到“附录”之前。每章都要有标题，标题写在编号后。章的标题占两行，与后面的条文分开。

3. 条

条是章的下级层次。章以下有编号的层次均称为“条”。条可设置为多层次的。第一层次的条可进一步分为第二层次的条，最多可分到第五层次的条。

应使用阿拉伯数字加下脚点对条进行编号，如：2.1，2.1.1，2.1.1.1 等。同一层次中有两个或两个以上的条时才可设条，如：若没有 2.1.2 条就不应设 2.1.1 条。原则上，第一层次的条应该有标题。标题应写在编号后面，单独占一行。第二层次的条可同样处理。同一章或条中同一层次的条有无标题应该统一，即：如果 2.1.1 有标题，则 2.1.2 也应有标题。章、条的编号顶格排，编号与标题或文字之间空一个字的空隙。

4. 段

段是章或条的细分部分。段不设编号。段的文字空两个字起排，回行时顶格排。

5. 列项

列项用以引出具有并列含义的句子，是段中的一个字层次。列项有两种形式：一种是使用一个句子；另一种是前半部分使用一个句子，后半部分由列项中的各项完成。列项中每一项前应加破折号或圆点。当需要对列项的内容进行识别时，则在每一项前加上带半圆括号的小写拉丁字母序号，如"a)"、"b)"等。若还要对已经用字母编号的某项进一步细分，则应使用带半圆括号的阿拉伯数字序号，如"1)"、"2)"等。

6. 附录

标准中的规范性附录和资料性附录一起编排。每个附录的编号顺序由条文中提及的先后次序决定。附录编号由"附录"和随后表明顺序的大写拉丁字母组成，从"A"开始，如"附录 A"、"附录 B"等。若只有一个附录，则应编为"附录 A"。附录编号下一行应用圆括号标明附录的性质，即应注明该附录是"规范性附录"还是"资料性附录"。第三行是附录标题。每个附录都要设标题，以标明附录规定或陈述的具体内容。

每个附录中的章、条、表、图和数学公式的编号前，都要加上附录编号中表明顺序的字母。字母后跟下脚点，编号用阿拉伯数字，从"1"开始，如附录 B 中的章用"B.1"、"B.2"，图用"图 B.1"、"图 B.2"等表示。

6.5 制定(修订)安全标准的一般程序

安全标准编制(修订)工作一般是在企业有关负责人的领导下，由企业安全生产标准化专职机构与专门人员负责组织，其一般程序如图 6-1 所示。如图所示，制定(修订)安全标准大体上可分为以下几方面的工作，有些工作可以交叉开展。

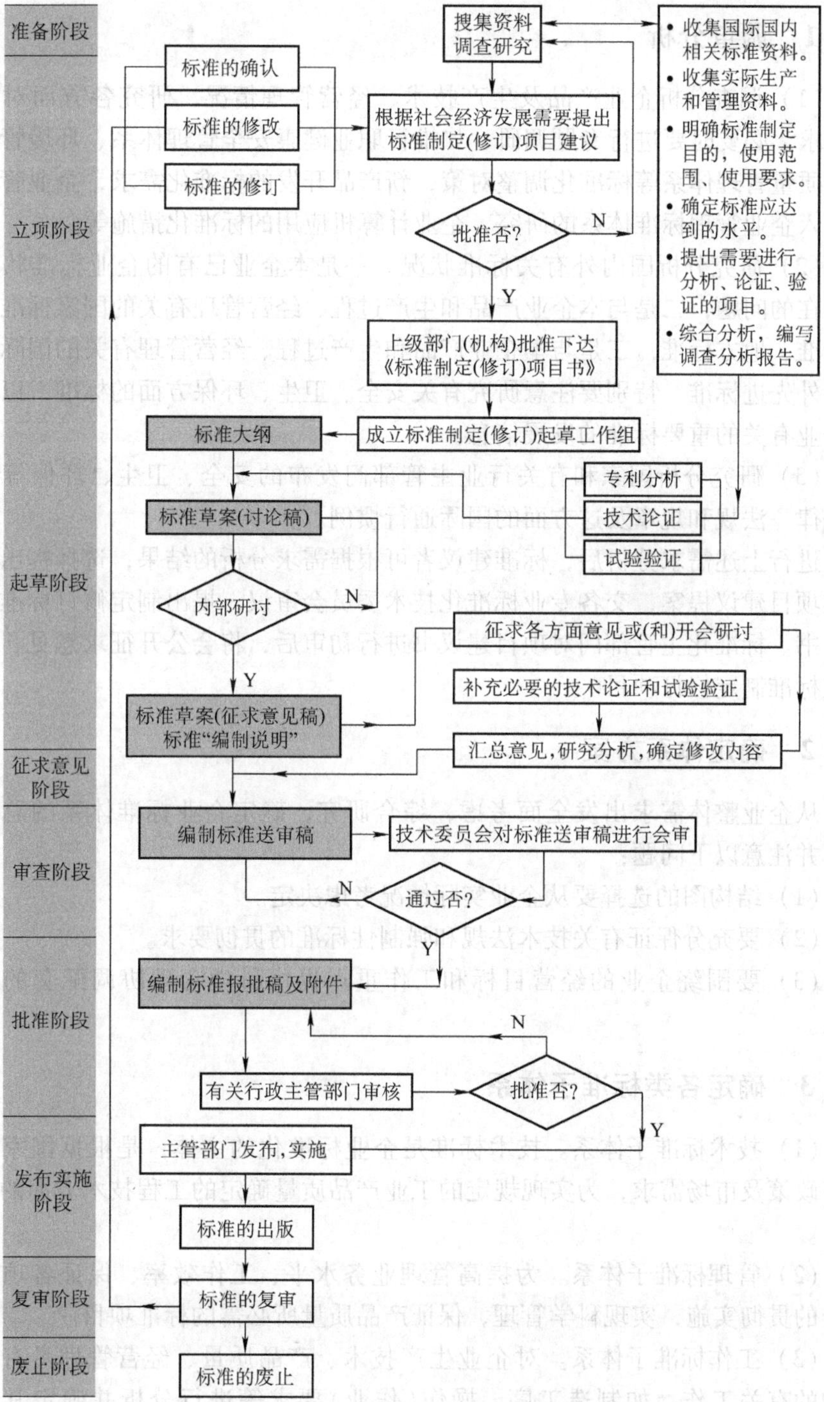

图6-1　制定(修订)安全标准的程序

6.5.1 调查分析

（1）调查分析企业产品及生产技术、经营管理情况，研究各方面对标准的需求。必要时要进行专题调研，如推行职业健康安全管理体系、环境管理体系、质量管理体系等标准化调整对策，新产品开发的标准化需求，企业管理规章纳入企业管理标准体系的研究，企业计算机应用的标准化措施等。

（2）研究分析国内外有关标准状况。一是本企业已有的企业标准状况及其存在的问题；二是与本企业产品和生产过程、经营管理有关的国家标准、行业标准、地方标准；三是与本企业产品和生产过程、经营管理有关的国际标准及国外先进标准。特别要注意研究有关安全、卫生、环保方面的标准，以及与本企业有关的重要标准的发展信息。

（3）研究分析国家和有关行业主管部门发布的安全、卫生、环保等方面的法律、法规和规章及这方面的国际通行惯例。

进行上述需求分析后，标准建议者可根据需求分析的结果，选择提出标准制定项目建议提案，交各专业标准化技术委员会审议，提出制定修订标准项目建议书。标准化主管部门对项目建议书进行初审后，将会公开征求意见，然后确定标准制定修订项目。

6.5.2 确定体系方案

从企业整体需求出发全面考虑，综合研究，确定企业标准体系的总体结构。并注意以下问题：

（1）结构图的选择要从企业实际情况考虑决定。

（2）要充分保证有关技术法规和强制性标准的贯彻要求。

（3）要围绕企业的经营目标和工作重点提供科学合理协调配套的标准体系。

6.5.3 确定各类标准子体系

（1）技术标准子体系。技术标准是企业标准化的主体，是根据国家技术经济政策及市场需求，为实现规定的工业产品质量确定的工程技术方面的标准项目。

（2）管理标准子体系。为提高管理业务水平、工作效率、保证各项技术标准的贯彻实施，实现科学管理，保证产品质量所必需的标准项目。

（3）工作标准子体系。对企业生产技术、产品质量、经营管理具有重要影响的有关工作，如制造工序、操作（作业）要求等进行分析并确定其标准项目。

最后还应当指出，有可能少数标准项目划分到哪类标准子体系难以界定，可以暂时先归入到某类(或设一"其他"类)，但不要遗漏，不要影响工作。

6.5.4　绘制图表

(1) 根据所确定的体系方案和子体系结构绘制企业标准体系结构图。

(2) 按子体系分别将标准项目填入标准明细表。

(3) 根据标准明细表填写标准汇总表。

6.5.5　撰写编制说明

标准草案(讨论稿)确定后，为了保证标准编制水平与质量，使标准切实可行，下一步工作就是将标准草案发送有关部门，广泛征求有关专家的意见。在发送标准草案时，应同时发送"标准编制说明书"。

标准编制说明书是标准起草过程的真实记录和对标准中一些重要内容的解释、说明。标准编制说明书的主要内容包括：

(1) 制定(修订)该标准项目的来源、意义及相关背景。

(2) 标准制定(修订)工作的简要过程。

(3) 该标准与现行法规及相关标准之间的关系及该标准的基本编制原则。

(4) 该标准主要内容的确定依据，对重要问题的解释、说明。

(5) 主要的试验分析、技术经济效果预测与论证情况。

(6) 贯彻标准的要求和措施的建议。

(7) 参考文件、资料的目录等。

6.5.6　标准的审查(审定)

1. 审查(审定)的内容

标准的审查(审定)是保证标准质量与水平的重要的程序。审查(审定)标准主要应从以下六个方面考虑：

(1) 标准的规定是否与我国现行有关法令、法律、法规及相关标准和谐一致，有无违反与相抵触处。

(2) 标准的内容是否采用了有关的国际标准和国外先进标准，做到了技术先进，经济合理，安全可靠，适应当前科学技术水平和今后发展方向，符合我国的实际情况。

(3) 标准的规定是否有充分的依据，是否在试验研究和总结实践经验的基础上确定的，是否完整齐全。

(4) 各方面的意见是否得到充分反映，是否得到协调解决。

(5) 贯彻标准的要求、措施、建议和过渡办法是否适当。

（6）标准的编写方法是否符合 GB/T 1. 1—2009《标准化工作导则　第1部分:标准的结构和编写》等基础标准的各项规定。

2. 审查(审定)方式

标准审定会由专业标准化技术委员组织召开。一般有函审和会审两种。如果标准较成熟，各方面意见分歧不大的，或者简单的标准则宜采用函审的方式，以节约人力和财力。对标准内容复杂，难度大，争议多的标准，或涉及面广的标准应采用会审的方式。

采用函审方式时，接受函审的单位或人员应按时认真填写和寄回审查意见，即使没有不同意见，也应该按时回函表示同意。函审结束后，应写出函审结论报告，并写明对各种意见的处理结果，同意意见的所占比例数。

采用会审方式时，会前一个月要把标准送审稿及编制说明书等寄送给各位委员和参会代表审读。会审要有会议记录、参会人员及其单位、会议纪要和审查结论。

在有些情况下，也可采用会审和函审同时进行的方式。

无论采用哪种审查方式，都要充分发扬民主精神，认真听取各方面的意见，尤其要重视反对意见。

如标准送审稿经审查未能通过，负责制定(修订)该标准的工作组应根据审查意见进行修改，然后再次提出标准送审稿(第X稿)，重新进行审查，直到审查通过为止。

6.5.7　标准的报批

按照标准制定(修订)程序，标准送审稿经审查通过后，其下一步工作就是标准编写工作组根据审查意见编写“标准报批稿”与有关报批附件。报批时需同时呈交文件、资料如下:

（1）标准编制说明书。

（2）标准审查会议纪要或审查结论报告、审查意见汇总及处理表。

（3）主要的试验验证及研究分析报告。

（4）标准实施日期及贯彻措施建议。

（5）采用或参考的国际标准或国外先进标准的原文复印件和译文。

（6）标准化经济效果预测分析或计算报告。

6.5.8　标准的批准、发布与出版

标准报批稿及报批所需的各项文件准备好后，应根据标准的级别，按《标准化法》规定的审批权限，报送相应的标准化管理部门审批、编号和发布，明确标准的实施日期。

标准批准、发布后，就要公布于众，并立即组织印刷发行，尽快把标准发行到各有关实施部门和单位，使他们在标准实施日期之前作好实施标准的各项准备工作。

6.5.9　标准的实施

标准经批准、发布后，自标准实施日期之日起，各有关实施部门和单位就应立即贯彻实施。《标准化法》第三章规定了标准实施的方式与标准实施的监督检查机构等内容(见本书3.1.1节)。

各有关实施部门和单位在实施标准过程中，注意做好原始记录。标准化工作人员要深入到现场，了解标准实施动态，及时发现问题、解决问题，遇到对标准内容理解的差异，有责任说明并纠正。在标准实施中发现标准本身存在的问题或不能按标准实施时，应及时向有关部门报告、请示。

在标准实施到预定阶段时，应对实施的情况、问题、成绩、效果进行全面检查，并在此基础上进行总结，对标准的质量、水平和实施效果作出评价，指出继续实施标准应注意的问题。如果发现标准本身有问题，应提出修改意见和建议，报告制定标准的部门，以便在修订标准时参考。

6.5.10　标准的修改、补充

标准的修改，是指在不降低标准技术水平和不影响产品互换性能的前提下在标准的内容(包括标准名称、条文、参数、符号以及图、表等)进行个别的少量的修改和补充，而不改变标准的顺序号和发布年代号。修改标准，既能使标准的内容得到及时修改和补充，持续改进，不断完善，以适应科学技术和生产实践的发展，还可以节省人力、物力、财力。

对标准要修改、补充的内容，应明确说明标准的修改性质，如“更改”、“补充”、“删除”、“改用新条件”等。标准的修改工作程序，即从提出修改建议到审查通过，写出审查报告(包括审查单位和人员、审查的结论和依据等)，再报送原批准部门审批，与制定标准的工作程序是相同的。但可根据具体情况，在保证标准修改质量的前提下，简化程序中的某些环节。

国家标准的修改和补充内容，开始实施日期，根据《关于国家标准修改补充的暂行办法》规定，采用“国家标准修改通知单”的方式，在指定的标准化刊物上全文刊登公布。行业标准、地方标准及企业标准的修改和补充可参照国家标准的修改、补充办法办理。

6.5.11　标准的定期复审

标准实施一定时间要进行复审。自标准实施之日起，至标准复审、重新确认、修订或废止的时间，称为标准的有效期，又称之为标龄。

由于各国情况不同，标准有效期也不同。以 ISO 为例，ISO 标准每 5 年复审一次，平均标龄为 4.92 年。按我国《国家标准管理办法》的规定，国家标准、行业标准、地方标准一般不超过 5 年，企业标准一般不超过 3 年应复审一次。标准经复审后，应分别予以确认、修订或废止。现代科学技术发展速度越来越快，使标准的复审与修订期在逐步缩短。

标准的复审工作仍由标准所属的标准化专业技术委员会负责确认，应修订的标准根据审表意见汇总及处理表由原标准制定工作组负责修订工作。

6.6 制定安全标准的基本原则与要求

6.6.1 制定安全标准的基本原则

制定安全标准的原则有四条，可概括地总结为“四个三”，即“三个符合”、“三个保护”、“三个做到”和“三个有利”。

(1) 三个符合。即：一要符合我国法律法规及政策要求；二要符合我国自然条件及生产、使用、流通等方面的实际情况；三要符合标准制定程序及相关标准、文件的规定，如 GB/T 1.1。

(2) 三个保护。即：一要保护人民生命健康和财产安全；二要保护资源；三要保护环境。

(3) 三个做到。即：一要做到技术上先进；二要做到经济上合理；三要做到与有关标准协调配套。

(4) 三个有利。即：一要有利于产品的通用互换；二要有利于合理利用国际资源，推广应用科技成果，提高经济效益；三要有利于促进对外经济技术合作和对外贸易。

6.6.2 制定安全标准的基本要求

制定标准应注意以下八项基本要求：

1. 组织领导

为了保证安全标准的编制质量，承担制定标准的单位(部门)应组织成立由专家组成的标准化技术委员会，负责标准的起草和审查工作。在标准制定工作中，还要充分发挥行业协会、科学研究机构和相关学术团体的作用。

2. 和谐一致

所制定的标准应与国家法律法规和有关标准(特别是强制性标准和标准中强制性条款)以及标准的各部分之间协调一致，衔接配套。相互关联标准之间的一致性和配套性是制定(修订)标准时必须认真注意的问题。

一致性主要表现在以下三个方面:

1）凡是需要而又可能在全国几个专业范围内统一的标准化对象，则应制定为国家标准，不能制定成专业标准。凡是需要在一个专业范围内统一的标准化对象，则应制定为专业标准，而不能制定成地方标准或企业标准。

2）下级标准不能与上级标准相抵触。同一标准化对象，有了上级标准后，下级标准只能对上级标准做进一步的具体补充或制定指标更高、技术更先进的下级标准，绝不允许降低要求，迁就落后。

3）各类标准中对同一标准化对象的术语、符号、代号、对同类产品的抽样方法、试验或检测方法规定要一致，可采取引用标准或引用条文的方法。

配套性主要包括以下四个方面:

1）尺寸参数或性能参数之间要协调配套。如集装箱的外形尺寸与交通运载工具的容积尺寸(即车仓船舱尺寸)之间要协调配套，以提高运输效率。又如锅炉、汽轮机发电机的性能参数要相互协调配套，才能使机组配套，充分发挥各自的功能。

2）连(联)接、安装尺寸之间要协调配套。如灯头与灯口、插头与插座的尺寸和公差应相互协调、配套，才便于使用和互换，保证连接紧密、导电性能良好。

3）整机和零部件、元器件之间的协调配套。随着专业生产和横向经济联合的发展，一台机器的所有零件不可能全由一个企业制造，许多零部件、元器件需要外购或外协，这就使整机与零部件、元器件之间的配套性更显得重要，要使它们协调配套，就必须首先使它们的标准协调配套，然后严格按标准验收。

4）原材料、半成品、成品、试验方法、检验方法、检测设备、包装、工艺、工装相互有关的标准要衔接、协调、配套、齐全，形成一个以产品标准为龙头的标准群体。同样，整个专业、行业甚至全国的各方面标准，都要衔接配套，门类齐全，以尽快形成一个健全的标准体系，以充分发挥标准化的最佳整体效益。

3. 效益最佳

标准化效益是一个客观存在的量化对象，但它往往和其他实践活动产生的效益相融合，存在着“亦此亦彼”的模糊性，是一个“界线不分明的集合”，特别是安全标准，常常很难计算出其经济效果的货币值。但是，运用现代数学方法(如模糊数学的综合评判法)或其他科学方法，对多个标准制定方案进行预测分析、验证比较和评价，择优而定，则完全是可行的。

4. 时机适宜

这是指制(修)定标准的时机要适宜。标准化对象与任何事物一样，都有一个产生、发展和消亡的过程。实践证明，标准制定得过早，由于客观事物的矛盾还没有充分暴露，人们的实践经验也不丰富，制定出来的标准就容易缺乏充分的科学依据。其技术指标，参数也不能考虑得周全，因此就会约束甚至阻碍事物的正常发展。反之，如果标准制定的过迟，由于事物向多样化的自由发展，又会出现许多不必要的不合理的品种、规格，给制定标准时的统一协调工作带来很多困难，实施标准后，又要给一些部门和单位带来较大的经济损失，还会使一些已经发展成熟的先进技术、管理经验得不到及时的总结、推广和应用，得不到应得的经济效益。人们通过长期的标准化实践，认为制定标准的时机最好是在标准化对象的技术较稳定、经济性较好的时候。

5. 民主协商

制定标准应广泛听取各方面的意见，充分发扬民主，尽可能经过协商达成一致，使标准制定得科学合理，更具有权威性。这样在实施过程中也更能被广泛地接受。

6. 文体统一

所制定的标准应结构严谨、逻辑性强、条理清晰，它与其他标准(特别是系列标准)之间在标准结构、文体、名词、术语、符号、代号等方面应保持统一性。标准中所有条款的语言表述均应简单明了，准确、简明而无歧义，没有一切技术性错误，易于被相应专业人员理解，便于实施。不要使用修饰性语句或宣传工作性语言。

7. 积极采标

国际标准一般都经过科学验证和生产实践的检验，反映了世界上较先进的技术水平，并且是在协调各国标准的基础上制定的。世界上大多数国家都大量采用国际标准，以消除国际贸易技术壁垒，提高本国产品在国际市场上的竞争能力。如丹麦、比利时、荷兰、瑞士等国家几乎不加修改地直接引用国际标准。日本、英国、德国等国在国家标准中等效采用或参照采用国际标准的比例也高达60%以上。国外先进标准往往是国际标准的源泉，或者本身就是在世界上通行的标准，并且又往往要比国际标准更先进。采用国际标准和国外先进标准是我国一项重要的技术经济政策，制定(修订)标准应积极采用国际标准和国外先进标准，并应加快采用速度。具体来说应注意以下七点：

(1) 采用国际标准和国外先进标准的目的是使我国的标准技术先进，经济合理，安全可靠，是为了促进、提高我国标准水平达到和超过世界先进水平，因此，对我国现行标准中高于国际标准的技术指标和技术要求，一般不应降低。

（2）通用的基础标准、方法标准以及有关部门的安全、卫生、环境保护等方面的标准，一般都应与国际标准协调一致。

（3）对于国际标准中的基础标准、方法标准、适合我国的原材料标准和通用零部件标准，可按照“直接采用→实践验证→修改补充”的模式采用。

（4）当对同一标准化对象在国际标准中推荐几种方案，或国际标准间不协调，或在国际标准中只规定产品的主要性能指标时，应根据我国实际情况选取国际上通行的方案或者作出必要的补充。

（5）必须有严格的安全性指标与可靠性指标。对一些易燃易爆产品和电工电器产品标准以及涉及劳动者、消费者身体健康的标准，都必须有严格的安全性指标及可靠性指标，以保证机器设备的正常运转，产品的正常使用，防止伤亡事故和职业病的发生。

（6）当国际标准不能满足要求或尚无国际标准时，可择优采用国外先进标准中的技术指标和试验测试方法，对于产品的基本参数系列、安装连接尺寸，不要轻易改变我国已有的标准规定。

（7）等同或等效采用国际标准和国外先进标准时，其编写格式和方法可与被采用的标准一致。总而言之，就是积极采用国际标准和国外先进标准要做到技术先进、经济合理、安全可靠。

8. 慎用专利

制定标准（特别是制定高新技术领域的标准）必须以不断更新的科学技术为依托，而这些科学技术常常涉及专利权、版权等各种知识产权；而另一方面，越来越多的知识产权所有者也在积极寻求将其含有知识产权的技术方案与标准相结合，从而展开自己的知识产权战略，巩固其市场优势地位。但标准中的专利会给标准的制定和实施带来麻烦[57-61]，这已是无法回避的问题。所以，凡涉及知识产权保护的范围的新技术、新产品、新工艺，不宜作为可公开获得标准（见6.2节）的标准化对象。但可作为其他标准（如企业标准、公司标准、集团标准）的标准化对象或成为企业标准的内容。

一些国际标准化组织已制定了一系列与标准有关的知识产权政策。我国在制定国家标准的过程中，也已关注到了标准和专利的问题。国家标准委已组织起草了《涉及专利的国家标准制修订管理规定（暂行）（征求意见稿）》，对涉及专利问题的国家标准的制定和修订工作，作出相关规定，以妥善处理国家标准涉及专利的问题，规范国家标准制定和修订过程对专利的处置，鼓励自主创新，促进国家标准合理采用新技术，保护社会公众和专利权人及相关权利人的权益，保障国家标准的有效实施。

上述八项要求是制定我国各级、各类标准时都应该遵循的基本要求，在编制(修订)标准时只要认真执行之，是能保证标准质量的。

6.7 安全标准编写的一般性技术

6.7.1 概述

标准的编写技术是指表述标准的内容叙述方法、编排形式和各种图表、注解的表达方式等。标准编写质量的优劣直接关系到标准的贯彻执行，也影响到标准之间的交流，是标准整体质量的外在质量的表现形式。因此，应十分重视标准的编写技术的学习与掌握。

制定标准，除了应遵循本书 6.6 节介绍的“四项基本原则”与“八项基本要求”之外，编写时还必须保证标准的内容“正确、准确、明确”，与相关法律、法规、标准“协调”，表达方式“统一”。

1. 正确

标准中规定的技术指标、参数、公式和其他内容都必须正确可靠。规定的指标必须是以现代科学技术的综合成果和先进经验为基础，并经过严格的科学验证、精确的数学计算而得出的数据。编写时，必须对其再次核实。对标准中的图样、表格、数值、公式、化学分子式、计量单位、符号、代号等均应进行仔细复核，消除一切技术错误，保证正确无误。

2. 准确

标准的内容表述要准确、清楚，不得有歧义，防止不同的人可以从不同角度产生不同的理解。“标准”是经济和技术活动的依据，具有技术法规的属性，常常被法律、法规和经济合同所引用。因此，其条文的措词必须准确，禁止使用模棱两可的词语；条文的语句结构必须严密、紧凑，逻辑严谨。为了达到表达准确的目的，标准中常用的典型词语、句式可另行编制成“标准”或“指导性文件”，供推荐采用、统一执行。

3. 明确

标准的内容应简洁、明了、通俗、易懂，不要使用生僻词语或方言俗语。在保证准确的前提下，应尽量使用大众化的语言，使大家都能正确理解和执行，避免产生不易理解或不同理解的可能性。

标准中只规定“应”怎么办，“必须”达到什么要求，“不得”超过什么界限等，一般不讲原因和道理，凡能定量表述的都要定量表述。

根据标准内容的具体情况，在表达准确简明的前提下，选择文字、图、表，或文字和图、表并用的表达方式。宜用文字的就用文字，宜用图表的就用图表。

4. 协调

首先，所编写的标准要与国家相关的法律、法规保持高度一致性，要有利于这些法律、法规和标准在所编写的标准中得到贯彻实施，绝不能与之抵触、冲突。例如，标准中的计量单位名称、符号要遵守《中华人民共和国计量法》和《关于在我国统一实行法定计量单位的命令》，一律采用中华人民共和国计量单位。其次，所编写的标准要与上级、同级有关标准及该标准所属的标准体系表内的标准协调一致，以充分发挥标准化系统的整体功能。

5. 统一

首先，所编写的标准中的名词、术语、符号、代号，不仅在该标准中要前后统一，而且还要与相关标准中的名词、术语、符号、代号保持统一。其次，表达方式也要保持统一，同一名词或术语要始终用来表达同一个概念，不能在一个标准中出现其他同义词，即不能出现“一物多词”或“一词多物”的现象。再次，同级或同类标准的标准的构成、内容编排、书写格式、幅面大小、章条划分及编号顺序等也都要统一，都要符合 GB 1《标准化工作导则》的有关规定。最后，标准中使用的汉字和翻译的外文也要统一，汉字要使用国家正式公布的简化汉字，注意杜绝错别字。

“正确、准确、明确、协调、统一”可以说是标准编写技术的五个关键词。

6.7.2　条款的表述

1. 条款涉及的对象

“标准”的要素是由各种条款构成的(参见本书 6.4 节)。标准中的每条条款所涉及的对象有两类。一类是标准的使用者(人)，规定某项具体的活动(例如具体的动作或步骤)具体怎么做，但不规定这种活动将会产生什么结果。另一类是标准化的对象(物)，规定其结果具有什么性能或可能性；标准要求达到什么样的目的，但不规定标准使用者的活动以及采取什么样的措施。

2. 条款的类型及其表述

根据条款内容在“标准”中所起的作用，可将其分为陈述型条款、推荐型条款、要求型条款(见表 6-3)。这三种类型的条款都有其独特的表述形式。编写标准时，表 6-3 所列三种不同类型的条款是通过使用不同的汉语句式或助动词来表达的。使用标准时，也可以通过不同的汉语句式或助动词，对标准中的条款的类型加以区分。

表 6-3 条款的类型及其表述形式

条款类型	条款表述形式
陈述型	表达信息的条款。通常用汉语的陈述句或利用助动词来表述： ① 用一般陈述句提供信息； ② 用助动词“可”或“不必”，表示在标准的界限内允许的行为或行动步骤； ③ 用助动词“能”或“不能”，表示由材料的、生理的或某种原因导致的能力； ④ 用助动词“可能”或“不可能”表示由材料的、生理的或某种原因导致的可能性
推荐型	表达建议或指导的条款。通常用助动词“宜”或“不宜”来表述以下意思： ① 在几种可能性中推荐特别适合的一种，不提及也不排除其他可能性； ② 某个行动步骤是首选的，但未必是所要求的； ③ 不赞成，但也不禁止某种可能性或行动步骤(使用否定形式)
要求型	表达如果声明符合标准需要满足的准则，并且不准许存在偏差的条款。通常用汉语祈使句或利用助动词来表述： ① 利用祈使句直接表示指示； ② 利用助动词“应”或“不应”，表示声明符合标准需要满足的要求

3. 条款表述所用的助动词

由表6-3可看出，使用不同的助动词可以表达“标准”中不同规范性内容(类型)的条款。

陈述型条款用于表达“允许”的助动词是“可”（其否定形式是“不必”）；陈述型条款用于表达“能力”的助动词是“能”（其否定形式是“不能”）；陈述型条款用于表达“可能性”的助动词是“可能”（其否定形式是“不可能”）。

推荐型条款用于表达“建议、愿望”的助动词是“宜”（其否定形式是“不宜”）。

要求型条款用于表达“标准使用者必须严格遵守的要求”的助动词是“应”（其否定形式是“不应”）。这里特别应该引起注意的是，推荐性标准中的要求型条款，当强调某种要求时，不可以使用“必须”代替“应”。用“必须”提出的要求具有“强制性”，它强调的是法定责任。对于推荐性标准，只有在标准使用者声明符合标准后，才能要求他“应”怎样去做，或“应”符合的内容，而不是强迫他“必须”符合某些要求。

在特殊的情况下，当表述规范性内容的条款所处的语境(语言环境,上、下文的衔接)，使用首选助动词明显不妥当或容易引起歧义时，可使用助动词的等效表述形式。

表6-4给出了表述不同类型的条款使用助动词的相关知识。

表6-4 各种类型条款使用的助动词

<table>
<tr><th colspan="2">条款类型</th><th>助动词</th><th>在特殊情况下使用的等效表达</th><th>功能</th></tr>
<tr><td rowspan="6">陈述型</td><td rowspan="2">允许</td><td>可</td><td>可以、允许</td><td rowspan="2">表达陈述型条款，表示在标准的界限内所允许的行动步骤。
在“允许”的情况下，①不使用“能”代替“可”；②不使用“可能”或“不可能”（注：在“标准”中，“可”表达的意思是“许可”，“能”是指主、客观原因导致的能力，“可能”则是指主、客观原因导致的可能性）</td></tr>
<tr><td>不必</td><td>无须、不需要</td></tr>
<tr><td rowspan="2">能力</td><td>能</td><td>能够</td><td rowspan="2">表达陈述型条款，陈述由材料的、生理的或某种原因导致的能力。</td></tr>
<tr><td>不能</td><td>不能够</td></tr>
<tr><td rowspan="2">可能性</td><td>可能</td><td>有可能</td><td rowspan="2">表达陈述型条款，陈述由材料的、生理的或某种原因导致的可能性。</td></tr>
<tr><td>不可能</td><td>没有可能</td></tr>
<tr><td colspan="2" rowspan="2">推荐型</td><td>宜</td><td>推荐、建议</td><td rowspan="2">表达推荐型条款，表示在几种可能性中推荐特别适合的一种，不提及也不排除其他可能性或表示某个行动步骤是首选的但未必是所要求的，或(以否定形式)表示不赞成但也不禁止某种可能性或行动步骤</td></tr>
<tr><td>不宜</td><td>不推荐、不建议</td></tr>
<tr><td colspan="2" rowspan="3">要求型</td><td>应</td><td>应该、只准许</td><td rowspan="2">表达要求型条款，表示声明符合标准需要满足的要求</td></tr>
<tr><td>不应</td><td>不得、不准许</td></tr>
<tr><td colspan="3">表示直接的指示时(例如涉及试验方法所采取的步骤)，使用祈使句。例如“切断电源”</td></tr>
</table>

4. 条款内容的表述形式

在表述条款的内容时，根据不同的情况可采取下述不同的形式。

(1) 条文。条文是条款的文字表述形式，也是表述条款内容时最常使用的形式。标准中的文字应使用规范汉字。凡已有规范简化汉字的(见国家语言文字工作委员会于1986年10月10日重新发布的《简化字总表》)，不得使用繁体字。标准条文中使用的标点符号，应符合GB/T 15834—1995《标点符号用法》[252]的规定。

(2) 注、脚注和示例。它是条款的辅助表述形式，通常使用文字形式表述(参见本书6.8.5节)。

(3) 图。它是条款的一种特殊表述形式，是条款文字性内容的一种“变形”。当用“图”表述所要表达的内容(例如对事物进行空间描述)比文字表达得更清晰易懂时，用“图”的形式表述应是一个理想的选择。

标准中的每幅图的下方居中位置应标明图号和图名。图号和图名之间应空一个字，一个标准中有两个以上的图号应连续标注，表格中的图不必标注图号。

图中应标出量的符号和单位。符号要符合有关规定，必要时可以加下标。图上的字体要符合制图标准，一般用正体，而量的符号及下标，以及表示数的符号采用斜体，以便区分。

(4) 表。它是条款的另一种特殊表述形式，是条款文字性内容的另一种“变形”。当用“表”表述所要表达的内容(例如对大量数据或事件进行比较或对照)比文字表达得更简洁明了时，用“表”的形式表述是具有显而易见的优点的。

标准中的表格的上方居中位置应标明表号和表名。表号和表名之间应空一个字，一个标准中有两个以上的表格应连续标注。

表格中各栏单位都相同时，单位在表的右上方标注；若不同，单位则应分别在各栏项目名称下方标注。表格中的数值、上下行的小数点和数字应对正，没有内容的应在相应位置用短线表示。超过一页的表格，在续页上应重复表号和表名，并注明“续”字，如“表1(续)”。

标准中的图和表均应在条文中提及，并排在有关条文的附近(原则上是先见文,后见图或表)，有相互呼应关系，以便查阅。

6.7.3 引用

在标准文本中的引用有以下几种形式。

1. 在标准条文中提及标准本身

在标准条文中提及标准本身时，一般情况下，用“本标准……”、“本标准化指导性技术文件……”等形式表述。若标准分为多个单独部分，为避免混淆，在提及标准本身时可用“GB/T××××的本部分”表示只提及该标准的某个部分；而用“GB/T××××”则表示提及该标准的所有部分。

2. 引用条文

标准中引用具有标识的规范性内容(标准中的“引用”还可分为“规范性引用”、“资料性引用”,参见本书6.8.2节)时，可使用“按第×章的要求”、“按×.×的规定”(注意:不带“条”字)、“符合×.×b的规定”、“按×.×.×给出的细节”、“见附录×”、“参见表×的注”、“见×.×.×的示例×”等形式来表述。如果需要引用列项中无标识的某项时，可使用“按×.×列项中的第

×项规定”、“按×. ×中第×个列项中的第×项规定”、“见×. ×. ×. ×的最后一段”等形式来表述。

3. 引用图和表

引用图和表时，可使用“图×. ×所示”、“(见图×)”、“表×中给出”、“(见表×. ×)”等形式表述。

4. 引用其他文件

引用其他文件可以注日期，也可不注日期。凡是注日期的引用文件，表明只使用所注日期的版本，以后被修订的新版本或修改单中的内容都不适用。不注日期的引用文件表示所引用的文件无论如何更新，其最新版本都适用于引用它的标准。

注日期的引用文件一般采用以下形式，如“按 GB××××. ×—2009 进行试验”、“遵照 GB/T××××—2002 中第×章”、“按 GB/T××××—2003 中表×的规定”等形式。注日期的引用文件，将来如果出现修改单或修订版时，引用这些文件的标准可根据需要发布修改单，来引用这些被修改的内容。一般情况下，标准中都使用标注日期的引用文件，只有当引用完整的文件或标准的某个部分，并且属于资料性引用的文件，或根据标准的目的，可接受所引用文件将来所有改变时，才能采用不标注日期引用，如“见 GB/T 3102 的规定”。

6.7.4　公式

标准中的各类计算公式应采用正确的书写形式。用字母符号表示出不同的量，并对符号和缩略语部分未说明的符号在公式下加以注释。在注释中，单位的名称前没有数值时要写出全称。公式中的符号不能以量的描述性术语或名称的形式表示。

同一项标准中有两个以上公式时，为了便于引用，可用带圆括号的阿拉伯数字从“1”开始对标准中的公式或部分公式进行编号，公式和序号之间用“……”连接。

6.7.5　数值

标准中的数值采用阿拉伯数字，尽量采用小数而避免使用分数。表示非物理量(如物品的数量)时，10 以内的数字宜使用汉字“一”、“二”、“三”等表示，10 或 10 以上的数字一般用阿拉伯数字表示。当表示物理量的数值时，法定计量单位符号前应使用阿拉伯数字。

小于 1 的小数，必须写出小数点前的“0”。数值的有效位数应全部写出。小数点前或后如果达到或超过四位数，则从小数点起，向左或向右每三位数字空四分之一个汉字的位置，但表示年份时除外。数值相乘时，一律用乘号“×”表示，不用圆点，以免与小数点混淆。

6.7.6 量、单位和符号

当标准中的数值表示量值时，应写出其对应的法定计量单位[249-251]。

不要将单位的符号和名称混在一起使用。如“千米每小时”或“km/h”，不得写成“每小时 km”或“千米/小时”。用阿拉伯数字表示的数值可与单位符号结合，如“3m”，但应避免用“三 m”和“3 米”。

不要使用非标准化的缩略语表示单位。如不用“sec”代替秒的符号“s”，不用“cc”代替立方厘米的符号“cm^3”，不用“amps”代替安培的符号“A”。

不应使用诸如“ppm”和“ppb”之类的缩略语。因为这些缩略语在不同的语种中含义不同，可能会产生混淆，而应采用数字表示，如“质量分数为 4.2×10^{6}”，不得写成“质量分数为 4.2ppm”。另外，不要将信息与单位符号相混。如“含水量 15mL/kg”不得写成“15mL H_2O/kg”或“15mL 水/kg”。

如果两个或多个物理量不属于相互可比较的同类量，则不能将它们相加或相减，如不得写成“230V ±5%”，而应写成“230×(1±5%)V”或“230×(1±0.05)V”。

数学标志和符号应符合国家标准的规定，如正切符号是“tan”而不是“tg”。

6.7.7 尺寸和公差

在标注尺寸和公差时，要避免混淆和产生歧义。如“240mm×115mm×53mm”不得写成“240×115×53mm”；“60μF±2μF”或“(60±2)μF”不得写成“60±2μF”；“(1000+2)mm”不得写成“1000+2mm”；“10℃~15℃”不得写成“10~15℃”；“(75±2)%”不得写成“75±2%”等。

6.7.8 缩略语

缩略语只有在不引起混淆的情况下才允许使用。当标准中多次使用某缩略语，而标准中未给出缩略语一览表时，则第一次使用某缩略语时，在该缩略语后用圆括号给出其完整的词或词组。一般情况下，由拉丁字词为首的字母组成的缩略语用小写字母表示，并且每个字母后有一个下脚点。由大写字母组成的缩略语不需要下脚点。

6.8　安全标准中要素性内容的编写技术

6.8.1　资料性概述要素的编写技术

1. 封面

每项标准均应有封面。封面的主要内容有标准的类别、标准的标志、标准编号、被代替的标准编号、中国标准文献分类号、与国际标准一致性程度的标识、发布日期、实施日期、标准的发布部门等。

国际标准封面上还须有与标准的中文名称相对应的英文名称和国际标准分类号(ICS号)。

其他级别的标准封面一般包含有标准的编号、备案号、名称、发布部门、发布日期及实施的日期等内容。

如果国家标准等同采用国际标准时，封面上标准编号应使用双编号，将我国标准编号同国际编号排成一行，两者之间用单斜杠分开。当标准的英文名称与国际标准名称相同时，则不必标国际标准名称。

2. 目次

标准内容多、篇幅长、结构较复杂时，可设置目次。其中带有标题的条及附录的章和带有标题的条、图、表，只在需要时列出。附录的性质应在圆括号中标明，即(规范性附录)或(资料性附录)。

3. 前言

每项标准均应有前言，它包括基本部分和专用部分。

(1) 基本部分。提供有关该项标准的一般信息，包括标准的批准机构、归口单位、起草单位、主要起草人等。

(2) 专用部分。用于说明采用国际标准的程度，废除和代替的其他文件，重要技术内容的有关情况，与其他文件的关系，实施过渡期的要求以及附录的性质等。

6.8.2　规范性一般要素的编写技术

1. 标准名称

标准名称力求简练，并应明确表示出标准的主题，使之与其他标准相区分。名称不应涉及不必要的细节。标准名称中引导要素表示标准所属领域；主体要素表示在上述领域内所要论述的主要对象，为必备要素；补充要素表示主要对象的特定方面，或给出区分该标准(或部分)与其他标准(或其他部分)的细节。

2. 范围

用来简要说明一项标准的对象和所涉及的各个方面、适用范围和领域。必要时，可指出标准不适用的界限。范围的文字应简洁。范围不能包含任何要求。

3. 规范性引用文件

用来列出标准中规范性引用的文件。这些文件是在该项标准在应用时不可缺少的文件，但不包括不能公开出版的文件、仅提供信息参考的文件、起草过程中参考过的文件等，这些只能以“参考文献”的形式列在后面。

引用文件的排列顺序为国家标准、行业标准、地方标准、国内有关文件、ISO 标准、IEC 标准、ISO 或 IEC 有关文件、其他国际标准以及其他国际有关文件。

国家标准、ISO 标准、IEC 标准按标准顺序号排列；行业标准、其他国际标准先按标准代号的拉丁字母顺序排列，再按标准顺序号排列。

规范性引用文件中的国家标准或行业标准如果有对应的国际标准，应注明与国际标准的一致程度。

6.8.3 规范性技术要素的编写技术

规范性技术要素是标准所要规定的实质性内容，也是整个标准的主体。其中的各项内容应根据各类标准的不同特点和需要编写，并遵循有关的编写方法。

1. 术语和定义

有助于理解一项标准中的某些术语，对其中采用的术语尚无统一定义时，应加以必要的定义或给出说明，并注明“下列术语和定义适用于本标准”的字样。

2. 符号和缩略语

有利于理解标准中使用的某些符号和缩略语。对所列符号、缩略语的功能、意义、具体使用场合给出必要的说明。为简便起见，可将此部分与术语和定义部分及单位等部分合在一起，标题可用“术语、定义、符号、单位和缩略语”。

3. 要求

要求应包含以下内容：

1）直接或以引用方式给出标准涉及的产品、过程或服务等方面的所有特性。

2）可量化特性所要求的极限值。

3）明确（引用已有的或直接规定）测定或检验特性值的试验方法。

总之，在要求条款中，应把特性、实验方法和特性值三者结合在一起加以表述。

要求中可采用的数值有三种：极限值、可选值和由供方确定的数值。对于某些用途，可规定其极限值，如最大值和最小值。对于一些用途，特别是为了品种控制和接口的需要，产品的数值可从多个数值或数系中选择。而对于只给出特性、未给出特性值的标准，具体数值的确定通常由供方或需方明确。

要求中只能列入技术性内容，不能列入有关索赔、担保、费用结算等合同性要求。

4. 抽样

抽样为可选要素。抽样是指从一大批成品中取出一小部分，作为“实验室样品”送到实验室供测试用的过程。

抽样内容包括抽样(或取样、采样)的条件和方法，样品的数量以及对一些易挥发或变质的样品规定储存容器的材料或特性以及保存方法等。为简便起见，可以将这一部分内容放在试验方法部分的开头，而不单独列出。

5. 试验方法

试验方法为可选要素，它给出测定特性值，或检查是否符合规定要求以及保证所测结果再现性等各种程序细则，如原理、试剂或材料、装置、试样和试件的制备和保存、程序、结果的表述(包括计算方法及测试方法的精密度)、试验报告等。必要时应明确试验是型式(定型)试验、常规试验还是抽样试验等。

根据内容的多少，试验方法可以作为一章，也可以与要求部分合并，或者作为附录，以及作为系列标准中的一个部分。为了扩大标准试验方法的应用，当某种试验方法可能被多个标准采用时，一般应将其单独制定为一项方法标准。

6. 分类和标记

分类和标记为可选要素，它是为符合所规定特性要求的产品、过程或服务制定一个分类、命名或编码的规则。对产品而言，就是要对有关产品总体安排的种类、型式、尺寸或参数系列等做出统一规定，并给出产品分类后具体产品的表示方法。为简便起见，可将这一部分与要求合并在一起。

7. 标志、标签、包装

标志、标签、包装为可选要素，应纳入有关条款中，特别是涉及消费品的产品标准的有关条款中。

此要素可以规定产品的标志，如生产者或销售商的商标，也可以包括对产品标签和产品包装的要求，如储运说明、危险警告、生产日期、地址等。规定符号、标志时要符合有关国家标准或行业标准的规定。

产品标识中不应涉及合格标志，也不宜提及标准机构。

8. 规范性附录

标准中的附录根据附录的性质分为规范性附录和资料性附录两种。这两类附录都是可选要素。

规范性附录是标准不可分割的一部分，与标准正文具有同等效力。为了使用方便，将其放在技术要素的最后。同时，对一个附录是规范性附录这一情况，还要在前言中加以说明，在正文中提到，并在附录编号后加括号注明。当内容过多，编写或阅读不方便时可采用规范性附录这一形式，其目的在于保证正文主题突出，避免个别条文过于臃肿。

此外，一项标准还可包含其他规范性技术要素。

6.8.4 资料性补充要素的编写技术

（1）资料性附录。资料性附录不是标准正文的组成部分，不能包含任何要求，也不具有标准正文的效力。它只提供理解标准内容的附加信息，帮助正确掌握和使用标准。

资料性附录放在规范性技术要素的后面。同时，对一个附录是资料性附录这一情况，也应该在前言中加以说明，在正文中提到，并在附录编号后加括号注明。

（2）参考文献。标准起草过程的参考文献，应位于最后一个附录之后。参考文献的格式应符合国家标准 GB/T 7714 的规定。

（3）索引。当有索引时，索引作为标准的最后一个要素。

6.8.5 其他资料性要素的编写技术

1. 注

注是条款的辅助表述形式之一，通过较详细的说明性或解释性的文字，帮助标准的使用者理解和运用相关条款。条文中的注的内容是资料性的，只能给出对理解或使用标准起辅助作用的附加信息，不能包含任何要求。注通常使用文字形式表述。注放在所注释的章、条或段的下方。注只有一条时，在标题“注:”后写注释条文。注超过一条时，则应以标题“注 1:”、“注 2:”、“注 3:”等加以区分。

2. 脚注

脚注用来提供附加信息，是条款的辅助表述形式之一。脚注的内容是资料性的，不能包含任何要求，一般应尽量少用。为便于阅读，脚注应该放在提及该脚注的页面下方，用细实线与正文分开，长度为版面宽度的1/4，置于页面左侧。应使用带半圆括号的阿拉伯数字从 1 开始对脚注编号。全文中脚注应连续编号，即：1)，2)，3）等。另外，在需注释的词或句子之后应使用与脚注编号相同的上标数字“1)，2)，3)”等标明脚注。为避免与上标数字混淆，可有一个或多个星号代替数字及半圆括号，如用“*、**、***”等标明脚注。

3. 示例

示例通过现实或模拟的具体例子，帮助标准使用者尽快地掌握条款的内容。示例也是条款的辅助表述形式之一。示例的内容是资料性的，只能给出对理解或使用标准起辅助作用的附加信息，不能包含任何要求。当只有一个示例时，在标题“示例:”后写示例的具体内容；当有多个示例时，应标明“示例1:”、“示例2:”、“示例3:”等。示例通常使用文字形式表述，但给出图或表的示例也不少见。

6.9　安全工作标准的编制方法

6.9.1　安全工作标准的概念和属性

为实现整个安全工作过程的协调，提高工作质量和工作效率，对各个岗位的安全工作所制定的标准叫安全工作标准。

这里所说的“工作”，不仅包括工作过程中的各项活动，而且包括对工作过程进行管理(服务)的其他各项活动，其范围也不仅仅局限于企业。就安全生产来说，“工作”的含义是指人们把工作对象按照人们的愿望改变状态的活动，而且还包括运用该工作要求的特定安全技术。所谓“改变”，具体来说可包括工作对象形态的改变(如加工)、场所的改变(如运输)、时间的改变(如储存)。所谓“特定安全技术”，是指使工作对象在按照人们的愿望而发生状态变化过程中，保证其安全的技术手段。“特定安全技术”在多数情况下通过人的安全技能、工具、设备、装置和必要的安全管理措施等实现的。

安全工作标准，就其属性来说是安全管理标准的一种类型，它是同安全管理业务标准相辅相成的。安全管理业务标准是针对某一部门或某一安全生产管理环节的，它协调和统一的是整个部门的安全生产管理活动。而安全工作标准是对每项具体的工作(或操作)岗位做出的科学的、规范化的规定，从而形成一个完整的安全生产管理网络。安全工作标准和安全生产管理业务标准，在执行时常常互相渗透、互相补充。但由于安全工作(或操作)标准数量多、影响大，因而宜把它独立出来，与管理标准、技术标准并列。

6.9.2 安全工作标准的种类

由于安全工作标准是按岗位制定的，而具体的岗位可以说数不胜数。因此，只能将岗位大体上分为生产岗位（或操作岗位）和管理岗位（或工作岗位）。对前者所定的安全工作标准又叫“安全作业标准”，对后者所定的工作标准可叫做“安全管理工作标准”。这就是说安全工作标准可以分为两大类。

作业标准可按不同的生产（操作）岗位制定。如机械制造企业可能有如下安全作业标准：机械加工作业安全操作标准、装配作业安全操作标准、检验作业安全操作标准、热处理安全作业标准、铸造作业安全操作标准、表面处理作业安全操作标准、涂漆作业安全操作标准、设备修理作业安全操作标准、包装作业安全操作标准、搬运作业安全操作标准等。而其中的每一类作业还可以进一步划分为更具体的操作岗位，制定更为具体的安全作业标准。如机械加工作业标准还可细分为车工作业安全操作标准、铣工作业安全操作标准、钻工作业安全操作标准等。到底细分到什么程度，要依具体情况而定。一般来说，工厂里的岗位分工越细，标准的划分也应细些，只有这样才能通过安全作业标准对各个工作岗位的安全生产要求做出确切的规定。

安全管理工作标准，主要是对非操作岗位制定的工作标准。这类标准大多是针对各种固定的管理岗位或某种管理职务而制定的。例如，按管理职务（岗位）来分，厂长/经理（总工程师、总会计师、生产科长、车间主任、调度员等）安全工作标准。

6.9.3 安全工作标准的作用

工作标准的对象是人所从事的工作或作业。任何一项生产活动，都是利用一定的“机器设备”，通过“人”的（脑力的、体力的）劳动，把“原材料”加工成“产品”的活动。这三者之中，“人”与“原材料、机器设备”是有很大区别的，这是因为生产作业活动中“人”与后两者有四个迥然不同的特点。

1. 个体差别性

个体差别性是指同一工种的工人之间在体力、劳动技能、动作速度、劳动效率、注意力、理解力、耐力等方面，不仅互有差别，而且差别甚至很大。与机器比较起来，人的这个特点是个明显的缺陷。在现代工业生产过程中，机器体系越庞大、越复杂、参与的劳动者越多，人的个体差别对机器体系的影响就越大。

2. 非固定性

非固定性是指人的作业特征参数（如行走速度、动作的幅度等）具有随着时间发生变化的特性。劳动者对某项作业的熟练程度、劳动过程中的疲劳程度、对工作环境的适应程度等均是劳动时间的非线性函数。而机器设备却能在一定条件下做到运转速度始终一致、输出功率均衡不变等。劳动者的这种非固定特性，是人与机器体系“不相适应”的内在原因。它对整个生产系统的影响是显而易见的，生产安全事故的发生大都与这个“不相适应”有关。

3. 应变性

应变性是指在“人-机-环境”系统中，人的作业特征参数具有随着机器特性(如输入信号、控制对象特性等)的变化而变化，直到与机器相适应的特性。一般情况下，人的这种应变能力和适应性是通过训练或者随着对工作的熟练而获得的。与机器比较起来，人的这个特点是个可贵的长处，体现了人的能动性，是一般机器设备所不具备的。

4. 可靠性

人的动作的可靠性(准确性、精确性)是可变的，它受人的健康状况、疲劳程度、有无准备、动作熟练程度、工作热情高低、责任感强弱以及在紧急情况下的混乱、错觉和应急处置能力等的影响。人的可靠性是难以预测、难以控制的，随机性很大，差别也很大。

对人的作业活动的上述特点的研究表明，许多人做同一种工作(或同样作业)，不仅每个人在作业时间上可能存在着成倍的差别，而且在作业方法或作业动作方面也存在着“浪费、不合理、不均衡、不安全”。如将这些“浪费、不合理、不均衡、不安全”的作业方法或作业动作加以改进和消除，便可能收到保证劳动安全、提高劳动效率、减轻劳动强度的效果。

研究结果还表明，对同一项作业，人的动作的熟练程度(准确性与效率等)也是大不相同的，它与是否已经形成“习惯”密切相关。一般来说，按同一程序重复多次做同一件事(动作)就可能形成习惯。

倘若通过分析研究，设计出最科学合理的工作程序和作业方法，并将其定为标准，用以约束同一工种的所有工人遵照执行。这样不仅可以加速个人习惯的形成，而且是形成群体习惯的最有效方法。所以，作业标准化的过程是形成群体习惯和群体行为准则的过程，是人的素质升华的过程。它不仅能有效地消除不必要的、不合理的、不安全的作业程序和作业动作，而且能促使工人克服已经形成的不安全操作习惯和缺点，防止人的个体差别性和非固定性不必要的扩大，增进人的作业可靠性，从而克服个体差别性和非固定性对生产系统产生的负面作用。

6.9.4 安全工作(操作)标准的内容

按岗位制定的安全工作标准应包括以下内容，但不限于以下内容。

（1）岗位安全生产工作目标(工作任务)。企业是以管理目标为核心形成的多层次的管理系统。企业的安全生产方针与目标，是通过制定各部门各分支系统的安全生产管理标准，尤其是通过制定各工作岗位的工作标准而最后落实的。制定岗位安全生产工作目标标准是实现企业安全生产目标管理的有效措施。在确定每个岗位的安全生产工作目标(工作任务)时，一定要从整个企业的安全生产目标管理系统出发，根据该工作岗位在系统中所处的地位、所起的作用以及整个系统对它的要求来考虑和确定。这是制定好岗位安全工作标准的首要环节。就整个企业来说，确定岗位安全生产目标的过程，实际上是企业安全生产目标系统的分解过程。只有通过这样分解，才能科学合理地确定岗位安全生产工作目标。

（2）安全生产工作内容、程序和方法。任何一个岗位上的工作，只要是具有重复的特征。就可通过总结经验或试验，优选出较为理想的工作程序和工作方法，以达到提高效率、减少差错、保证安全并使工作不断熟练的目的。将这些程序和方法纳入标准之后，既能提高个人的操作水平，又能使该岗位的所有工作人员的操作达到统一的要求，提升到较高的水平。

（3）业务分工与业务联系(信息传递)方式。岗位是劳动分工的产物。任何岗位都不能孤立发挥作用，都要依赖其他岗位的协作。这种相互分工、相互联系、相互协作、配合的关系处理得越好，系统的效应越好。这里还包括信息传递问题，明确信息传递方式(如指令的传递程序、报告程序、信息反馈程序、信息传递媒介、时间、内容等)与要求。这些可在工作程序的优化过程中解决。

（4）职责、权限。每个工作岗位都有着与其承担的任务相应的职责和权限，这是行使其业务职能的必要前提。有职无权以及责、权、利脱节都会削弱管理效能。在制定安全生产工作标准时，更要注意恰当划分各个岗位的职责与权限，但必须明确划分清楚每个岗位与相关联的其他岗位的分工界限、工作范围、各自承担的义务、应负的责任以及该岗位必须具备的客观条件等。

（5）安全质量要求与定额。对岗位的安全生产工作必须规定明确的安全质量要求，有时还应包括数量、时间方面的要求。凡能做出定量规定的应尽量将要求定量化，不能作出定量规定的也要考虑对执行情况进行考核的可操作性。凡能规定定额的岗位，均应制定定额标准(如时间消耗定额、物资消耗定额)。

（6）对岗位人员的基本安全技能要求。岗位的任务是靠该岗位的工作人员去完成的。工作人员的素质(包括操作水平、文化水平、管理知识等)能否适应该岗位工作的要求，对能否完成岗位任务起决定作用。不同水平的设备，要求不同等级的操作者；达不到要求的不能上岗工作。

（7）检查、考核办法。安全生产工作标准中还应规定对各项要求执行情况的检查、考核评价办法。

6.9.5　安全工作标准的制定原则

企业制定安全工作标准除应遵守企业标准化工作的有关规定之外，还应遵循下述原则与要求：

（1）整体原则。要使每个岗位的安全生产职责、任务服从企业安全生产总目标，通过制定安全工作标准形成全员安全生产目标管理系统。每个岗位的具体目标是企业总目标的有机组成部分，并且是从有利于企业总目标的实现，根据总目标的要求而确定的。这就要求各个岗位在制定本岗位工作标准时要从大局出发，坚持局部服从整体、小局服从大局的原则。

（2）协调原则。各个工作岗位之间应互相衔接、互相保证，以形成有机联系，保证整个管理系统工作协调。安全工作标准不仅要保证该工作岗位"安全达标"，完成本岗位的工作任务，还要保证与上下左右各相关岗位协调配合。制定岗位安全工作标准的过程，实际上就是协调、理顺安全生产过程中各个工作岗位相互关系的过程。这方面工作做得越细、越完善，标准在执行中的效果就越显著。

（3）执行原则。安全工作标准是为具体的操作者制定的，要使标准能被操作者所接受并且认真执行，最好的办法是让操作者亲自参加标准制定工作。为了提高工作水平或操作水平，制定标准时应以熟练操作者的经验为基础。

（4）培训原则。标准定出来之后，要由领导管理者组织培训，不能交给操作者了事。培训方式可以灵活多样，如由熟练工进行操作表演，组织新工人上岗培训，也可作为工人技术等级考核的内容。

6.9.6　制定安全工作标准的方法和程序

1. 作业方法研究与作业测定及制定工作岗位标准之间的关系

要实行安全工作标准，必须使每个工作岗位的作业条件（包括设备、设施、工具等）、作业方法、作业时间都达到标准化，应进行作业方法研究和作业测定，才能制定一系列工作岗位标准[77,261]。

（1）作业方法研究。这是用以确定最佳的作业方法的一系列研究技术，包括：①工序分析，对整个生产过程或一项工作的全面分析；②作业分析，对同一工作地的工作进行分析；③动作分析，将过程分解为基本单元直到手指的动作分析（对整个过程的某一局部的分析）。工序分析是为了将多余的、重复的工序取消或合并，使整个生产过程合理化；作业分析和动作分析，是使操作达到省时、省力、保证安全的目的。这个分析程序是由粗而细、由总体到局部的过程。在安全生产作业方法研究的基础上方可确定标准的安全作业法。

（2）作业测定。这是测定按上述的标准的安全作业法进行作业时所需时间的技术。

（3）作业方法研究与作业测定及制定工作岗位标准之间关系。一般的程序是，先进行作业方法研究，制定标准的安全作业法，然后测定其所需时间。但在进行方法研究时，常需运用作业测定技术对原方法中浪费时间的状况进行分析，以及对选定的新方法的效果进行比较和评价。作业方法研究与作业测定及制定工作岗位标准之间的关系如图 6-2 所示。

2. 制定安全工作标准的程序

制定安全工作标准的程序如下。

（1）确定标准化对象。这一步要求在选择、确定制定安全工作标准的对象及其作业过程的同时，收集与该对象和该过程相关的信息和资料，如工艺文件、操作文件、作业记录以及与工人素质、技术水平有关的资料。

（2）记录现场作业过程实况。深入实际，直接观察，采用最适当的记录方法（如梗概程序图、工艺流程图等作业方法研究的图表（详见本书参考文献［77］、［261］条。），对所研究的对象的现场状态和作业全过程的现场实况作真实记录。

（3）分析现场实况。对现场实况记录的所有情况进行认真、全面分析，找出当前工作（作业）方法、作业流程乃至整个工艺过程中存在的不安全、不合理、不均衡、重复、多余的作业动作或作业方法，同时寻求改进途径和措施，寻求最有效、最理想、最安全的工作方法（含作业方法、作业程序、原材料、工具与设备、工作环境条件等）。改进和消除作业方法或作业动作方面存在的种种问题，便可能收到保证劳动安全、提高劳动效率、减轻劳动强度的效果。这一步对所制定的安全工作标准是否科学、合理，能否取得预期效果有着最直接的关系。

对现场实况的分析，一般可按工序分析、作业分析、动作分析的顺序依次进行（见图 6-2）。

1）工序分析。这是依照工作程序，从第一个工作地到最后一个工作地所进行的全过程的分析，通过分析整个工作过程，改进现场空间配置、作业方法，优化整个生产流程。

2）作业分析。这是对影响作业的全部因素，即作业目的、作业方法、作业环境及材料、运输、工装和检查等所进行的分析。其目的是改进作业方法，为制定切实可行的作业标准提供科学依据。

3）动作分析。这是对人的作业动作进行细微的分析，去掉不安全的、不合理的、多余的动作，制定出安全的、正确的、高效的、轻松的动作序列，形

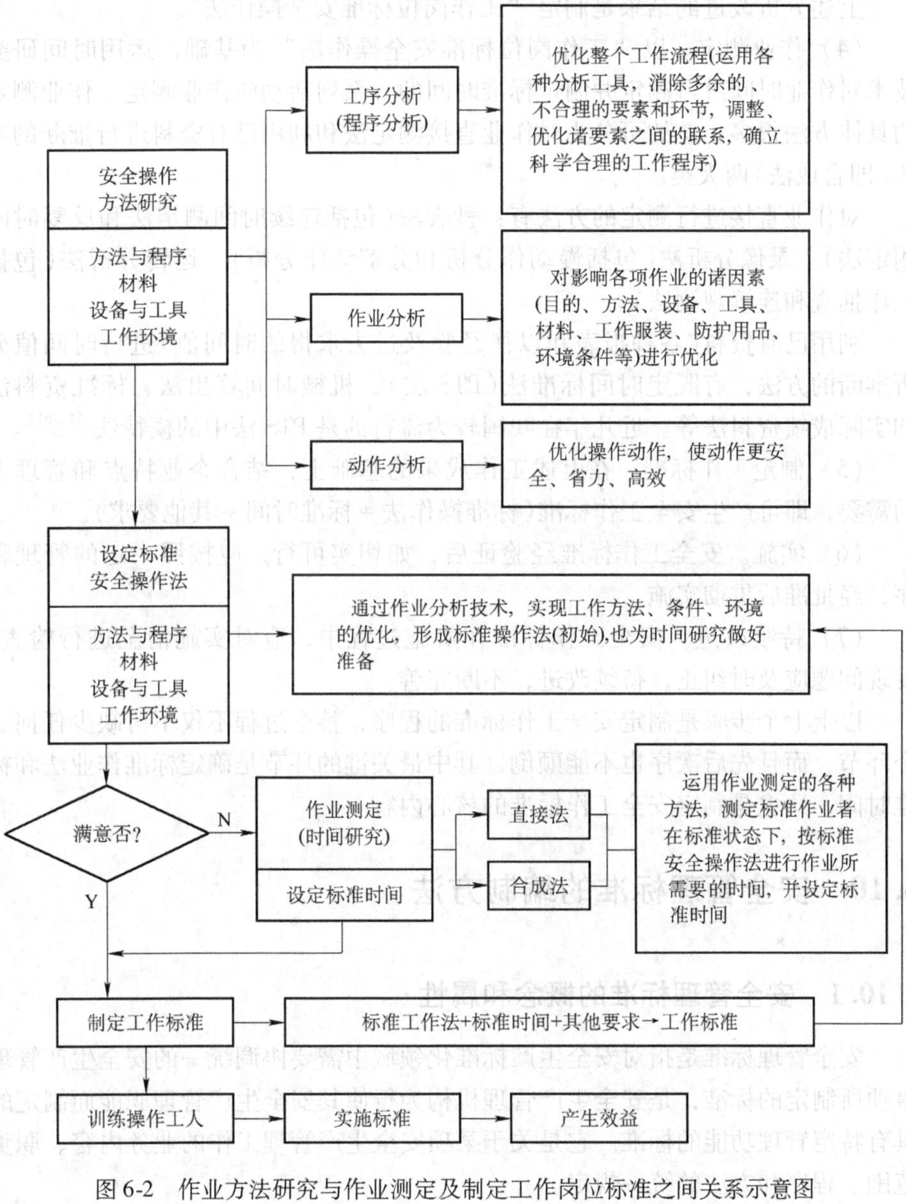

图6-2 作业方法研究与作业测定及制定工作岗位标准之间关系示意图

成最安全、最经济的作业方法。

在上述分析过程中，除运用各种流程图（如梗概程序图、工艺流程图等作业方法研究的图表[77,260]）外，还经常使用“设问技术”（用提问题的方式进行系统分析的方法），“取消、重组、合并、简化”四种技巧，工作改进分析检查表和动作经济原则[77,260]等方法，考虑作业动作的改进措施。

上述分析改进的结果是制定“工作岗位标准安全操作法”。

(4) 作业测定。以“工作岗位标准安全操作法”为基础，运用时间研究技术对作业时间进行测定并制定标准时间的一系列活动叫作业测定。作业测定的具体方法很多，总的可分为对作业直接测定法和利用已有资料进行推断的方法(即合成法)两大类。

对作业直接进行测定的方法有：秒表法(包括连续时间测定法和反复时间测定法)、录像分析法(包括慢动作分析和分解动作分析)、运转分析法(包括工作抽查和连续观测法)。

利用已有资料(各种报表和以往经验及过去求得的时间值)进行时间值分析推断的方法，有既定时间标准法(PTS 法)、机械时间算出法、标准资料法和实际成绩资料法等。近几年在我国较为流行的是 PTS 法中的模特法[77,261]。

(5) 制定工作标准。在上述工作成果的基础上，结合企业特点和管理上的需要，即可产生安全工作标准(标准操作法 + 标准时间 + 其他要求)。

(6) 实施。安全工作标准经验证后，如切实可行，应按照一定的管理程序，经批准后贯彻实施。

(7) 持续改进。安全工作标准在实施过程中，应对实施情况进行检查，发现问题应及时纠正，持续改进，不断完善。

以上七个步骤是制定安全工作标准的程序，整个过程不仅不可缺少任何一个环节，而且先后次序也不能颠倒，其中最关键的环节是确定标准作业法和标准时间，这也是制定安全工作标准的核心内容。

6.10 安全管理标准的编制方法

6.10.1 安全管理标准的概念和属性

安全管理标准是指对安全生产标准化领域中需要协调统一的安全生产管理事项所制定的标准，是安全生产管理机构为行使其安全生产管理职能而制定的具有特定管理功能的标准。它是关于某项安全生产管理工作的业务内容、职责范围、程序和方法的统一规定。

制定安全管理标准就是要运用标准化的原理与方法，对安全生产管理实践中所出现的各种具有重复性特征的安全生产管理活动进行科学的总结，形成规范，用以指导人们更有效地从事安全生产管理活动。

安全管理标准与“管理”一样，也具有两重属性。既具有与生产力、社会化大生产相联系的自然属性，又具有与生产关系、社会制度相联系的社会属性。

安全管理标准的自然属性，就是要求在制定和贯彻安全管理标准的活动中，充分反映生产发展的自然规律和各种技术要求。如制定的安全生产管理组织机构设置标准、安全生产管理标准，在体现生产工艺要求的同时，还应当充分体现安全生产技术要求；制定的劳动保护管理标准，在按机器体系运动的规律做出一系列规定的同时，还应当对生产过程进行科学的组织，制定相应的安全操作规程，合理地进行劳动分工和协作，制定各种劳动保护标准等。

安全管理标准的社会属性，就是要求在制定安全管理标准中要充分反映不同社会的生产关系和客观经济规律的要求；要符合社会利益；要体现各个方面的社会责任。

6.10.2　安全管理标准的种类

1. 一般管理标准

按照安全管理标准在实际安全生产管理工作中所起的作用，可将其分为安全管理基础标准、安全技术管理标准、安全生产行政管理标准和安全生产经营管理标准。

（1）安全管理基础标准。安全管理基础标准是对安全管理工作中的共性因素所制定的标准，对制定各种安全管理标准具有普遍的指导作用。安全管理基础标准主要包括：①术语、符号标准；②代码、编码标准；③安全生产管理通则（安全生产通用管理程序和管理方法标准）；④图表账卡文件格式标准；⑤安全生产信息传递标准；⑥安全生产计算机辅助管理标准等。

（2）安全技术管理标准。安全技术管理标准是为了保证各项技术工作有效地进行、建立正常的技术工作秩序所制定的管理标准。安全技术管理标准主要包括：①图样、技术文件、标准资料、情报档案的管理标准；②为进行科研、产品开发、设计、工艺、技术改造和搞好设备的维修工作等而制定的安全管理标准；③为在安全生产中合理利用原材料、能源所做的技术规定和计算等管理标准；④其他安全技术管理等。

安全技术管理标准处于安全技术标准和安全管理标准的边缘，存在一定的交集，有时也将其划归到安全技术标准。

（3）安全生产行政管理标准。安全生产行政管理标准是指政府机关、社会团体及企事业单位为搞好安全生产行政管理工作，科学、规范地处理日常安全生产行政事务所制定的标准。安全生产行政管理标准主要包括：①安全生产方针、目标、责任管理标准；②安全生产管理组织机构设置标准；③安全生产文献资料和档案管理标准；④其他安全生产行政管理标准等。

（4）安全生产经营管理标准。安全生产经营管理标准是企业为了在组织生产经营活动中，科学、合理、规范地进行与安全生产相关的经营决策而制定的标准。安全生产经营管理标准主要包括：①产品安全功能市场调查、预测标准；②经营决策和经营计划中安全生产条件、能力标准；③生产作业计划及期量(scheduled time and quantity)中的安全标准；④生产调度和过程产品安全管理标准；⑤物资订货、采购与验收保管的安全质量标准；⑥劳动组织和定员标准；⑦产品销售和售后服务的安全标准等。

2. 管理体系标准

管理体系标准是ISO在20世纪80年代推出的。比较著名的有ISO 9000《质量管理体系标准》、ISO 14000《环境管理体系标准》和OHSAS 18001《职业健康安全管理体系规范》㊀。管理体系标准的特点是，由一个标准集合体共同完成特定的管理使命。按标准在体系中所起的作用，可将标准集合体内部的标准分为管理体系基础标准、管理体系要求标准和管理体系支持标准。

（1）管理体系基础标准。这是作为管理体系标准的基础，并在一定范围内普遍通用，具有指导意义的管理标准。如有关管理体系的术语和定义标准、管理原则标准等。如ISO 14050：2002《环境管理　术语》便是ISO 14000系列的基础标准。

（2）管理体系要求标准。这是指导组织建立相关管理体系的依据，又是评定管理体系是否有效的依据。这类标准是管理体系的系列标准的核心，是起主导作用的标准。如OHSAS 18001：1999《职业健康安全管理体系　规范》等。

（3）管理体系支持标准。这是用于有助于实施、评价管理体系的指南性标准。如审核指南标准、各类管理工具标准和行业应用指南标准等。如OHSAS18002《职业健康安全管理体系　指南》就是对OHSAS 18001起支持作用的标准。

6.10.3　企业安全管理标准的主要内容

企业安全管理标准作为一项综合性管理标准，其内容主要由安全生产管理业务、管理程序、管理方法、管理成果的评价与考核等四个要素构成。

1. 管理业务(目标、任务、职责、权限)

管理业务是指安全生产管理活动中重复出现的业务，如安全生产计划编制、统计分析、物资采购、劳动力调配等。不同种类的管理标准，有着不同的管理业务内容，即使属于同一类的管理标准，由于管理层次不同，管理的业务内容也有所不同。各类、各级管理标准的业务内容，都要根据该项业务的管理目标，从本企业实际出发，正确地确定该项管理业务的目标、任务、职责和权

㊀ 我国于2001年11月正式颁布GB/T 28001《职业健康安全管理体系规范》国家标准，覆盖了OHSAS 18001的所有技术要求。

限，这是制定安全管理标准的核心。

2. 管理程序

管理程序是指从事某项安全生产管理工作应该先干什么、后干什么的具体行动步骤。它的作用是把某项管理工作在空间上的分布和时间上的次序加以明确和固定。管理程序可以通过文字描述、流程图、表格以及上述形式的组合，或企业所需要的任何其他适宜的方式作出规定。

3. 管理方法

管理方法是完成管理业务、行使管理职能所运用的方法。管理的具体方法很多，作为管理标准组成要素的方法主要是指管理的一般方法。根据方法的内容，可划分为法律方法、行政方法、经济方法、数学方法和教育方法等。这些方法各有其特点，行政方法和法律方法带有强制性；经济方法是以价值规律为基础，运用经济杠杆的作用进行管理；数学方法乃是以数量计算和数量分析为主要特征；教育方法主要通过宣传教育和培训提高人员安全生产意识和技能。这些方法不是相互排斥的，而是相辅相成的。不同的安全管理标准应根据其不同的特点，选择适当的方法或者将某几种方法结合起来应用，这样才能有效地实现安全生产管理目标。

4. 管理成果的评价与考核

管理成果的评价与考核是企业安全管理标准的一个重要组成要素，也是其区别于安全生产管理制度的重要标志。只有对贯彻执行安全管理标准所取得的管理成果进行评价和考核（考核指标应量化、具有可测量性），才能使安全管理标准从制定到贯彻形成一个闭环管理，才能体现安全管理标准的作用与价值。

企业安全管理标准主要是由以上这四个相互联系、相互制约的要素组成的有机整体。这四个要素各有各的功能。“管理业务”主要解决管什么的问题；“管理程序”主要解决管理的步骤和谁来管的问题；“管理方法”是解决怎么管的问题；“管理成果的评价与考核”则是为了检查安全管理标准的成效，促进安全管理标准的贯彻实施和持续改进。

6.10.4　企业安全管理标准的编制原则和程序

1. 企业安全管理标准的编制原则

一般来说，企业安全管理标准应遵循以下编制原则：

（1）应以科学发展观与现代管理思想为指导，符合国家有关法律法规和国家标准化政策。

（2）标准所规定的各项指标应先进合理，能使人、机、物、环实现最佳组合，处于良好的生产状态，实现安全生产管理的整体优化。

（3）应能调节生产关系，保护劳动者生命安全与身体健康，调动劳动者工作积极性。

（4）从实际出发，讲求实效。

（5）各类、各级管理标准之间应协调一致，有助于相关安全技术标准、安全工作标准的实施。

2. 企业安全管理标准的编制程序

企业编制安全管理标准一般应在企业有关负责人领导下，组织企业安全生产标准化专职机构与专门人员，按制定(修订)安全标准的程序(见本书 6.5 节)进行编制，其中有些工作可以交叉开展。在编制过程中，应广泛地调查研究，征求有关部门意见，集思广益。

6.10.5 企业安全管理标准的编写格式及编号

企业安全管理标准的编写格式可参照 GB/T 1.1—2009《标准化工作导则第 1 部分:标准的结构和编写》的有关规定制定本企业的标准编写规范，但应和本企业其他标准统一。应以实用为原则，力求简单明了。

企业安全管理标准应使用统一的编号方法，并应与其他标准相区别。

复习思考题

6-1 确定标准化对象主要应考虑哪些因素？标准化对象与立法对象有什么关系？

6-2 基础性国家标准体系是由哪些标准构成的？为什么说“制定安全标准也必须符合 GB/T1.1 的要求和规定。”

6-3 一项安全标准的全部内容由哪些要素构成？分为哪些层次？

6-4 制定安全标准应遵循哪些基本原则？有哪些基本要求？按什么程序进行？

6-5 如何进行制定安全标准计划项目的必要性与可行性论证？事先应做哪些准备工作？怎样拟订制定安全标准的工作大纲？

6-6 制定、修订和复审标准的工作内容有什么不同？每个阶段应按哪些程序进行？

6-7 如何审查安全标准的制定程序？审查时主要从哪几方面来确定标准的技术内容的依据是否充分？

6-8 怎样确定标准的名称？标准的“前言”包括哪些内容，如何编写？

6-9 标准的“说明”应包括哪些内容？如何编写？能否用标准的“前言”的内容代替标准的“说明”？

6-10 标准中的图、表、公式与注各应如何编排？有何要求？

6-11 标准中的数值应如何表述？有何要求？

6-12 标准中使用的计量单位应遵循哪些规定？

6-13 下面哪种表示方法是正确的：

（1）尘埃：在静止空气中能够呈加速沉降的尘粒，粒子直径为 100～10μm。

（2）尘雾：在静止空气中能够呈等速沉降的尘粒，粒子直径为 10μm～0.25μm。

（3）A 硐室在危急情况下可容纳 8～10 个人避难。

（4）B硐室在危急情况下可容纳3人~5人避难。

（5）温度范围是18℃~20℃。

（6）温度范围是18~20℃。

提示：首先，应弄明白“数”与“数值”是表面上看起来相似，但内涵却是完全不同的两个概念。“数”表示的只是事物的量的多寡，而数值则是与单位有关的量，改变单位，则数值也随之而变。其次，GB 3102. 11—1993《物理科学和技术中使用的数字符号》规定，“~”的意义是“数字范围（the range of numbers）”。其应用形式为“a~b”，这里的a和b表示不同的实数（或“数”），而不是“数值”。例如“5~10”，表示的是由“5~10”的实数。因此，“~”表示的只是数（numbers）的范围，不能用“~”来表示“物理量的数值（numerical values）”范围。据此，本题的（2）、（3）、（5）的表示方法是正确的。因为尘粒的粒子直径、温度都是物理量，物理量是用数值和单位共同表示的。数值和单位是不可分开的，如10℃、10℉、10K，代表着不同的温度。所以，尘粒的粒子直径的范围的正确表示方法应该是“10μm~0.25μm”，温度的范围的正确表示方法应该是“18℃~20℃”。尘粒的粒子直径的范围表示为“100~10μm”，温度的范围的表示为“18~20℃”是错误的，它混淆了“数”和“数值”的概念。人不是物理量，所以“8~10人”的表示方式是正确的。

6-14　制定术语标准（或编写标准中的“术语”）和编纂词典（或编写词典中的词条）是否一样？

提示：制定术语标准（或编写标准中的“术语”）和编纂词典（或编写词典中的词条）是不一样的。它们之间的区别主要有以下五个方面：

（1）目的不同。制定术语标准的目的是术语的标准化。运用标准化的手段，通过对概念的严格定义，选择或确立最恰当的术语，减少多义和同义现象，以避免信息交流过程中的歧义和误解。词典一般是为使用者提供查找关于词的多种信息的工具。

（2）侧重点不同。术语标准侧重于术语的“所指”，即术语所指称的概念，概念的特征、概念之间的关系、概念的描述（定义）、概念的体系、概念的定名等，其标准化的对象是概念。而词典则侧重于词（术语）的“能指”，即词及其所能表达的意义，其释义对象是词。

（3）内容与方法不同。术语标准的中心是概念的定义，使用概念的定义明确其内涵和外延，确立或选择术语时应尽可能避免同义和多义现象。确立术语的一般程序如图6-3所示。

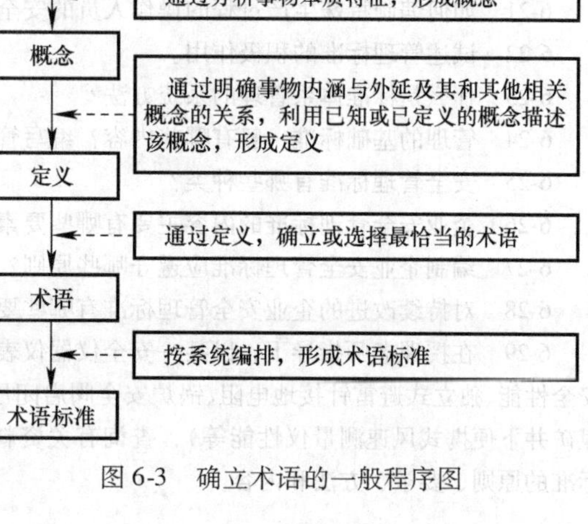

图6-3　确立术语的一般程序图

词典的中心是词，词条的各个义项应如实反映词的各种含义、用法，包括本义和延伸义、隐喻和借喻等。有时还需列出词源，收录行话、古语、方言等。词典要求提供词的各方面的信息，包括：①词（词的信息，包括拼法或写法、注音或标音、词性、词源等）；②词的所指（释义，多义的各义项、特殊义项等）；③词的构词能力信息（词组、成语、熟语、谚语等）；④词与其他词的联系信息（同义词、反义词、近义词、类义词、派生词等）；⑤词例等。不同的词典（如语文词典、专业词典、语音词典、正字法词典、多语种词典等）编纂的要求和包含的信息也不尽相同。

（4）约束性不同。术语标准和其他国家标准一样，具有法律约束力。而词典大多是参考性质或知识性质的，部分词典具有词汇规范作用。

（5）条目排序不同。术语标准中的条目排序也和词典不完全相同。术语标准的条目一般应按概念体系排序，同级概念可按汉语拼音的音序或字母顺序排序。术语标准还应编排汉语语音索引和外文对应词索引，索引的排序规则可参照 GB/T 13418—1992《文字条目通用排序规则》执行。

一般说来，编写术语标准，除了要涉及该标准所属领域的专业知识和标准化知识外，还要涉及术语学知识。只有具备标准所属领域的知识，才能识别出属于该学科领域的概念，明确概念的内涵与外延及概念间的关系。术语学知识涉及分类学（如确定学科范围、建立概念体系）、逻辑学（如研究概念的特征、概念间关系，给概念下定义）、语言学与符号学（如定义的表述、概念的定名、确立和选择最恰当的术语或其他类型的定名、研究术语的特征、术语结构，术语的形成）、词典学（如词典编纂方法、词条撰写语言规则的借鉴）、文献情报学（如文献的搜集、整理、分析与分类管理）、信息处理（如术语信息的处理与管理）等。标准化知识是制定标准的基础，只有熟练掌握标准化知识才能编写出符合国家标准 GB/T 1.1 系列并与本专业领域其他标准相协调的术语标准。因此，制定术语标准最好能有上述各学科的专家参与。

6-15　什么是工作标准？工作标准的种类如何划分？工作标准体系是怎样构成的？

6-16　工作标准中对工作内容与要求有哪些原则规定？

6-17　决策层、管理层、操作人员安全工作标准控制的主要对象分别是哪部分群体？

6-18　如何编制最高决策者和决策层人员的安全工作标准？

6-19　如何编制管理人员的通用工作标准和中层管理人员、一般管理人员的安全工作标准？

6-20　如何编制操作人员的通用安全工作标准和一般操作（岗位）人员的安全工作标准？

6-21　如何编制特殊生产过程的操作人员的安全工作标准？

6-22　试述管理标准的积极作用。

6-23　什么是标准体系管理的系统方法？

6-24　管理的基础标准一般有哪些内容？编写管理标准的一般程序是什么？

6-25　安全管理标准有哪些种类？

6-26　企业安全管理标准的内容主要有哪些要素构成？

6-27　编制企业安全管理标准应遵守哪些原则？程序是什么？

6-28　对持续改进的企业安全管理标准有哪些要求？

6-29　在授课老师指导下，以某一安全仪器仪表、设备设施为例（如某一电器防爆开关安全性能、独立式避雷针接地电阻、锅炉安全阀启闭压差、便携式煤矿井下瓦斯检测仪性能、煤矿井下便携式风速测量仪性能等），查询有关资料，撰文说明制定其安全检测检验技术标准的原则、要求、方法和内容。

第 7 章

安全标准的实施与监督

7.1 安全标准的实施

7.1.1 概述

标准化是一个包括制定标准、实施标准和对标准的实施情况进行监督和检查的过程。“出版了标准，如果并不实施就没有任何价值。”（桑德斯标准化原理3,见本书5.1.1节）“标准化的效果只有在实行时才能表现出来。制定、出版标准不过是为了达到目的而采用的手段。”[6] 因此，标准的实施是整个标准化活动中最重要的一环，在标准制定结束后，实施标准就成为标准化工作的中心任务，也是标准能否取得成效、实现其预定目的的关键所在。

标准的实施是指在企业生产技术、经营管理的实践中，为实现标准规定的内容所进行的全部活动，是把科学技术和实践经验的综合成果转化为生产力的过程。

1984 年4 月1 日以前，我国实行的是“标准一经颁布就必须执行”的强制性执行体制㊀，影响了我国社会经济的发展。

1989 年发布的《标准化法》将标准划分为强制性标准和推荐性标准两种(见本书1.2.1节)，并在第十四条规定：“强制性标准，必须执行，不符合强制性标准的产品，不得生产、销售和进口。”

为推动强制性标准的贯彻实施，1993 年11 月国家技术监督局发出了《关于做好宣传和实施强制性国家标准工作的通知》，要求国务院有关部门认真做好强制性标准的宣传、组织实施和监督工作，督促企业认真贯彻执行强制性国家标准，发挥强制性标准在提高产品质量，保障人体健康等方面的重要作用。

㊀ 在1979 年的《中华人民共和国标准化管理条例》的第十八条中规定，“标准一经批准发布就是技术法规，各生产、建设、科研、设计管理部门和企事业单位都必须严格贯彻执行……”。

2000年2月22日国家质量技术监督局又发布了《关于强制性标准实行条文强制的规定》。该《规定》对强制性标准的形式、强制性标准内容的范围、强制性标准的表述方式和强制性标准的编写方法都作出了明确要求。违反强制性标准的单位和个人，国家将依法追究当事人的法律责任。

《标准化法》也确立了推荐性标准的合法地位。由于推荐性标准具有采用和执行的灵活性特点，适应了社会主义市场经济的发展需求，有利于处理国家和企业的关系。

具有指导作用而又不需要强制执行的推荐性标准虽是标准使用者自愿采用的一类标准，不具有强制性（见本书1.2.1节）。任何单位均有权结合本单位实际情况决定是否采用；违反这类标准也不承担经济或法律方面的责任。但应当指出的是，推荐性标准一经接受并采用，或经各方商定同意纳入经济合同中，就成为各方必须共同遵守的技术依据，也就具有了法律上的约束性。推荐性标准在下列情况下必须执行：

（1）法律法规引用的推荐性标准，在法律法规规定的范围内必须执行。

（2）强制性标准引用的推荐性标准，在强制性标准适用的范围内必须执行。

（3）企业使用的推荐性标准，在企业范围内必须执行。

（4）经济合同中引用的推荐性标准，在合同约定的范围内必须执行。

（5）在产品或其包装上标注的推荐性标准，则产品必须符合。

（6）获得认证并标识认证标志销售的产品，必须符合认证标准。

7.1.2 实施的基本原则

实施安全标准应遵循下列三项基本原则。

1. 发展原则

从表面上看，实施安全标准往往会给实施单位增加一定的负担，会与当前的生产或工作任务有矛盾，而且有些安全标准的实施，对该单位眼前利益影响不大，不仅不能产生经济效益，甚至还可能会有些经济损失。但是从长远的发展的眼光来看，实施安全标准有很多好处，它是建立安全生产长效机制的基础，眼前利益应服从长远利益。

2. 大局原则

从某个局部、某个单位来看，实施安全标准的利益往往不大，甚至还要增加经济开支和工作量。但安全标准关乎人的生命安全与健康，社会效益巨大，是企业的社会责任。这就要顾全大局，服从整个社会发展的需要。

3. 区别原则

贯彻推荐性安全标准，应根据企业不同的设备、生产和技术条件，分别实施标准中不同等级的标准。同时，应努力改善安全生产条件和管理水平，提升安全生产达标级别。

凡是强制性安全标准都要严格贯彻执行。

7.1.3　实施的基本程序

在安全生产标准化工作中，实施安全标准既是占有一项重要地位和作用的基本工作，又是一项艰巨、细致、复杂的工作，涉及面很广，各种各类标准的实施对象、范围、贯彻步骤和方法都是各不相同的，必须有组织、有计划，按照一定程序进行，才能达到预期的效果[200-219]。但是，从我国实施各类标准的经验来看，实施安全标准的基本程序大致上可分为"计划"、"准备"、"实施"、"检查"、"总结"[216]。对于简单的、不涉及物质准备的标准，其实施程序可适当简化。

1. 计划

在实施安全标准之前，应把实施标准的工作列入工作计划，并根据本单位实际情况，制定(修订)"实施安全标准的工作方案(计划)"(以下简称"贯标方案")。

"贯标方案"的主要内容包括贯标方式、内容、步骤、负责人、起止时间、达到的要求和目标、贯标经费预算等。

制定"贯标方案"应该注意到以下四点：

(1) 编制前实施计划要做深入的调查研究，摸清情况，全面分析，掌握时机，以便确定的"贯标方案"合理可行。

(2) 除重大的基础标准需专门组织贯彻实施外，一般应尽可能结合或配合其他任务进行标准实施工作。例如结合安全生产许可证发放等，把标准实施工作做活做好。

(3) 应该按照标准实施的难易程度的不同，合理组织人力，要既能使贯标工作顺利进行，又不浪费人力、甚至排挤和影响了其他工作。

(4) 一定要把实施标准的项目酌情分解成若干个子项目，规定每个子项目的具体任务和内容要求，分配给各有关单位、部门，并落实到具体个人，明确其职责，规定起止时间以及相互配合的内容与要求。对于难度大、涉及面广的项目可先行试点，分期实施。

(5) 要预测和分析贯标经费。

2. 准备

贯标准备一般包括以下四个方面：

(1) 资料准备。贯标需要准备的资料包括：实施标准的文本和该标准配套使用的相关标准的文本，编制标准简介、释义手册、图册、新老标准对照表、贯标注意事项、贯标宣讲稿及多媒体资料等有关参考资料。

(2) 组织准备。贯标涉及面广，应充分发挥标准化组织管理系统的作用，需要统筹安排，最好成立专门机构(或专人)负责。这个专门机构可称之为“贯标(领导)小组”，由多个相关部门负责人、各方面精通业务的技术人员和标准化人员组成，单位主管负责人担任组长，负责统一研究、统筹安排、协调、处理标准实施中需要专门处理的一些问题与重大问题。

当结合其他工作任务贯标时，应调配合适的标准化人员参加到某项工作的指挥决策领导层中去，以便了解情况，提出意见，做好标准实施与中心任务的配合协调工作。

(3) 技术准备。技术准备是标准实施的关键，要根据“贯标方案”，在已经做好的“资料准备”的基础上，按照先易后难、先主后次的顺序，认真地逐步做好标准实施中的各项技术准备工作。

1) 结合标准，选择确定适当的工艺流程和试验方法，研制实施标准必需的设备、设施、仪器、工具等(与“物质准备”相结合)，组织技术力量攻克相关难题等。

2) 组织有关人员学习标准内容，提出实施标准的技术措施、步骤和方法，指出可能出现的技术难点、问题。

3) 可在本单位选择个别部门进行贯标试点，取得经验以后，再以点带面、全面推广。也可到同行业其他单位调查，学习先进经验。

(4) 物质准备。实施标准需要一定的物质条件。标准实施的环境条件和必须的设备、设施、仪器、工具等(与“技术准备”相结合)，均应考虑周全、列出明细、纳入计划、落实到位。

3. 实施

实施标准就是把标准具体应用于生产、管理实践中。实施标准的主要环节如下：

(1) 宣传讲解标准。任何一项新标准，都有一个宣传讲解，使标准实施者对它熟悉、了解的过程，只有大家了解，才会重视，才会在生产、技术和经济活动中自觉地去努力贯彻这项标准。因此，做好标准的宣传讲解，提高大家的思想认识，是一项不可缺少的准备工作。

(2) 发布正式通知。详细检查标准实施的准备情况，当各项准备工作就绪后，应以书面形式正式通知有关部门，说明标准的实施范围、起始时间和具体要求等。

(3) 严格实施标准。各有关部门应严格按标准规定实施，并注意做好原始记录，及时发现问题和解决问题。实施标准的方式主要有下列五种：

1) 采用　就是直接采用标准，全文照办，毫无改动地贯彻实施。

2）选用　选取标准中部分内容实施。例如，建筑用防火材料有很多品种，规格多样，一项工程显然只能选用其中一部分品种和规格。目前有些企业往往以企业标准的形式，选用某项标准，但对其使用范围加以限制，以便于管理和供应。

3）补充　在贯彻实施某项标准时，该标准中只有某些原则规定或缺少某些内容。这样，可在不违背标准的基本原则下，以该标准下一级标准的形式，再作出一些必要的补充规定。这些补充，对完善标准，使标准更好地在本单位贯彻实施是十分必要的。

4）配套　在贯彻某项标准时，要配套制定该标准的配套标准，以及该标准的使用方法等指导性技术文件。这些配套标准或指导性技术文件是为了更安全面更有效地贯彻标准。

5）提高　在贯彻某项国家或行业生产标准时，可以国内外先进水平为目标，提高该项标准中一些性能指标，或者自行制定比该标准水平更高的企业产品标准，再实施于生产中。

4. 检查

检查也是贯彻实施标准过程中一个重要环节，它可以促使标准得到全面、深入的贯彻。

(1) 对贯标技术文件要认真进行标准化检查，因为这些文件如果错了，必然导致一系列的错误发生。

(2) 对贯标的各个环节(相关标准、设计图、工艺文件、检测手段、设备状况，标准化管理制度、人员素质、均衡生产水平、文明生产程度等)都要认真、全面地按照规定的验收标准逐一进行检查。

(3) 有关人员在贯彻实施标准的过程中要深入到现场，随时了解实施标准的动态，遇到对标准内容理解有差异时，有责任予以说明，必要时可提出纠正措施并做好记录。如发现标准本身的问题或不能按标准实施时，应及时报告请示有关部门。必要时，可列入标准修订(补充、配套、提高，见上)计划。

通过上述检查，找出标准实施中存在的各种问题，采取相应措施，继续贯彻实施标准。如此反复检查几次，可促进标准的全面贯彻。

5. 总结

在标准实施到预定阶段时，应对实施的情况、问题、成绩、效果进行全面检查，并在此基础上进行总结，对标准质量水平和实施效果做出评价，指出继续实施标准应注意的问题。如果发现标准本身有问题，应提出修改意见和建议报告制定的部门，必要时修订原标准。

总结时，除了要对技术和贯彻方法进行总结外，还应对贯标中所发现的问题和意见、各种文件、资料等进行整理、分析、归类、立卷归档。然后，写出标准实施意见和建议，反馈给标准制定(修订)部门。

应该提出注意的是：总结并不意味着标准贯彻的终止，只是完成一次贯彻标准的“PDCA 循环”，还应继续进行第二次、第三次 PDCA……。总之，在该标准的有效期内，应不断地实施，使标准贯彻得越来越全面，越来越深入，直到修订成新标准为止。

7.2 标准实施的监督

标准实施的如何，是需要进行监督的。标准实施的监督，是指权威机构依据国家标准化法律、法规和规章，对标准实施情况与结果进行监督、检查和处理的活动。通过监督，一方面可以及时发现违反标准的行为，促进标准的认真贯彻实施；另一方面也能迅速反馈标准本身的缺陷，以便及时采取有效措施。标准实施的监督是整个标准化管理工作中一个十分重要的环节[210-219]。对于推动标准正确、持久实施和企业建立内部监督、自我约束的机制起着重要作用。

标准实施的监督依据不同的部门或单位而分工不同，分为政府监督、行业监督、社会监督和企业自我监督。各级政府标准化行政部门主要是对强制性标准的实施进行监督。行业主管部门侧重于对本行业所属企、事业单位对有关标准的实施进行监督。企、事业单位则对本单位实施的各类标准进行自我监督检查。

1. 监督检查的范围

凡是已开始实施和废止的标准均属于监督检查范围，包括在企业实施的国家标准、行业标准、地方标准和企业标准，也包括国家、行业和地方法规以及企业标准化管理规章或标准等。

2. 监督检查的对象与要求

(1) 新产品设计开发、老产品改进、技术改造、技术引进和设备进口是否符合有关安全生产法规和标准的要求。

(2) 产品质量、标识、包装以及产品说明书等随机文件是否符合有关安全生产法规和标准的要求。

(3) 生产过程中各种安全生产要素的控制是否符合有关安全标准的要求。

(4) 企业生产、技术、经营管理活动(如物资采购、售后服务、回用品的处理)是否符合有关安全生产法规和标准的要求。

3. 监督检查的方式

对标准实施进行监督检查一般采取下列四种方式：

(1) 标准化审查。如在新产品设计开发、老产品改进、技术改造、技术引进和设备进口时，对产品图样和技术文件等进行标准化审查。

（2）定期或不定期地对产品（或工程）的安全质量进行监督检验。

（3）对采用国际标准和国外先进标准的验收或使用采标标志的产品备案审查。

（4）企业安全生产标准化水平的确认等。

上述监督检查，可以是对实施安全标准情况进行全面的监督检查，也可以仅仅是对某类或某项标准实施情况的专项监督检查；可以是有计划的定期的监督检查（抽查），也可以是依据检举、揭发或企业自愿申请而进行的不定期的检查。

4. 企业自我监督检查

企业对本单位标准实施的自我监督检查是企业标准化管理的一项重要职能。企业在产品开发、设计、制造、营销和技术引进等工作中，通过对安全标准实施的监督，可以形成有效的安全生产自我约束的机制，建立安全生产内部监督管理制度，推动企业安全生产管理水平的提高。

GB/T 15496《企业标准化工作指南》是指导企业标准化工作的重要标准，它对企业实施标准的自我监督检查的要求有明确的规定。企业应按该标准的规定，分部门按分管范围进行。如遇有特殊情况，可按需要建立临时组织，邀请相关部门参加，进行监督、检查和考核。

企业自我监督检查方式一般有以下几种：

（1）对有关项目进行标准化审查。企业新产品设计开发、老产品改进、技术改造、技术引进和设备进口以及工艺、工装、设备设计等项目，应按照有关安全标准的规定进行标准化审查，履行审查手续，发现问题及时纠正和处理。

（2）对产品安全质量和生产过程中安全问题由安监部门和相关部门进行定期或不定期监督检查。企业应对出厂产品的安全质量和生产过程中关键、重点环节的安全生产问题，按有关安全标准规定的安全技术要求、试验检验方法、试验检验规则进行定期或不定期的监督抽查。

（3）配合产品评审、认证进行监督检查。标准实施的监督检查可配合企业产品设计评审、质量体系评审、产品质量认证等任务进行，并可与相关工作相结合进行。

（4）常规监督检查。安全技术标准、管理标准和工作标准的日常检查由有关部门按专业管理分工和标准化管理规定进行，并依据企业经济责任制的规定进行考核。

综上所述，安全标准实施监督过程的方法运用如图7-1所示。

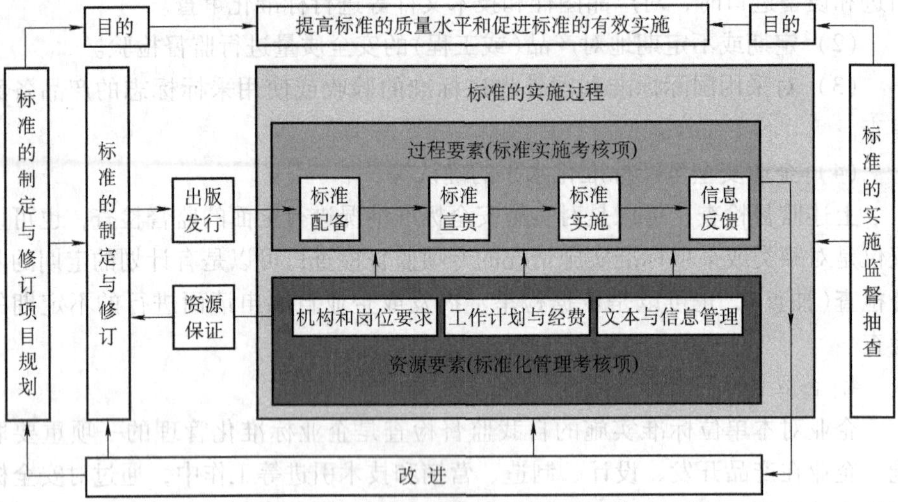

图 7-1　安全标准实施监督过程的方法运用

复习思考题

7-1　如何认识"出版了标准，如果并不实施就没有任何价值"（见桑德斯标准化原理3）？

7-2　谈谈标准实施的重要性。

7-3　推荐性标准在哪些情况下必须执行？

7-4　怎样理解从标准的强制执行向市场经济条件下自愿采用的转变？

7-5　为什么仅仅依靠行政手段贯彻实施标准的最终目的难以实现？

7-6　实施安全标准应遵循哪些基本原则？基本程序是什么？

7-7　对安全标准的实施进行监督检查的必要性有哪些？

7-8　对安全标准的实施进行监督检查的范围、对象与要求各是什么？由谁来监督检查？采用什么方式进行监督检查？

第 8 章

企业安全生产标准化建设

8.1 概述

8.1.1 企业标准化的基本任务与要求

企业安全生产标准化工作是企业标准化工作的一个组成部分。

企业标准化就是为了在企业的生产、经营、管理范围内获得最佳秩序，对实际的或潜在的问题制定共同的和重复使用的规则的活动。这里所说的活动尤其要包括建立和实施企业标准体系，制定、发布企业标准和贯彻实施各级标准的过程[43]。

上述关于“企业标准化”的一般概念涵盖了以下四个方面的内容：

（1）企业标准化的目的，是以企业获得最佳秩序和效益为目的。

（2）企业标准化的对象，是以企业生产、经营、管理等大量出现的重复性事物和概念。

（3）企业标准化的基础，是先进的科学、技术和生产实践经验的综合成果。

（4）企业标准化活动，是以制定和实施标准体系及相关标准为主要内容的有组织的系统活动。

根据《标准化法》[30]和《企业标准化管理办法》[43]的规定，结合企业标准化工作的特点，企业标准化的基本任务(也称之为“主要工作内容”)有四项。

（1）执行国家有关标准化的法律法规、方针政策，建立、完善和实施企业标准体系。

（2）组织实施企业标准体系内的有关国家标准、行业标准和地方标准。

（3）制定、发布、实施企业标准并持续改进。

（4）对标准体系的实施情况进行监督检查、合格评定并分析改进。

以上四项基本任务，是国家标准化法律法规所明确规定的。企业可在其基础上，根据企业生产经营范围确定本企业标准化工作的具体任务(内容)。各类企业，甚至同类企业，由于每个企业的规模、组织机构、管理方式的不同，企业标准化工作的任务(内容)也不完全相同，可根据企业自身实际情况来策划和建立本企业的标准化系统。

为了实现上述四项基本任务，GB/T 15496—2003《企业标准体系要求》[44]对企业标准化提出了七项基本要求：

(1) 贯彻执行国家和地方有关标准化的法律法规、方针政策。

(2) 建立并实施企业标准体系。

(3) 实施国家标准、行业标准和地方标准。

(4) 制定和实施企业标准。

(5) 对标准的实施进行监督检查。

(6) 采用国际标准和国外先进标准。

(7) 参加国内、国际有关标准化活动。

8.1.2 企业标准化工作的基本原则

企业标准化的基本原则依然是“简化”、“统一”、“协调”、“优化”。它既是标准化活动客观存在的规律性法则，又是企业开展标准化实践活动的依据，也是企业标准化长期实践活动的总结，是相互关联的有机整体，在企业标准化活动中起着重要的指导作用(请参阅本书第5章)。

简化原则和统一化原则在实践过程中是相互渗透的。简化是为以后的统一化打基础，而统一化(标准化对象)又往往是从简化开始入手的。统一化的实质是使对象的形式、功能(效用)或其他技术特征具有一致性，并把这种一致性通过标准确定下来；而简化则是在统一化的基础上展开的。在企业标准化活动中简化和统一化又展开为系列化、通用化、组合化和互换性的多种形式。

协调原则是针对标准体系而言的。无论是简化还是统一，都是经过协调一致才达到总体最优化的目的的。企业标准体系的各技术标准、管理标准、工作标准子体系以及各项标准，都不是孤立存在和单独起作用的，它们之间不仅密切关联，而且在企业标准化实践中相互渗透，相互依存。这样，企业就以标准为平台，协调他们之间的相互关系，使他们结合成一个有机的整体，综合体现企业标准的客观价值；同时也协调各层次、各部门、各专业、各个环节之间的技术关联，使得各相关方的连接和配合更具有科学性、合理性。协调使得标准在一定时期内能够保持相对平衡与稳定。

简化、统一、协调过程都贯穿了一个最基本的原则，那就是可从诸多可行方案中选择、确定某种(最佳)方案。这个最佳方案的选择和确定，必须借助于标准化的优化原则和方法。优化原则，就是按照特定的目标，在一定的限制条件下，对标准系统的构成因素及其相互关系进行选择、设计或调整，使之达到最理想的效果。企业标准化活动中始终贯穿着“最优化”意识。它是依据企业确定的方针目标，在一定的条件下，对企业标准体系构成要素及其相互关系进行优化选择，使企业标准体系的实施达到最佳效果。

8.1.3 企业标准化的过程原理与方法

所谓过程，就是任何一组将所接收的输入转化为输出的相互关联或相互作用的活动。活动必然产生结果，结果就是一种输出。通常情况下，期望的结果可理解为按照某种设想或前提条件或某种要求(也可理解为输入)之下的输出。一个过程的输出会直接成为下一个过程的输入。因此，任何利用资源并通过管理将输入转化为输出的活动，均可视为过程。系统地识别并管理所采用的过程以及过程的相互作用，称之为“过程方法”。过程方法的特点是对诸过程组成的系统中单个过程之间的联系以及过程的组合和相互作用进行连续的控制[262,263]。

企业标准化的过程原理可表述为：企业标准化工作是通过标准化过程来完成的，并将标准化活动和相关资源作为过程进行管理[15]。

企业标准化的过程原理涵盖了以下四个方面的内容[15]：

(1) 企业标准化及企业标准体系运作是一个活动过程。企业标准化的所有工作都是通过标准化过程来完成的。相关的资源、活动、期望的结果构成活动系统，可视为一个过程。根据标准化的定义可知，标准化不是个孤立、静止的事物，而是个典型的活动过程，是一个包括标准的制定、发布、实施和对标准的实施进行监督的全过程。企业标准化工作就是根据企业生产经营范围及其规模、组织机构、管理方式等当前实际情况与发展愿景，通过研究企业标准化活动过程的目的、活动规律和控制方法，来策划和建立企业标准化系统，持续促进标准化循环过程的进行和发展的过程。

(2) 企业标准化过程的“输入”，一般是企业的总方针目标、国家有关标准化的法律法规和强制性标准以及某一特定标准体系(也可是单项标准)。企业标准化过程的“输出”，就是企业标准体系运作过程的结果。如果是制定或修订标准，输出的结果就是标准；如果是作为硬件的产品，输出的结果就是符合技术标准的要求的产品；总之，输出的结果要在一定范围内争取达到“最佳”。所以企业标准化过程输出的结果是广义的“产品”。

(3) 为了使“过程”达到预期结果，使企业标准化成为一个增值的转化，必须要使用资源。使用的资源包括人力资源、信息资源、物质资源和环境条件等。

1) 人力资源。要确定从事标准化工作的人员及其必须具备的能力，包括学历、经历、技能和专业培训等。

2）信息资源。各种有关标准文本和文献，包括有关国内外的标准文献。应保证使用标准文件的工作人员能及时获得有效的标准文件。

3）物质资源。各种为实现一定范围标准化所必需的设备、基础设施和原辅材料，包括建筑物、工作场所和相关设施、过程设备（硬件和软件以及各种诸如运输或通信等支持性服务）。

4）环境条件。这里主要指标准化工作环境，既包括物理性环境条件，也包括人文性环境条件，如相互配合、协调的氛围等。

（4）为使企业标准化过程的增值转换，必须通过一个标准化过程网络来完成。企业标准化的网络结构通常不是一个简单的按顺序排列的结构，一般来说是错综复杂的。这是因为企业为实现其方针、目标，需要有许多职能部门相互运作，错综交替，往往一个标准化过程的“输出”就是另一项标准化过程的“输入”。因此，关键需要准确识别、管理、控制各标准化过程的网络和接口，对标准化过程实现有序化管理，明确接口、职责和权限运用。系统地识别和管理企业标准化工作的各个相关过程，特别是研究这些相关过程之间的相互作用，将标准化活动和相关资源作为过程来进行管理，从而在一定范围内获得最佳秩序，可以更高效地得到期望的标准化结果，这是因为标准体系本身存在的系统效应和信息反馈机制与标准化过程方法相互协调相互作用，促使企业标准化水平得到显著提高。

8.1.4 企业标准的分类

企业标准一般是指企业为了协调、统一本企业内的技术要求、管理要求、工作要求而制定的标准和企业的产品标准。企业标准是企业组织生产经营活动的依据[15,22,43]。

企业标准一般分为技术标准、管理标准、工作标准三大类。（参见本书1.2节）[15,22,43]。

1. 技术标准

企业技术标准就是对企业标准化领域中需要协调、统一的技术事项所制定的标准。对企业而言，企业技术标准包括生产对象、生产条件、生产方法以及包装储运等技术要求。企业技术标准的存在形式可以是标准、规范、规程、守则、操作卡、作业指导书等。企业技术标准的表现形式可以是纸张、计算机磁盘、光盘或其他电子媒体、照片、标准样品或它们的组合。

在建立企业标准体系时，可对企业技术标准进行分类。分类方法有很多，如：

（1）按覆盖范围，可分为技术基础标准和生产过程的技术标准等。

（2）按标准化对象在生产技术系统中的地位与作用，可分为技术基础标准、产品标准、采购标准、半成品（零部件、元器件）标准、工艺标准、工装标准、设备标准、方法标准（检测、检验、试验）、包装标准、储存标准、运输标准、能源标准、安全标准、职业健康标准、环境标准、信息标准等。

（3）按标准的性质，可分为强制性标准和推荐性标准。凡纳入企业标准体系中的标准都要严格执行，对企业内部而言，均是具有约束力的标准。

（4）按标准的级别，可分为国家标准、行业标准、地方标准和企业标准。

2. 管理标准

企业管理标准就是对企业标准化领域中需要协调统一的管理事项所制定的标准。这里所谓“管理事项”，主要是指在企业管理活动中所涉及的经营管理、设计开发与创新管理、安全管理、质量管理、职业健康管理、设备与基础设施管理、人力资源管理、环境管理、信息管理等与技术标准相关联的重复性事物和概念。

3. 工作标准

企业工作标准就是对企业标准化领域中需要协调统一的工作事项所制定的标准。这里所谓“工作事项”主要是指在执行相应技术标准和管理标准时，与工作岗位的职责、岗位人员基本技能、工作内容、要求与方法、检查与考核等有关的重复性事物和概念。它不仅包括生产过程中的各项活动，而且也包括为生产过程服务，对生产过程进行管理的其他各项活动。

关于“工作”的含义，如仅就生产过程来说，它是指人们使用该工作要求的特定技术（使对象按照人们的愿望而发生变化的措施和手段），把对象（如毛坯）按照人们的愿望改变状态（如加工成成品）的活动。在多数情况下，它是通过体力（脑力）、工具、设备、装置等实现的。就工作标准的属性来说，它是管理标准的一种类型，与管理标准相辅相成。工作标准是对每个具体的工作（或操作）岗位作出规定，从而形成一个完整的管理网络。工作标准和管理标准，在执行时常常互相渗透、互相补充。由于工作标准以岗位为平台，数量多，影响大，企业通常都把它独立出来，与管理标准、技术标准并列。

由于工作标准是按岗位制定的，而具体的岗位数量甚多，所以在企业标准体系内，一般将工作标准分为两大类。一类是对生产岗位（或操作岗位）所制定的工作标准，通常称为“作业标准”；另一类是对管理岗位（或工作岗位）所制定的工作标准，通常称为“管理工作标准”。

作业标准可按不同的生产（操作）岗位制定。如在机械加工企业里，一般有这样一些作业标准：机械加工作业标准、装配作业标准、检验作业标准、热处理作业标准、铸造作业标准、表面处理作业标准、涂漆作业标准、设备修理作业标准、包装作业标准、搬运作业标准等。而其中的每一类作业还可以进一步划分为更具体的操作岗位，制定更为具体的作业标准。如机械加工作业标准还可细分为：车工作业标准、铣工作业标准、钻工作业标准等。到底细分到什么程度，这要依具体情况而定。一般来说工厂里的岗位分工越细，标准的划分也应越细，只有这样才能通过标准对各工作岗位的要求作出确切的规定。

管理工作标准，主要是对非操作岗位制定的工作标准。这类标准大多是针对各种固定的管理岗位或某种管理职务而制定的。按管理岗位来分，如调度员、会计员、打字员等工作标准；按管理职务来分，如总经理(厂长)、总工程师、总会计师、安全科长、车间主任等。

为了准确、鲜明地传达作业内容和对操作者提出要求，除了用文字叙述之外，还可用图形、表格、照片等多种形式来表达标准的内容，尤其是对那些必须特别强调的内容或关键性的操作岗位，可在操作者面前把必须提醒操作者注意的内容用特别醒目的形式标示出来。

8.1.5 企业安全生产标准化的内容

国家安全生产监督管理总局于2010年4月15日发布2010年第9号公告，批准颁布安全生产行业标准AQ/T 9006—2010《企业安全生产标准化基本规范》，自2010年6月1日起实施[84]。AQ/T 9006—2010对“安全生产标准化”的定义(见本书2.1节)是与《标准化法》[30]、GB/T 20000.1—2002《标准化工作指南　第1部分:标准化和相关活动的通用词汇》[241]中关于“标准化”的定义是有所不同的[85](参阅第2.1节)。

AQ/T 9006—2010共分五章，分别为范围、规范性引用文件、术语和定义、一般要求、核心要求。在“核心要求”这一章，对企业安全生产工作的组织机构、安全投入、安全管理制度、人员教育培训、设备设施运行管理、作业安全管理、隐患排查和治理、重大危险源监控、职业健康、应急救援、事故的报告和调查处理、绩效评定和持续改进等方面的内容均作了具体规定。

AQ/T 9006—2010有以下三个特点[85]：

(1) 采用戴明(PDCA)管理模式。AQ/T 9006—2010强调企业通过自我检查、自我纠正、自我完善这一动态循环的现代安全管理模式[263-266]，更好地促进企业安全绩效的持续改进和安全生产长效机制的建立。

(2) 具有广泛适用性。AQ/T 9006—2010总结归纳了煤矿、危险化学品、金属非金属矿山、烟花爆竹、冶金、机械等已经颁布的行业安全标准中的共性内容，提出了企业安全生产管理的共性基本要求，既适应各行业、各领域安全生产工作的开展，又避免了它们自成体系的局面。

(3) 体现了企业主体责任与外部监督相结合的思想。AQ/T 9006—2010要求企业对安全生产标准化工作进行自主评定，自主评定后，申请外部评审定级，并由安全生产监督管理部门对评审定级进行监督。

8.1.6　企业安全生产标准化的意义

企业安全生产标准化建设过程实际上是优化协调安全生产的过程，也是一个完善自身安全生产条件、强化安全生产能力、提升安全生产水平的过程[85,267-283]。AQ/T 9006—2010 的发布与实施不仅有利于加强企业安全生产规范化建设，而且更有利于进一步促进安全生产法律法规和企业安全生产的主体责任的贯彻落实，进一步推进企业安全生产标准化工作，其重要意义主要体现在以下四个方面：

（1）有利于进一步维护从业人员的合法权益。安全生产工作的最终目的是为了保护人民群众的生命财产安全，AQ/T 9006—2010 的各项规定，尤其是关于教育培训和职业健康的规定，可以更好地保障从业人员安全生产方面的合法权益。

（2）有利于进一步促进安全生产法律法规的贯彻落实。标准是法律法规的延伸。安全生产法律法规对安全生产工作提出了原则要求，设定了各项法律制度。AQ/T 9006—2010 是对这些相关法律制度内容的具体化和系统化，并通过运行使之成为企业的生产行为规范，从而更好地促进安全生产法律法规的贯彻落实。

（3）有利于进一步规范企业的安全生产工作。AQ/T 9006—2010 涉及企业安全生产工作的方方面面，提出的要求明确、具体，较好地解决了企业安全生产工作干什么和怎么干的问题，能够更好地引导企业落实安全生产责任，做好安全生产工作。

（4）标准化是企业安全生产管理的基础。

首先，企业安全技术标准是指在安全生产领域的不同范围内，对于生产过程中的设计、施工、操作、安装等具体技术要求及实施程序中设立的、必须符合一定安全要求并能达到此要求的实施技术和规范的总称（见本书 2.5 节）。它是在企业安全生产管理中贯彻落实安全生产法律法规的技术基础。安全技术标准的种类很多，除了通用的安全技术基础标准（如安全标志和图形符号标准，工作环境采光、照明标准，人机界面工效学设计标准）外，还有大量的重要工艺（如焊接）技术标准、建筑施工安全技术标准、建筑设计防火规范、锅炉与压力容器技术标准、机械安全技术标准、金属非金属矿山安全技术规程、石油化工企业设计规范、烟花爆竹工厂设计安全规范、烟花爆竹劳动安全技术规程、民用爆破器材工厂设计安全规范、危险化学品储存标准等和安全测试方法和测试技术标准。数量庞大的安全技术标准是安全标准体系的组成部分。

其次，安全管理标准是安全生产管理的系统化的具体管理措施。通过实施安全管理标准，可以在企业内部建立起具有自我约束、自我完善并能持续改进的安全生产管理体系，使企业找到了对安全生产问题进行规范化控制的方法和系统的现代化管理模式。

再次，安全工作标准是消除人的不安全行为的科学管理手段。工作标准的对象是人在特定岗位所从事的工作或作业。就企业管理来说，最重要也最难管理的要素是人所从事的工作。倘若通过分析研究，设计出科学合理的工作流程和作业方法，并将其制定为标准，用以约束同一工种的所有作业者(人)的作业行为，不仅可以加速作业者(人)个人习惯的形成，而且还是形成群体习惯的有效方法。所以，工作(作业)标准化的过程是形成群体习惯和群体行为准则的过程，是缩小作业者(人)个体差别、提高作业者(人)整体素质的过程。它不仅能有效地消除不必要的、不合理的作业程序、作业方法和作业动作，而且能促使作业者(人)克服已形成的不合理的、随意性的工作(作业)习惯，防止个体差别和可变因素影响的扩大，增进作业者(人)的作业可靠性，从而克服和降低作业者(人)因素对安全系统的负作用。

通过安全标准的贯彻实施，在与安全有关的所有岗位上，每个作业者(人)都按工作标准规定的程序、方法和动作重复地操作，这种重复的结果必能使作业者(人)的动作达到熟练并最终形成习惯。作业者(人)在作业中的随意性和各种不安全行为就不易发生。所以工作标准化既可控制人的安全因素，又能控制和优化物的安全因素，是实施安全生产管理，保证系统安全、高效运行的基础工作。

近年来，不少企业结合本单位安全生产实际情况，积极开展安全生产标准化创建活动，取得预期的效果。

8.2 企业安全标准体系表及其制定

8.2.1 企业安全标准体系的位置

关于标准体系的概念请参阅本书1.3节。关于安全标准体系的概念、我国安全标准体系所包括的内容、建立安全标准体系的目的和原则等在第2.5节已有介绍，此不赘述。

企业安全标准体系是在国家标准体系、行业标准体系、企业标准体系下面的一个子体系，其在整个国家标准体系中的位置如图8-1所示(参见图1-7、图1-8、图2-5)。

企业安全标准体系中的标准，既包括企业自己所制定的具有企业个性特色的安全标准(应按照国家有关法律法规、标准制定原则，在企业安全生产方

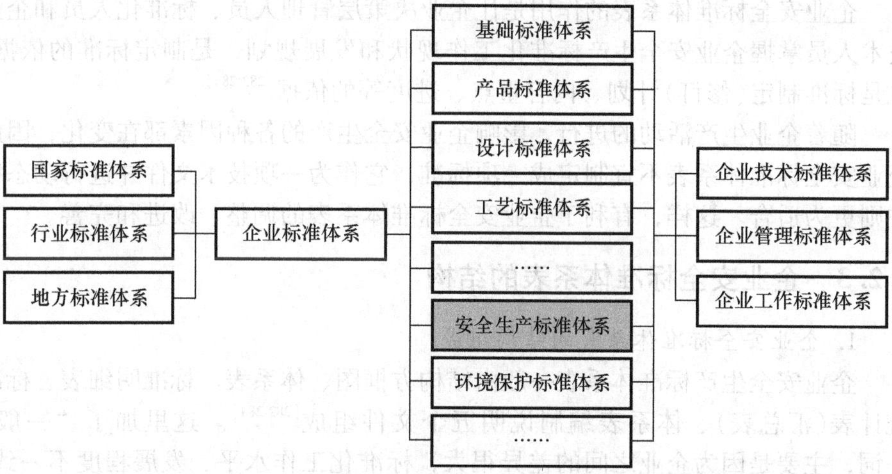

图8-1　企业安全生产标准体系在整个国家标准体系中的位置示意图

针、目标的指导下，根据市场需求制定形成的），也包括企业所贯彻、采用的上级层次的标准（国家标准、行业标准、地方标准）。企业自己所制定的安全标准要和上级层次标准体系中的标准相协调，要充分考虑上级层次标准的规定。

结构合理、重点突出、符合实际、具有个性特色的企业安全标准体系是企业安全生产的重要基础性保障，为安全生产提供了技术支持。某个企业的某些单项安全标准的水平不一定是最高水平，但如果把本企业所有安全标准（安全技术标准、安全管理标准、安全工作标准）科学整合起来，按其内在联系形成企业安全标准体系，可能将是一个高水平的企业安全标准体系[282-284]。

企业安全标准体系应包括企业安全生产标准化工作的所有内容[282-284]，大致为：

（1）各种类别的基础标准。

（2）各种类别的安全技术标准。

（3）各种类别的安全管理标准。

（4）各种岗位的安全工作标准。

（5）安全生产标准化工作中所需要的各种工作标准。

（6）各种管理体系中的规范性文件（这种文件可能是管理标准，也可能是工作标准）等。

8.2.2　企业安全标准体系表及其作用

关于企业标准体系的概念请参阅本书1.3.6节。企业安全标准体系表是企业安全标准体系的具体表现形式。

企业安全标准体系表的作用是让企业决策层管理人员、标准化人员和企业技术人员掌握企业安全生产标准化工作现状和发展规划，是制定标准的依据，也是标准制定(修订)计划、内容重点、进度等的依据[282-284]。

随着企业生产活动的进行，影响企业安全生产的各种因素都在变化，因此企业安全标准体系表不宜制定成一项标准，它作为一项技术文件并进行动态维护则更为适合。这样，有利于企业安全标准体系表的调整、改进和完善。

8.2.3 企业安全标准体系表的结构

1. 企业安全标准体系表的结构组成

企业安全生产标准体系表一般由结构方框图、体系表、标准明细表、标准统计表(汇总表)、体系表编制说明五个文件组成[282-284]。这里加了“一般”一词，主要是因为企业之间的差异很大，标准化工作水平、发展程度不一致，实施标准的广度、深度也不一致，企业可根据实际需要和发展水平来具体确定本企业安全标准体系的构成。有的企业规模比较小，只编制结构方框图、标准明细表和体系表编制说明即可满足需要。

(1) 结构方框图表示标准体系的框架结构及各类标准间的关系，明细表列出针对方框图的各个方框中标准的集合。

(2) 方框图的每一个方框与明细表形成一一对应的关系。

(3) 明细表中的每个元素为标准(标准名称)，即企业所需要的每个标准(或将形成的标准)都应在明细表中有它对应的位置。

2. 企业安全标准体系表的结构形式

企业安全标准体系表的结构类型分为层次结构(见图 8-2)、序列结构(见图 8-3)和功能归口型结构(见图 8-4)三种类型。

由于企业设置的内部工作机构与功能归口型体系表的功能划分比较接近，

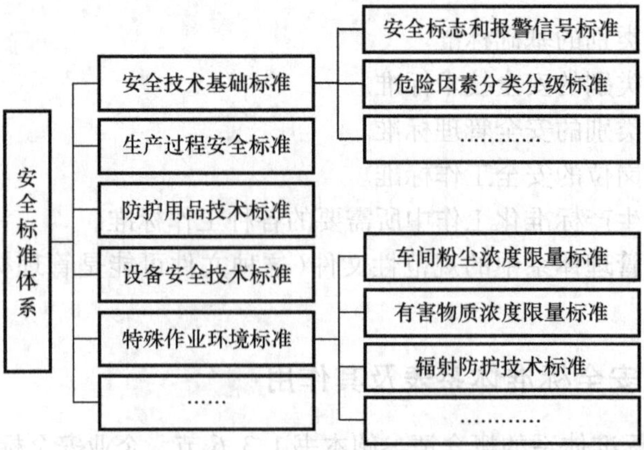

图 8-2 企业安全标准体系表的层次结构形式示意图

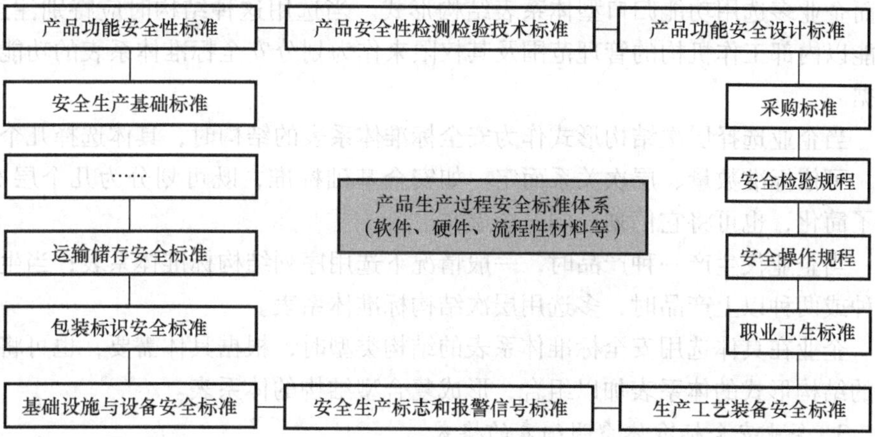

图 8-3　企业安全标准体系表的序列结构形式示意图

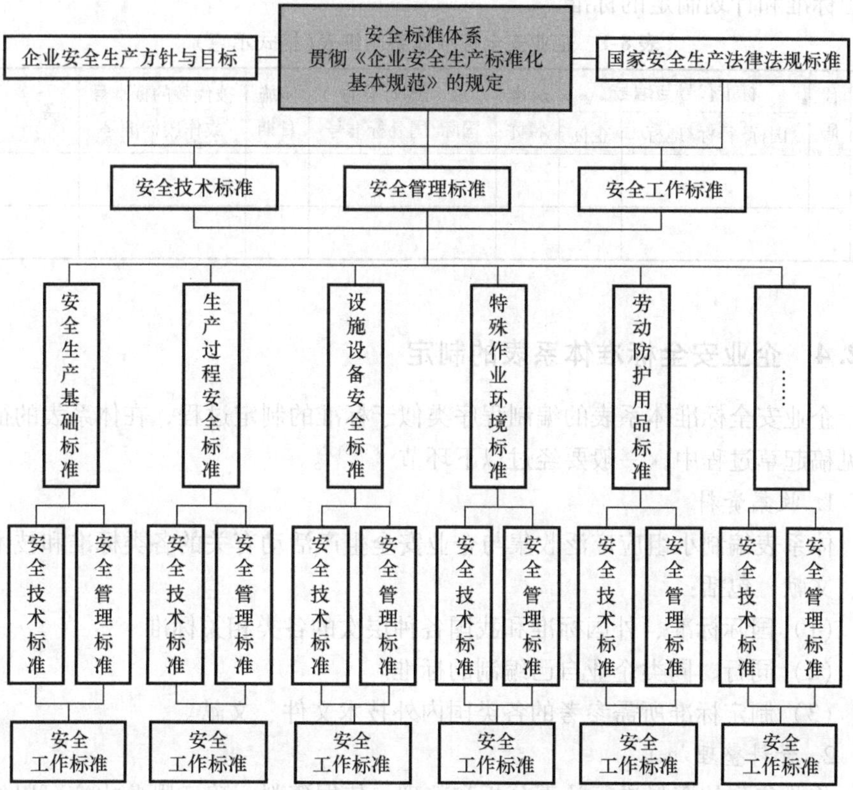

图 8-4　企业安全标准体系表的功能归口结构形式示意图

因而企业多选用功能归口型体系表结构形式。当选用这种结构时应特别注意，不能以内部工作机构的管理范围及其权限来作为划分安全标准体系表的功能的依据。

当企业选择层次结构形式作为安全标准体系表的结构时，具体选择几个层次，可依标准数量、层次关系而定。如安全基础标准，既可划分为几个层次，为了简化，也可将它们划入同一个层次。

当企业仅生产一种产品时，一般情况下选用序列结构标准体系表；当生产两种或两种以上产品时，多选用层次结构标准体系表。

企业在具体选用安全标准体系表的结构类型时，根据具体需要，也可将不同的结构形式的体系表加以组合，形成复合型结构的体系表。

3. 企业安全标准体系明细表的格式

企业安全标准体系明细表的格式见表 8-1，可供企业选用[282-284]。表中的内容可以依据企业的需求适当增减。明细表中应列出企业已有的标准、正在制定的标准和计划制定的标准。

表 8-1　企业安全标准体系明细表（格式示意）

序号	代码	标准代号与编号		标准名称	采用或对应的国际/国外标准号	实施日期	被代替的标准号或作废标准号	备　注
		国标/行标/地标	企标					

8.2.4　企业安全标准体系表的制定

企业安全标准体系表的编制程序类似于标准的制定过程，在体系表的征求意见稿起草过程中，一般要经过以下环节[282-284]。

1. 收集资料

体系表编制小组应广泛收集与企业安全生产活动有关的各类标准和技术文件、文献，包括：

（1）国际标准、外国标准和我国各种层次的各类相关标准

（2）同行、同类企业自己编制的标准。

（3）制定标准所需参考的各类国内外技术文件、文献。

2. 资料整理加工

将收集到的资料进行认真分析和整理，依据资料，确定哪些内容可以编制成标准，将具体的标准名称确定下来，并确定该标准的主题、适用范围和内容。

3. 确定体系表方框图

（1）要根据企业安全生产特点，选择、确定体系表的框架结构类型。

（2）所确定的体系表结构类型应具有可调整性(体系表方框图类型本身是可以变化的)，当发现按某一原则确定的体系表结构类型不适应企业当前情况时，可对体系表结构类型进行调整，以适应企业发展变化。

（3）在按选定的体系表框架结构类型绘制体系表方框图(参见图8-2～图8-4)时要充分考虑本企业特点。

（4）框图中的每一个方框都应该给一个“代码/编号”（参见图2-4～图2-16)，对应这个方框的明细表则应用同一个“代码/编号”，使组成体系表的两部分(结构方框图和明细表)的“代码/编号”形成一一对应的关系。

（5）应注意，各种结构类型的方框图都是可以简化的。当某两个层次或某两个序列的方框的标准太少或由于其他原因，可将其合并为一个层次或一个方框；当有些情况下管理标准和工作标准界限不清楚时，也可将其简化或合并；还可以将几种结构类型进行组合，创建新的结构形式，绘制出新的体系表结构方框图。

4. 填入明细表内容

依据体系表方框图的结构制作相应的明细表，并在明细表内填入具体内容(标准名称及相关信息)。应注意，明细表中的“代码/编号”应与体系表方框图中的一一对应。

在将标准列入明细表的过程中常常会遇到“可以将同一个标准填入不同的明细表中”的情况。在这种情况下，编制组应制定统一的“填写原则”，并明确规定遇到何种情况按何原则划分、决定填入哪类明细表。

5. 编写编制说明

详细阐述选择、比较、确定体系表结构类型(方框图)的依据及其他需要说明的问题。

6. 应注意的问题

(1) 制定企业安全标准体系表时，应充分考虑与本企业其他各种标准体系的相互联系与衔接的条件，以及它们之间的相互支撑作用，应充分利用和共享内部和外部的共同的基础性文件。这样，可以更好地发挥企业内各种标准体系运行的整体效果。

（2）文件发布前应得到批准，必要时可对文件进行评审与更新，并再次批准，以确保文件是充分而适应的。

（3）确保文件保持清晰、易于识别。企业在具体实施安全生产标准化工作中，常常见到“标准与标准化体系文件的外部形态不统一”现象，使之不易识别。关于这个问题，在GB/T 1.1《标准化工作导则 第1部分 标准的结构和编写规则》中已指出，企业标准的编写可“参照使用”GB/T 1.1 的规定。这给企业安全标准的编写格式提供了很大的自由度，为安全标准与相关文件的外部形态上的统一创造了条件。可确保文件的更改和现行修订状态得到识别。

(4) 确保在使用处可获得适用文件的有关版本。

(5) 确保外来文件得到识别，并控制其分发。

(6) 防止作废文件的非预期使用，若因某种原因而保留作废文件时，对这些文件应进行标识。

(7) 记录是一种特殊类型的文件，应建立并保持记录，以提供符合要求和安全标准体系有效运行的证据。记录应保持清晰，易于识别和检索。应编制形成“记录”的程序，规定“记录”的标识、储存、保护、检索、保存期限和处置等所需的控制条件。

8.3 企业安全生产标准化建设策划

8.3.1 企业安全生产标准化建设程序的策划

企业开展安全生产标准化建设的程序(步骤)如图 8-5 所示[283]。

1. 建立健全安全生产标准化建设组织机构

企业开展安全生产标准化建设，必须从组织上给予保证，才能促使企业安全生产标准化建设工作顺利开展。不论企业规模大小，首先都应构建与本企业生产经营相适应的标准化组织体系，设置相应的标准化组织机构。为此，应成立本企业安全生产标准化委员会或在企业原标准化委员会中增设安全生产标准化委员会等决策领导机构。委员会主任应由企业法定代表人或授权的管理者(企业行政一把手)担任，副主任由主管安全生产的企业行政领导担任。其下，应设标准化办公室(或处/科)，或明确一个综合管理部门作为标准化工作机构，其负责人任委员会秘书(长)，负责管理企业标准化的日常工作；委员由各职能科室与基层生产部门(车间)负责人出任。部分重要的基层生产部门(车间)还应成立安全生产标准化小组或专(兼)职安全生产标准化技术人员。这样，在企业就构建了一个企业安全生产标准化管理的组织网络，如图 8-6 所示。

企业安全生产标准化(分)委员会的职责是，全面负责本企业安全生产标准化建设工作。即从制定开展安全生产标准化工作的实施计划，到企业安全生产标准化工作通过当地政府或行业主管部门的验收以及保持和持续改进，到确保企业安全生产标准化工作的有效实施等所有安全生产标准化工作。

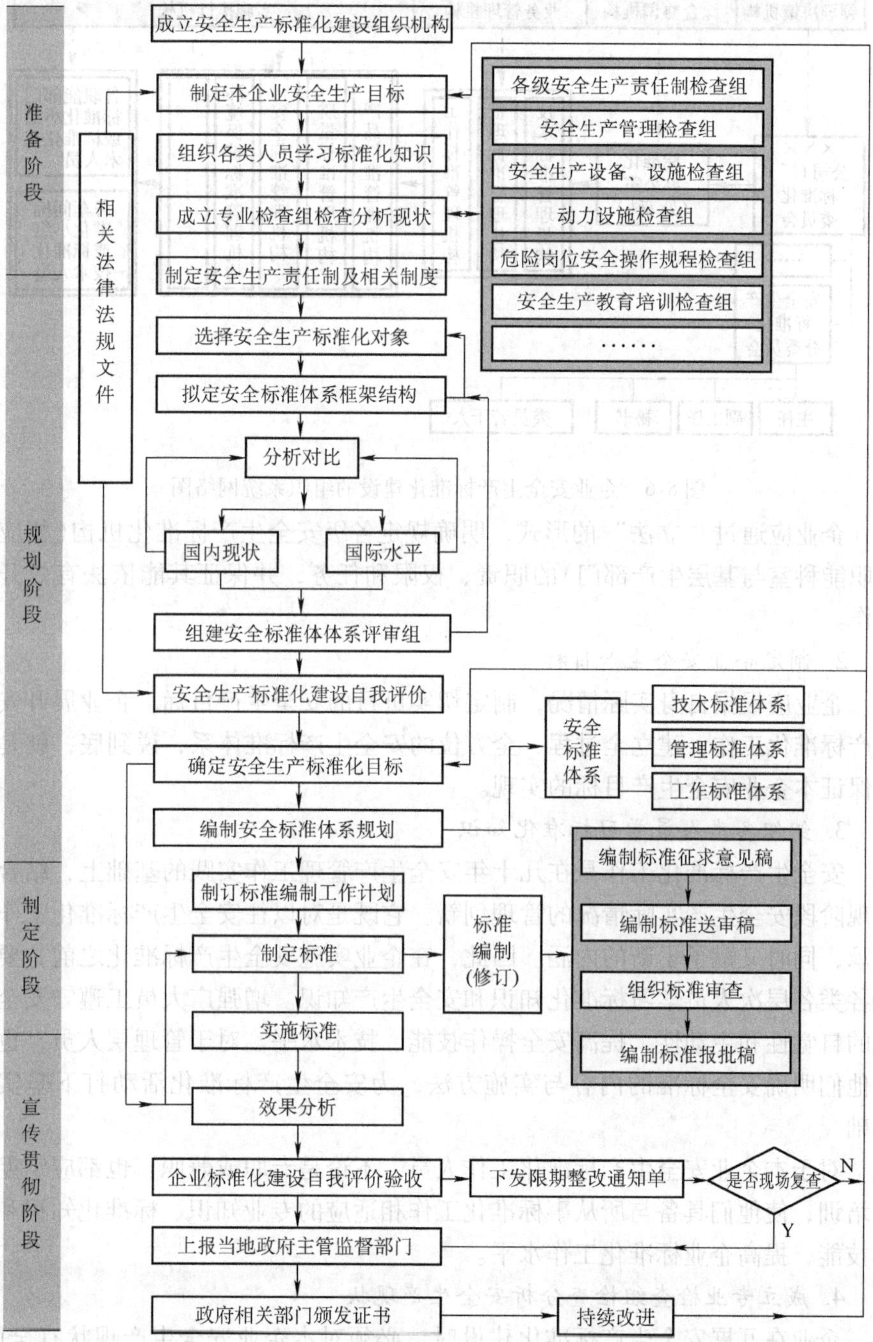

图 8-5　企业安全生产标准化建设程序

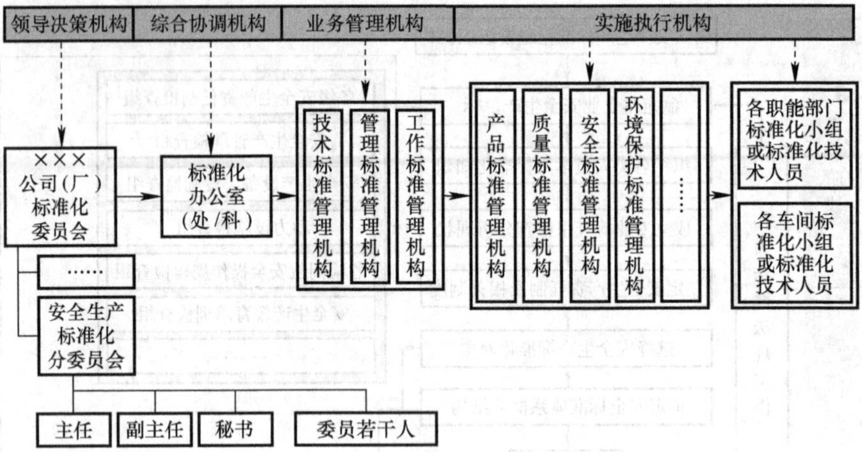

图 8-6　企业安全生产标准化建设的组织系统网络图

企业应通过“立法”的形式，明确规定各级安全生产标准化机构(相应的各职能科室与基层生产部门)的职责、权限和任务，并保证其能依法有效开展工作。

2. 制定企业安全生产目标

企业应根据自身实际情况，制定切实可行的安全生产目标。企业展开安全生产标准化工作，建立全过程、全方位的安全生产标准体系，说到底，就是为了保证本企业安全生产目标的实现。

3. 组织各类人员学习标准化知识

安全生产标准化工作是在几十年安全生产管理工作实践的基础上，结合我国现阶段安全生产实际情况的管理创新。它既是对以往安全生产标准化工作的继承，同时又赋予了新的内涵。因此，在企业实施安全生产标准化之前，要组织各类各层次人员学习标准化知识和安全生产知识。增强广大员工遵守安全标准的自觉性和主动性，提高安全操作技能、技术水平。对于管理层人员，也要使他们明确安全标准的内容与实施方法，为安全生产标准化活动打下坚实的基础。

对于本企业安全生产标准化工作人员，不论是专职或兼职，也都应定期进行培训，使他们具备与所从事标准化工作相适应的专业知识、标准化知识和工作技能，提高企业标准化工作水平。

4. 成立专业检查组检查分析安全生产现状

企业在开展安全生产标准化建设时，必须对本企业安全生产现状有全面、深入的了解。如各级安全生产责任制、安全生产管理是否完善，生产作业现场的设备设施与安全防护装置的配置及使用情况，个人防护用品发放佩戴情况，生产作业环境现状，危险岗位安全操作规程是否完善、操作人员持证上岗情况，安全生产教育培训情况，等。摸清企业安全生产现状，可以为企业开展安全生产标准化建设提供依据。

由于安全生产标准化包括生产的全过程，它不仅涉及人员的活动及安全管理，还涉及人员作业场所的环境条件及使用的设备、设施等诸多因素。因此，实施安全生产标准化检查时，要成立具有专业水准的不同专业检查组，如各级安全生产责任制检查组、安全生产管理检查组、安全生产设备检查组、动力设施检查组、危险岗位安全操作规程检查组、安全教育培训检查组等，对不同的检查内容进行专业性检查。

对专业检查组人员的要求是：具有扎实的专业知识和一定的专业技术水平（如果具有一定的资质，如注册安全工程师则更好）；丰富的专业生产实践与现场管理经验；熟悉专业的和安全生产的相关法律法规、规范规程及相关标准的要求；能识别生产现场中存在的问题；熟悉检查标准，能正确使用检查方法；保证检查的客观、公正、有效。

专业检查组的职责是：按照企业安全生产标准化建设规划中的检查计划，负责分配给本专业检查组的检查范围内项目的检查、打分及评定工作。检查组应对检查结果负责，检查结果应客观、公正、有效，符合实际。检查组还应针对检查中发现的问题，提出整改要求及措施建议。一般来说，对整改后的复验工作也由检查组负责。

实施安全生产检查包括以下三个方面：

（1）制定检查计划。检查计划内容包括：检查时间安排、检查人员、检查范围、执行的检查标准、要求被检查单位应予以配合的事项等。检查时间应安排充分、合理，检查范围应明确。

（2）检查计划实施。各专业检查组根据检查计划，在指定的时间内，对本检查组所划定的检查范围进行检查。检查时，应严格按照所执行的检查标准进行检查，并如实记录，保证检查结果正确、有效，能够准确反映所检查项目的实际安全生产状态。

（3）检查结果。检查结束后，各专业组应对检查结果及检查中发现的问题进行书面总结。对书面总结的内容与要求一般包括四个方面：一是要如实反映所检查范围安全生产的实际情况；二是检查记录要具有可追溯性；三是检查发现安全生产问题，并详细列出问题清单；四是针对检查中发现的问题，提出整改要求及措施建议。

企业安全生产标准化检查组在汇总各专业组检查总结的基础上，对本企业安全生产现状及存在的安全生产问题进行梳理，深入分析研究，提出书面的检查报告（包括整改建议）。

企业对检查报告中提出的安全生产问题，经主管领导批准后，向责任单位下发“限期整改通知单”，要求责任单位不仅要对检查出的问题及时纠正，在规定期限内完成整改任务，而且还要对同类问题采取相应的预防措施，防止发生同类事故。责任单位应按“限期整改通知单”所列整改项目，制定具体的整改方案与措施，在规定的时间内进行整改。责任单位在对检查出的问题进行整改后，应按规定程序上报，申请复查。

5. 制定安全生产责任制及相应的管理制度

企业为了保证安全标准的有效实施，必须建立健全以行政一把手为中心的各级领导、各职能部门和岗位员工的安全生产责任制及相应的管理制度，健全安全生产管理网络。从制度上保证安全标准的有效运行，是搞好安全生产标准化工作的基础。

6. 选择安全生产标准化对象，初步拟定安全标准体系框图

企业在制定安全生产责任制及相应的管理制度的基础上，企业的各专业管理部门应以实现本企业安全生产目标为中心，运用系统分析方法，选择安全生产标准化对象，确定各专业安全技术标准、安全管理标准、安全工作标准体系，最后由企业标准化综合协调机构(标准化办公室/处/科)汇总，初步拟定企业安全标准体系框图，详见本书8.2节。该框图应随着后续标准化工作的推进，不断修订、改进(见图8-5)，逐步建立完善的企业安全标准体系。

7. 自我评价，确定企业安全生产标准化目标

根据对本企业安全生产目标和安全生产现状的分析，按照有关标准，对本企业安全生产标准化实施情况、安全标准体系进行自我评价，初步判断本企业安全生产标准化水平(达标等级)，确定安全生产标准化目标(达标等级)。

8. 编制规划，制订计划

编制安全标准体系规划，制订标准编制工作计划。

9. 制定标准，实施标准

这个阶段就是进行具体的标准编制和实施工作。

10. 上报当地安全生产政府主管部门

企业经自我评定后，如认为本企业符合安全生产标准化要求，上报当地安全生产政府主管部门，申请验收。

11. 申请验收

企业应按安全生产标准化建设的有关要求与标准，进行自我评价验收，对不符合要求的地方进行整改。经复查达标后，可向当地政府主管监督部门或行业主管部门申请验收。

12. 颁发证书

当地安全生产政府主管部门或行业主管部门对企业进行安全生产标准化达

标验收，并经评审定级后，可由政府相关部门颁发相应的证书。

8.3.2 企业推行安全生产标准化建设应注意的问题

企业安全生产标准化过程是一个制定、实施和不断完善的过程，所以制定安全标准、实施安全标准、完善安全标准是企业推行安全生产标准化的三个关键性环节，要紧紧抓住这三个环节[282-294]。

1. 制定安全标准

标准是对重复性事物和概念所作的统一规定，经有关方面协商一致，由主管机构批准发布，作为共同遵守的准则和依据(参见本书1.1节)。安全标准作为安全生产的标尺，其“刻度”一定要“准”。“准”的标志是制定的安全标准一定要具有合法性、合理性和可操作性。

(1) 安全标准要具有合法性。在制定安全标准之前，要认真进行调查研究，对其必要性和可行性进行认真分析研究。尽可能地广泛收集相关法律法规、规章制度和行业标准等相关资料，了解、掌握是否有相关规定和行业标准。对已有的制度和标准，要严格执行；如暂时还没有，应尽可能地参考类似的上级标准先行设定，增强安全标准的合法性。

(2) 安全标准要具有合理性。标准并不是越“高”(所规定的各项指标的水平)越好。标准过“高”，会造成不必要的浪费；过“低”，则达不到提高水平的目的。标准所规定的各项指标的水平，要让大家“跳起来就能摘到桃子”。各个单位的安全生产基础和条件不同，不能照抄照搬，搞“一刀切”。要根据本单位的实际情况，分析、细化每个细节，既不能脱离当前企业安全生产管理的现实，又要从发展的高度来综合考虑、规划，增强安全标准的合理性。

(3) 安全标准要具有可操作性。安全标准是指导企业安全生产和安全管理的依据。再好的标准，如果操作性不强也是徒劳的。制定安全标准时，一定要根据本单位实际，细化生产流程，达到规范有序。安全标准的内容要做到“能量化的不笼统，能明确的不含糊”，使内容合理、全面、完善，做到具体化、程序化，增强可操作性。

2. 实施安全标准

企业安全生产实施标准化管理是一项基础性管理工作，推行过程中一定要做深、做细。

(1) 围绕“五大领域”要全面推进。企业安全生产覆盖了企业的规划、建设、生产、运行管理、经营销售五大主要业务领域和所有部门，渗透到所有工作(生产)岗位，贯穿于全部工作(生产)流程。企业实施安全生产标准化管理要围绕“五大”主要业务领域，变革组织架构、创新管理方式、优化业务流程，实现企业管理由条块分割向协同统一转变，由分散粗放式管理向集中精细式管理的转变。一定要全面建成统一的管理模式、管理标准、业务流程和信息平台，把安全生产标准化工作做深、做细，达到精细化程度，实施集约化管理，夯实安全生产标准化管理的基础，全方位、全过程地强化安全标准的执行和监督，以转变企业发展方式，推动企业可持续发展。

(2) 员工安全教育培训要优先。一般来说，当前企业员工的安全生产意识不强，标准化观念比较淡薄，加之人的固有潜在习性(如侥幸心理)，决定着员工通常习惯于粗放式管理，不习惯严格的安全生产标准化管理。所以，实施安全标准一定要加强对员工的教育培训。通过形式多样、内容丰富的教育培训活动，转变员工的思想观念，提高实施标准、遵守标准的自觉性。让员工尽快了解标准化知识，懂得标准化管理程序，掌握本工种、本岗位标准化安全操作程序和动作标准，企业全面推行安全生产标准化管理是一项重要的基础性管理工作。

(3) 监督执行安全标准要严。企业推行安全生产标准化一定要与安全生产目标管理相结合，与各级领导、管理决策层人员的安全生产责任和业绩考核相结合，与各个机构、基础生产部门的绩效考核相结合(“三结合”)。考核时，要注重实效，要注重管理过程的考核，强化轨迹管理理念。成立督察组，明察暗访，确保此项工作不走过场。最好能引入第三方考核机制。为充分调动各级各类员工实施安全标准的积极性和创造性，可考虑设立专项奖励，以推动安全生产标准化管理工作向纵深发展，提高安全生产管理水平。

3. 完善安全标准

企业在不断发展，企业的生产条件、管理方式与水平也都在不断变化。若安全标准不能随之变化，势必阻碍企业生产发展和管理水平提升。“标准从实践中来，又指导实践”。为维护安全标准的权威性，必须持续改进，及时修订完善安全标准。

(1) 完善标准要综合考虑。企业的每个工艺流程、每个生产环节、每个工序工种、每个部门都不是孤立的，涉及许多内部和外部的因素。当初制定安全标准时，往往不能准确测算这些因素之间相互影响和制约关系。在经过一段时间的实施，通过实践检验，这些因素之间相互的影响因子逐渐清晰，需要解决的问题也已显现。所以，应及时修订、完善安全标准。在修订、完善安全标准时，要对安全标准在实施中出现的问题进行认真的分析、总结，要集思广益，综合考虑，协调平衡各方因素，扬长避短，丰富内涵，增强广泛性，促进各方协调发展，提升企业安全生产综合实力与管理水平。

(2) 修订标准要上下一致。随着社会经济的发展和行业的规范管理，一些新的政策和行业标准在陆续出台或调整，企业对此应予以密切注意。如果企业安全标准未能满足国家安全标准或行业安全标准或地方安全标准的某些条文的要求，应参照进行修订，如重要指标与之不相符，应该予以废止。这样，可以不断完善企业内部安全生产管理体制和运行机制，提升安全生产标准化水平。

企业在推进安全生产标准化建设过程中，除了要紧紧抓住上述三个环节外，在以下六个方面还应着力把握好[285]。

(1) 思想不能松。一些安全生产标准化达标单位的经验表明，搞安全生产标准化必须坚持思想先行。企业领导与管理决策层干部一定要端正思想，明确安全生产标准化工作的努力方向和奋斗目标，坚定抓好安全生产标准化工作的信心，用思想达标带动安全生产标准化达标。要持续、深入、广泛地进行宣传动员，大力宣传国家实施安全生产标准化的战略部署，帮助广大职工正确认识安全生产标准化的重要意义和作用，强化安全生产意识，把全体员工的思想统一起来，为安全生产标准化工作奠定坚实的思想基础。

(2) 管理不能滑。强而有力的管理是扎实稳步地推进安全生产标准化工作的有力保证。

(3) 标准不能降。安全生产标准化工作起点高、要求严，并且具有持续性。它要求企业各项安全生产工作都要严格按标准进行，并且持续满足标准要求。对于达标的，不能因为一次达标，就在日后的管理中就放松要求或降低标准。要定期对安全标准执行情况进行检查，凡不符合标准要求的，除了一定要责令改正外，还要按照有关标准予以处罚。

(4) 投入不能少。搞安全生产标准化建设没有必要的投入作保证是搞不好的。经验表明，加大安全生产投入是搞好安全生产标准化的一项重要条件。因此，企业要依法建立强制性的安全生产投入制度，改善实现安全生产标准化的基础条件。

(5) 重点要突出。安全生产标准化包括了企业生产活动的全过程。在实际工作中，必须抓住那些对生产安全具有制约作用的关键性环节，集中主要力量，实现重点突破。特别是那些基础工作比较薄弱的企业，一定要区分轻重缓急，由重点到非重点，循序渐进，最终建立全过程、全方位的安全生产标准化工作体系。

(6) 各项工作要紧密结合。安全生产标准化不是一项独立的工作，它在许多方面都与其他有关工作紧密联系在一起。因此要相互配合，统筹兼顾，处理好开展安全生产标准化工作和其他工作的关系，以达到互为保证、互为支撑、共同提高之目的。具体地说，安全生产标准化工作和以下五项工作的相互结合问题，应予以特别关注。

第一，与深入贯彻《安全生产法》相结合。全面落实《安全生产法》关于企业安全保障的各项规定，使企业各方面、各岗位的安全行为都符合安全生产法律规范的要求。

第二，与深化安全生产专项整治相结合。通过开展安全生产标准化，促进专项整治的深化，以整治的深化，促进安全生产标准化工作的深化。整顿和规范好企业安全生产秩序，从根本上解决企业安全生产中的深层次问题。

第三，与企业安全生产评估(评价)相结合。把评估(评价)中发现的问题，作为推行安全生产标准化的工作重点，充分利用评估(评价)成果，为开展安全生产标准化奠定基础，推动企业安全生产工作上等级、上台阶、上水平。

第四，与建立职业健康安全管理体系相结合。要把两个方面的内容有机地结合起来，相互促进，共同提高。

第五，与落实企业安全生产许可制度相结合，以安全生产标准化工作保证许可制度的实施，以许可制度的实施促进安全生产标准化工作的开展。

8.3.3 企业安全生产标准化的日常工作

企业安全生产标准化是企业安全生产管理工作中的一项必不可少的基础性工作。一般来说，企业安全生产标准化日常工作都是由企业内部某一具体业务部门来承担的，其日常工作大体上包括以下内容。

1. 收集、整理、选用、推荐和保管标准化资料

企业要不断提高安全生产标准化水平，必须要占有大量“安全生产标准化及其与之相关的其他方面的标准化资料”（以下简称“安全生产标准化资料”)。因此，全面收集安全生产标准化资料是企业安全生产标准化日常管理中的一项重要工作。所谓全面收集，就是不仅要收集国内安全生产标准化资料，同时也要收集国外安全生产标准化资料；不仅要收集历史上的安全生产标准化资料，同时也要收集预测未来安全生产标准化及相关领域标准化发展动向的资料。安全生产标准化资料的收集必须走在制定、修订安全标准的前边。只有这样，才能使企业决策者和安全生产标准化人员及时掌握国内外安全生产标准化及相关领域标准化发展动向，正确规划、决策安全生产标准化工作，并为制定(修订)出科学、合理的安全标准提供依据。

承担企业安全生产标准化日常工作的业务部门应对已经收集的安全生产标准化资料及时进行整理、分类，做好登记、编号和制卡工作，并通过资料陈列和目录报导等各种形式，积极向有关部门和安全生产标准化人员推荐，供他们选用、参考。同时，还必须妥善保管已收集到的资料，防止丢失和损坏。

有条件的企业应该建立计算机辅助安全生产标准化信息管理系统，以提高安全生产标准化信息资料的管理效率，保证企业整体标准化工作的系统性和有效性。

2. 进行安全生产标准化宣传和教育

企业安全生产标准化是一项由企业全体职工参加的全员性工作。因此，要搞好企业安全生产标准化，企业的标准化部门必须经常不断地向广大干部职工进行标准化法规和业务知识的宣传教育，提高他们对标准化工作重要性的认识，提高其标准化业务技能水平，使每个人都能结合自己的本职工作，积极参加企业安全生产标准化活动，为实现企业安全生产标准化作出贡献。每项企业安全标准批准、发布后，企业的标准化部门都应组织该项标准的培训或宣讲，使企业有关人员正确理解和掌握标准内容，有效地执行标准。

3. 修订、补充滞后失效的企业安全生产标准

随着企业新产品的开发、设备的改造更新、工人技术水平的提高、工艺的改进等，企业安全标准也和其他任何标准一样，在实施一段时间后(企业标准一般不超过3年)，会产生一些不适应甚至阻碍企业生产经营发展的内容，必须按《标准化法》规定对标准进行复审，“以确认现行标准继续有效或者予以修订、废止”（参见本书6.5节）。

4. 标准实施效果的分析计算与统计工作

企业安全生产标准化的效果不仅体现在社会效益上，也体现在它给企业带来的经济效益上。一般地说，经济效果越大，说明企业标准化取得的成绩也就越大。因此，搞好安全生产标准化的经济效果的分析和计算，也是企业安全生产标准化的一项经常性工作。

做好安全生产标准化的统计工作，一方面可以使企业领导和标准化人员通过统计资料对本企业安全生产标准化工作的进展情况做到心中有数，为进一步改进标准化工作指明方向。另一方面，也为企业分析与计算安全生产标准化的经济效果提供必要的数据。

5. 建立标准档案

为不使制定安全标准的各种原始资料流失，企业必须参照国家技术监督局发布的《标准档案管理办法》建立安全标准档案管理制度或标准。安全标准档案主要包括制定标准的调查报告，标准的草案、征求意见稿、正式稿、报批稿，领导批示及意见汇总资料，标准审查资料，贯彻标准的情况，以及有关修订标准的依据等。建立完善的标准档案，可以帮助人们了解一个标准形成和发展的过程，以便更有成效地做好标准的制定和修订工作，不断提高企业的标准化水平。

8.3.4　企业安全生产标准化建设应注意的问题

企业安全生产标准化建设应注意以下五个问题[282-288,294]：

第一，加强领导，提高各级领导的安全文化素质。领导者好比种子，通过

他们把安全价值观言传身教播种到每一名员工的心里，进而通过细致的工作和努力的实践不断进行培育，就能最有效地加快安全文化建设速度，从而形成良好的安全文化氛围。

第二，紧紧围绕企业实际，推进安全文化建设。在安全文化推进过程中，各单位要注重与本单位实际相结合。可以按照“先简单后复杂、先启动后完善、先见效后提高”的要求，统一规划，分步实施，切实抓好企业安全文化建设。

第三，不断创新安全文化的培育手段和方式。在坚持已有的行之有效的管理制度和措施的同时，要根据企业的发展和生产情况，根据员工的思想状况，及时地创新工作方法和机制，吸收国内外先进的管理理念，吸收职业安全健康管理体系思想，有针对性地加强对员工安全意识、安全知识和安全技能的培训。安全文化也是这样，要利用一切的宣传和教育形式传播安全文化，充分发挥安全文化建设的渗透力和影响力，达到启发人、教育人、约束人的目的。

第四，利用一切手段和设施，加大对安全文化的传播。要把对安全文化的宣传摆在与生产管理同等重要、甚至比其更重要的位置来宣传。抓好安全文化建设，有助于改变人的精神风貌，有助于改进和加强企业的安全管理。文化的积淀不是一朝一夕，但一旦形成，则具有改变人、陶冶人的功能。

第五，不断加大投入，发挥硬件的保证作用。企业要预防事故，除了抓好安全文化建设外，还需要不断加大投入，依靠技术进步和技术改造，依靠不断采用新技术、新产品、新装备来不断提高安全化的程度，即保证工艺过程的本质安全(主要指对生产操作、质量等方面的控制过程)，保证设备控制过程的本质安全(加强对生产设备、安全防护设施的管理)，保证整体环境的本质安全(主要是为作业环境创造安全、良好的条件)。生产场所中都有不同程度的风险，应将其控制在规定的标准范围之内，使人、机、环境处于良好的状态。

8.4 企业安全标准的制定与修订

8.4.1 概述

企业安全标准，按其性质特征，一般分为技术标准、管理标准、工作标准三类(参见本书1.2节、8.1节与8.2节)。关于编制企业安全标准的一般性技术和企业安全工作标准、管理标准的编制技术在本书第6章已作了详细介绍，此不赘述。本节着重介绍“企业安全生产方针与目标(标准)的制定”和“企业员工安全教育培训管理标准的建立”。

8.4.2 企业安全生产方针与目标的制定

1. 企业安全生产方针

企业安全生产方针是由企业最高管理者正式发布的该企业总的安全生产宗旨和方向。

(1) 最高管理者是指在最高决策层指挥和控制企业的一个人或一组人。通常是指具有执行职责的最高决策层的管理者，如总经理、厂长等。

(2) 正式发布指应通过一种适当的形式表达。例如，专门的文件或写在某类手册中。

(3) 总的宗旨和方向可理解为企业未来发展的远景规划，是企业的愿景与追求。通常是宏观定性的。

(4) 企业安全生产总方针是各个不同系统(体系)的方针的总汇与综合，各个系统(体系)的方针应与总方针相一致。总方针的落实有赖于各个系统(体系)专业性的方针的建立与实施。

2. 企业安全生产目标

企业安全生产目标是指企业在安全生产方面所追求的目的。

(1) 目标是在一定的时间范围内或限定的范围内，企业在安全生产方面所规定的预期应达到的具体要求、标准或结果。

(2) 目标应是可测量的。安全生产目标包括定性的和定量的两种，但在可能的范围内，目标应尽可能是定量的。

(3) 目标是企业各职能和层次上所追求并加以实现的主要工作任务。

(4) 目标也是评价安全标准体系有效性的重要的判定指标。

(5) 最高管理者对目标的制定与实施负有责任。

(6) 企业安全生产的总目标是各个系统(体系)目标的总汇与综合。企业的总目标的实现有赖于各个系统(体系)专业性目标的实现。

(7) 最高管理者应确保目标在企业的相关职能(某项专业性目标所涉及的职能部门)和层次(与实现某项专业性目标有关的不同层级,如管理层、作业层等)得到建立，即将目标分解在不同的职能和层次中。

3. 方针与目标的关系

(1) 方针为制定、评审目标提供了框架。

(2) 目标通常是依据方针制定的。

(3) 方针与目标密切相关，目标在持续改进方面与方针是一致的。

8.4.3 企业员工安全教育培训管理标准的建立

企业员工安全教育培训管理标准是企业整个安全标准体系中的一个重要组

成部分，它对企业实施安全生产标准化的有效性有着直接的、举足轻重的影响。这就需要企业有意识、有目的、有组织、有计划地长期运用一切教育培训手段，全面提升每位员工的安全价值观、安全意识形态、安全道德观、安全思维方式、安全行为准则等。通过安全教育培训，让员工对企业的安全价值理念、安全生产目标、愿景与绩效，由了解到认知，由认知到认同，由认同到成为自觉的行为。让企业文明的安全生产环境、科学的安全管理体系、规范的安全生产秩序、严格的安全生产规程，沉淀于企业员工心灵之中，形成“心理契约”，使人、机、环境处于良好的状态。

企业员工安全生产教育培训管理标准的制定程序及应体现的要素如下：

1. 制定员工安全素养㊀要求标准

识别本企业每个安全生产活动过程的参与人员应具备的安全素养并制定相应的标准。

2. 制定员工工作岗位分类标准

对企业全体员工，按其工作岗位对企业安全生产活动的影响程度，制定相应的岗位分类标准。

3. 制定员工安全教育培训要求标准

对各类人员所需要的安全教育培训、相关工作经历及技能提出相应的、规范性的、统一要求的标准。

4. 制定员工安全素养评价标准

对各类人员进行评价，若其安全素养不能满足第2. 项所规定的要求，应提供安全生产教育培训，使其满足要求。

5. 制定员工教育培训方案(标准)

制定若干套安全教育培训方案，包括目标、所需资源、教学大纲(内容)和方法，识别所需的支持，以适应、满足各类不同人员的不同教育、培训要求。

6. 制定员工教育培训内容标准

现代企业管理理论非常重视员工教育培训，强调员工教育培训不能仅仅只局限在员工技术水平的提高上，而要把着力点放在员工整体素质的提高上。在员工教育培训中，除了要注重实用性，突出技能性，做到“六落实”（教师落实,教材落实,时间落实,设备落实,基地落实,经费落实)外，更要着重于培训员工对企业方针、目标的理解、认同感和团队精神、沟通技能、创新意识以及企业的社会责任[282-294]。因此，员工安全教育培训的内容应包括：

（1）强调法制观念。与安全生产相关的法律法规、各个层次的各类标准

㊀ 素养，这里是指由于平时实践和训练而获得的能力、技巧或所养成的良好习惯，是英文“accomplishment”之意。

也应列入安全教育培训的内容。通过教育培训，牢固树立“安全责任重于泰山”的意识，使“遵章守纪，严守规程”成为全体员工的基本素养，不折不扣地履行安全生产职责的法制观念。

（2）注重实用性。以技术工人为教育培训主体，以岗位安全技术标准为教育培训基本内容，以岗位安全操作技能（包括应对突发危急状态的自救、互救技术）为教育培训中心内容，夯实企业安全生产基础。

（3）突出技能性。教育培训的形式与方法应多种多样，如示范教学、事故案例分析、现场专题讲座、岗位练兵、技术比武、师傅带徒弟等，要从企业实际出发，以岗位培训为基点，突出安全生产技能培训。

（4）倡导安全文化。在安全生产过程中，人的因素是最突出的问题。解决人的安全意识和素质问题，需要强有力的文化支持，人的行为一定要靠文化来影响、改变。企业安全文化建设是企业预防生产安全事故的基础性工程。企业良好的安全文化氛围，从无形到有形，都对员工的安全观念、意识、态度、行为的形成有着重要影响，对人的不安全行为产生引导和控制作用，能够很好地协调人、机、环境之间的关系，全面提升员工的整体安全意识与行为，预防事故发生。所以，安全文化当然应是安全教育培训的内容，主要包括以下几方面：

1）尊崇生命理念。通过向员工灌输“以人为本，安全第一”的理念，使全体员工深刻认识生命的价值与意义，尊崇生命，珍惜生命。

2）增强团队意识。为了实现企业发展与企业安全生产目标，体现全员参与安全生产的理念，培训内容还应包括企业发展规划、企业安全生产方针与目标、企业安全生产发展历程与愿景、企业的社会责任，以及团队建设与团队配合等。

3）培育协作精神。企业员工安全教育培训还应包括沟通能力与技巧、协作精神等内容，营造企业员工共同安全价值观。通过对安全文化的充分阐释、系统灌输、广泛传播，使员工认识到那些“安全标准”中所规定的强制性的约束行为不仅仅关系到自己生命安危，而且也关系到自己、同事和其他人的生命安危及企业的安全绩效与社会责任。让员工把自己所从事的每项安全生产活动，都变成自己的自觉行动指南，为了确保自己和他人的安全以及企业的安全绩效和社会责任，要主动承担安全责任，要对自己的行为负责，并且为本企业的安全绩效感到骄傲。

4）鼓励创新精神。企业的安全价值理念、目标、绩效大大增强了员工对企业的自信心、信任感、成就感和认可度，提高了员工的自觉性、主动性，使员工能从主人翁的角度审视自己的安全行为，思考自己的安全工作职责。这样，就激发了员工的安全创新精神，主动为企业安全生产建言献策，创新工作方法和机制。企业对员工的创新精神必须给予足够的重视和鼓励。

企业通过安全教育培训有效地传播安全文化，可充分发挥安全文化的渗透、导向、凝聚、激励、提升作用，达到教育人、启发人、约束人的目的，推动、促进企业安全发展。

7. 制定员工安全教育培训考核标准

制定各类人员安全教育培训的理论考核、操作考核、业绩评定(或考查)等方法与标准(考核标准和奖惩标准)，公开、公平、公正评价经过安全教育培训的人员是否满足上述“2. 员工工作岗位分类标准”所规定的要求，并且按照评价结果给予公平一致的奖励或惩罚，以树立仿效榜样，产生模仿效应。这是安全教育培训系统的一个十分重要的子系统。这个子系统必须文件化，保持稳定性，传达到全体员工并被理解。

8. 制定安全教育培训质量保证体系(标准)

安全教育培训要做到“六落实”，即教师落实、教材落实、时间落实、设备落实、基地落实、经费落实。要充分且及时地调查并反馈学员(员工)对安全教育培训的满意度和有效性。

9. 制定安全教育培训的持续改进标准

企业员工安全教育培训是企业长期安全发展战略中的一个重要组成部分，具有长期性特征。这样，在一个相当长的时期内，员工安全教育培训的目标、形式、技术手段也在不断改进、发展中，运用一切先进的安全教育培训技术手段，不断创新安全教育培训形式与企业实现安全生产战略目标有着直接的、举足轻重的关系。这就需要企业有目的、有意识地制定安全教育培训的持续改进标准。

8.4.4 企业安全标准与规章制度、OHSMS 等之间的关系

职业健康安全管理体系(OHSMS/Occupation Health Safety Management System)是20世纪80年代后期在国际上兴起的现代安全生产管理模式。我国自2002年1月1日起实施的GB/T 28001—2001《职业健康安全管理体系规范》与OHSAS 18001内容基本一致。OHSMS与ISO 9000和ISO 14000等标准体系一并被称为“后工业化时代的管理方法”。正确把握企业安全标准、企业安全生产规章制度、OHSMS标准体系的各自特点，清晰界定三者之间的区别是十分重要的[286-294]。

(1) 从内涵上看。企业安全标准是从企业安全生产管理的整体出发，进行系统规划、科学划分、协调制定的结果。它强调的是企业安全生产整体功能的最佳发挥。企业安全生产规章制度是企业针对安全生产工作中某些具体问题而制定的管理程序、方法和要求，一般是由单个职能部门制定的。OHSMS族标准要求的文件是围绕职业健康安全所建立的保证体系文件。它强调企业职业健康安全管理的系统性和可追溯性。但是，从对企业安全生产管理的作用来看，它们都属于企业法规，三者又互为补充。

（2）从对象选择上看。企业安全标准的对象，不论是技术标准、管理标准还是工作标准，都被严格限定在与安全生产活动有关的重复性事物和概念之内。企业安全生产规章制度虽然可以对企业所有与安全生产活动有关的事物制定管理办法，但并不要求它们具有重复性。OHSMS 族标准要求的文件只限定于体系中所规定的有关要素，它的三级文件可以是企业标准，也可以是规章制度。

（3）从内容编写上看。企业安全标准，一要与贯彻国家法律法规及国家标准、行业标准、地方标准协调一致；二要运用标准化原理，使标准内容达到简化、统一、优化、协调；三要与企业其他标准协调一致，避免交叉处重复或接口处脱节；四要吸收采用国内外先进的安全科学技术和管理办法，提高安全生产水平。企业安全生产规章制度是为了解决企业安全生产中的某些具体问题而做出的规定或制定的办法。

（4）从规格形式上看。企业安全标准的编写，在内容构成、编写顺序、格式、文体、文字及编排上，都有相应的规范性的统一要求。企业安全生产规章制度的编写则不一样，在内容、形式及格式上都没有统一、严格规定。OHSMS 族标准对文件的编写形式并无强制性要求，只要在企业内部作适当统一即可。目前，我国企业普遍采用的文件形式也不尽统一，它只是个别咨询机构推荐的一种格式。咨询机构推荐的格式不具有权威性，也不是必须遵循的格式。

（5）从可操作性上看。企业安全标准要求做到定量化，具有可操作性，并规定了检查和考核办法。企业安全生产规章制度的条款，定量的规定少，定性的规定多，通常缺少考核办法。OHSMS 族标准则要求“写到的一定要做到，做过的事要留有痕迹”，具有较强的可操作性。

（6）从有效性上看。企业安全标准制定程序规范，内容的科学性强，有严格的审批程序，规定有复审时间，又有评审、确认和改进的要求，有效性较强。企业安全生产规章制度通常是由各职能部门制定，未经过系统考虑，往往不周全，易顾此失彼，常常会按领导的要求或上级的规定进行调整修改，影响其有效性。OHSMS 族标准要求的文件是企业实际运作的依据，每半年要进行一次或追溯性的内审、外审，必须认真执行，其有效性也较强。

（7）关于规章制度转换为标准的问题。企业经过多年的生产运行，形成了大量的安全生产规章制度，其中包含有许多宝贵的经验和切实可行的方法，是制定企业安全标准的基础。从标准构成要素上对安全生产规章制度进行分类，把具有重复性事物特性的有关规章制度作进一步“深加工”，提升为企业安全标准。严格遵循企业安全标准体系对标准化范围的界定，不能把它们的外延无限延伸，切忌把一切规章制度都翻版为“标准”，也不能用“标准”来代替一切。对“待转换为标准”的安全生产规章制度，企业安全标准是它的继承和发展。要吸取其有用的内容，特别是经过实践验证是科学合理的经验、方法；抛弃落后的、过时的内容；补充规章制度中没有而又需要的内容；修改程序混乱、层次不清、语言描述不准确、管理交叉重复、相互矛盾或脱节的内容；完善检查考核环节，尽可能留有痕迹。对“已转化为标准”的安全生产规章制度，要宣布废止并收回，以免误导。对“未转化的”安全生产规章制度，可继续保留并执行，以免使管理处于无约束的失控状态。在“三者”并存的情况下，要充分考虑文件的唯一性，使“三者”在安全生产要素的管理上结合为“一张皮”，而不是“两张皮”或“三张皮”。这样，就为企业安全生产标准化建设的顺利实施奠定了良好基础。

8.5 企业安全生产标准化建设案例

某建筑施工企业为了提升了施工现场安全生产管理水平，使施工生产更有序、安全管理更规范、作业人员更安全，以防止和减少人员伤亡和财产损失，落实和实践科学发展观，决定大力推进本企业安全生产标准化。建立自我约束、持续改进的安全生产长效机制，规范本企业安全生产行为。下面对该建筑施工企业开展安全生产标准化建设活动作简单介绍[65,294-314]。

8.5.1 标准化建设策划

某建筑施工企业实施标准化战略的指导思想(见图8-7)，开展安全生产标准化建设工作(见图8-5)。

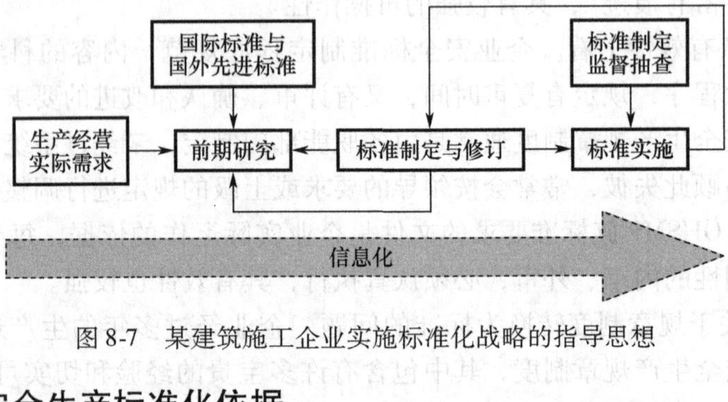

图8-7 某建筑施工企业实施标准化战略的指导思想

8.5.2 安全生产标准化依据

某建筑施工企业开展安全生产标准化建设的法律法规和政策依据主要有：

中华人民共和国安全生产法

中华人民共和国建筑法

中华人民共和国消防法

建设工程安全生产管理条例

安全生产许可证管理条例

国务院关于进一步加强安全生产工作的决定(国发[2004]2号)

建设工程质量管理条例(国务院令第279号)

建筑业安全卫生国际公约(1988年6月1日第75届国际劳工组织大会通过)

关于进一步开展建筑施工安全质量标准化活动的指导意见(建设部,2005年12月22日)

建筑安全生产监督管理规定(建设部令第13号)

实施工程建设强制性标准监督规定(建设部令第81号令)

建筑施工企业安全生产许可证管理规定(建设部令第128号)

建筑施工安全技术规范(修订版)

建筑施工现场管理标准(试行)

JGJ/T 77—2003　施工企业安全生产评价标准

JGJ 59—1999　建筑施工安全检查标准

JGJ/T 146—2004　建筑施工现场环境与卫生标准

工程建设地方标准

8.5.3　安全标准体系及内容

1. 建筑施工安全管理标准化及内容

(1) 建筑施工安全管理标准化。具体包括:

1) 安全生产责任制。

2) 建筑施工安全生产管理基础标准(术语、符号、代码、编码、图、表、账、卡、文件格式等)。

3) 建筑施工安全生产管理通则。

4) 建筑施工安全生产综合管理规程。

5) 建筑施工安全生产技术管理规程。

6) 一般工程项目施工组织设计(施工方案)编制与审查标准。

7) 专项工程项目施工组织设计(施工方案)编制与审查标准。

8) 工程项目施工现场布置标准。

9) 施工临时用房与临时设施建筑标准。

10) 项目开工安全生产条件内审程序与要求标准。

11) 建筑施工安全技术交底标准。

12) 建筑施工现场杜绝“三违”的措施。

13) 建筑施工职业卫生管理规程。

14) 文明施工标准。

15) 工程项目文明施工、安全生产措施费用投入和使用管理规程。

16）专职安全生产管理人员配备标准。
17）持证上岗查验规程。
18）重要施工物资验收、维护、保养标准。
19）分包施工安全管理规程。
20）施工安全监督检查规程。
21）企业安全生产形势评估规程。
22）一般人身伤害及财产损失事件调查处理规定。
23）安全生产奖惩规定。
（2）安全教育培训标准化。具体包括：
1）安全教育培训标准（内容参见本书 8.4.3 节）。
2）安全教育培训专项经费提取、使用管理标准。
（3）建筑施工突发事故应急救援标准化。具体包括：
1）建筑施工突发事故应急救援基础标准（术语、符号、代码、编码等）。
2）建筑施工突发事故报告程序。
3）建筑施工现场重大危险源识别、控制和管理标准。
4）建筑施工突发事故应急救援体系。
5）建筑施工突发事故应急救援支持保障系统。
6）建筑施工突发事故应急救援预案编制要求。
7）建筑施工突发事故应急救援预案审查备案标准。
8）建筑施工突发事故应急救援器材、设备的配备标准。
9）建筑施工突发事故应急救援预案演练规程。
（4）建筑施工安全生产信息管理标准化。具体包括：
1）建筑施工安全生产信息基础标准（术语、符号、代码、编码等）。
2）建筑施工安全生产信息的类型标准。
3）建筑施工安全生产信息的分类标准。
4）建筑施工安全生产信息传递标准。
5）建筑施工安全生产信息计算机辅助管理标准。
6）建筑施工安全生产信息化网络管理标准。
2. 建筑施工现场安全生产标准化及内容
（1）建筑施工作业现场安全标志标准化。具体包括：
1）安全色。
2）安全标志。
3）安全标志装置。
（2）建筑施工现场安全防护标准化。具体包括：
1）“三宝”、“四口”、“临边”安全防护标准。

2）脚手架安全防护标准。
3）工具式脚手架安全防护标准。
4）基槽、坑、沟及大孔径桩、扩底桩施工安全防护标准。
5）高处作业安全防护标准。
（3）建筑施工现场临时用电管理标准化。具体包括：
1）建筑施工现场临时用电原则。
2）建筑施工现场临时用电管理。
3）对外电线路的安全防护和保护接零（接地）及防雷措施的一般要求。
4）建筑施工现场临时配电系统标准。
5）建筑施工现场临时照明系统标准。
6）主要建筑机械和手持电动工具安全用电的一般要求。
（4）建筑施工现场机械设备管理标准化。具体包括：
1）建筑施工现场设备设施安全检查、验收标准。
2）塔式起重机安全管理标准。
3）施工升降机安全管理标准。
4）物料提升机安全管理标准。
5）吊装作业安全技术与管理标准。
6）施工机具安全防护标准。
（5）建筑施工现场场容卫生管理标准化。具体包括：
1）建筑施工现场围挡设施技术与管理标准。
2）建筑施工现场封闭管理标准。
3）建筑施工现场场容场貌标准。
4）建筑施工现场小区服务标准。
5）建筑施工现场卫生保健与急救标准。
6）建筑施工现场治安管理标准。
7）施工作业人员现场生活设置保障标准。
（6）建筑施工现场环境保护工作标准化。具体包括：
1）建筑施工现场重大环境影响因素识别和管理标准。
2）建筑施工现场重大环境影响因素控制和管理标准。
3）建筑施工现场防止、控制环境污染技术措施。
（7）建筑施工现场安全生产文明施工数据管理标准化。具体包括：
1）建筑施工安全生产数据基础标准。
2）建筑施工现场安全生产数据保存与管理标准。
（8）建筑施工现场防火要求和管理标准化。具体包括：
1）建筑施工现场防火的一般规定。

2）建筑施工现场重点部位和重点工种的防火要求。
3）特殊施工场所的防火要求。
4）高层建筑施工防火管理要求。
5）建筑施工现场季节防火要求。
6）建筑施工现场火灾扑救。
7）建筑施工现场消防给水标准。
8）工程内部消防给水系统布置要求。
（9）建筑施工现场作业动作标准化。具体包括：
1）建筑施工现场作业过程标准。
2）建筑施工现场操作动作标准。
（10）建筑施工现场作业联络信号标准化。具体包括：
1）指挥信号术语及符号。
2）信号指挥岗位安全责任。
3）手势信号。
4）旗语信号。
5）音响信号。
6）驾驶员使用的声响信号。
7）指挥语言。
8）起重指挥作业的指挥信号。
9）指挥信号运用标准。
（11）建筑施工现场特种作业管理标准化。具体包括：
1）特种设备定义及范围。
2）特种设备安全管理规定。
3）特种设备检测检验标准。
4）施工现场机动车辆安全管理要求。
5）起重机械安全操作要求。

3. 岗位安全操作标准化及内容

（1）安全技术操作规程。具体包括：
1）电工作业安全操作规程。
2）电焊作业安全操作规程。
3）气焊作业安全操作规程。
4）架子工作业安全操作规程。
5）中小型机械操作工安全操作规程。
6）高处作业安全操作规程。
7）场内机动车驾驶员安全操作规程。

8）木工安全操作规程。

9）钢筋工安全操作规程。

10）瓦工安全操作规程。

11）抹灰工安全操作规程。

12）油漆工安全操作规程。

13）混凝土工安全操作规程。

14）管工安全操作规程。

15）防水工安全操作规程。

16）翻斗车驾驶员安全操作规程。

（2）劳动防护用品管理标准化。具体包括：

1）劳动防护用品分类。

2）劳动防护用品发放标准。

3）劳动防护用品采购。

4）劳动防护用品监督管理。

4. 企业安全生产标准化的自评与考核

（1）安全生产检查标准。

（2）事故隐患的整改、处置和复查。

（3）企业安全生产标准化自评与考核。

8.5.4　效果

多年来，该建筑施工企业坚持“以人为本，关爱生命，构建和谐社会”的理念，坚持“安全第一，预防为主”的方针，充分认识到建筑施工安全生产标准化工作是一项基础性、长期性、战略性的工作，稳步推进本企业安全生产标准化和规范化工作；确立了“管理理念人本化、场容场貌秩序化、工作流程程序化、监控手段数字化”的目标，围绕强化施工现场的硬件和软件建设，使本企业安全生产工作取得了明显成效。

开展建筑施工安全生产标准化使该企业进一步完善了安全生产责任制、各项安全生产规章制度和操作规程，使安全生产管理工作有章可循；改善了现场作业条件和农民工生活环境；加大了在安全生产科技创新和安全技术改造方面的投入，积极采用新技术、新设备、新工艺和新材料，实现了本质安全与提高施工人员素质相结合；加强了安全技术培训，特别是对施工生产一线的农民工的教育和培训，提高了他们的职业技能素养；在保证职工安全与健康，减少施工过程伤亡事故方面起到了重要的作用，职工的伤亡事故显著减少，使本企业安全生产状况好转，开始步入了良性发展阶段。

复习思考题

8-1 企业标准化的基本任务与要求是什么？应遵循哪些基本原则？

8-2 试述企业标准化的过程原理与方法。

8-3 AQ/T 9006—2010《企业安全生产标准化基本规范》有哪些特点？

8-4 企业开展安全生产标准化工作的重要意义主要体现在哪些方面？

8-5 何谓企业安全标准体系表？它在企业安全生产工作中能起到什么作用？

8-6 企业安全标准体系表是由哪几个文件组成的？它有哪几种结构类型？

8-7 如何制定企业安全标准体系表？

8-8 企业安全标准体系中的标准之间的“内在联系”和“有机整体”的含义是什么？

8-9 企业安全标准体系的自我评价和社会确认的原则与依据是什么？如何处理内部评价与社会确认的关系？

8-10 试述企业开展安全生产标准化建设的程序（步骤）。

8-11 企业推行安全生产标准化要紧紧抓住的关键性环节是什么？要着力把握好哪几个方面？应注意哪些问题？

8-12 企业安全生产标准化的日常工作有哪些？

8-13 如何制定企业安全生产方针与目标？

8-14 如何制定企业员工安全教育培训管理标准？

8-15 试分析企业安全标准与规章制度、OHSMS 等之间的关系。

附　　录

附录 1　缩略词表

缩略词	中文名称	外文名称
ACEA	环境问题咨询委员会	Advisory Committee on Environmental Aspects
ACOS	安全咨询委员会	Advisory Committee on Safety
AENOR	西班牙标准化和认证协会	Spanish Association for Standardization and Certification
AESC	美国工程标准委员会	American Engineering Standards Committee
AFNOR	法国标准化协会	Association Francaise de Normalisation
AG	特别工作组	Ad hoc study groups
ANEC	欧洲消费者标准化协调协会	European Association for the Co-ordination of Consumer Representation in Standardization
ANSI	美国国家标准协会	American National Standards Institute
AOAC	美国官方分析化学师协会	Association of Official Analytical Chemists
AOCS	美国油料化学师协会	American Oil Chemists Society
API	美国石油协会	American Petroleum Institute
AQAP	专职质量保证程序	Allied Quality Assurance Procedures
ASA	美国标准协会	American Standards Association
ASME	美国机械工程师协会	American Society of Mechanical Engineers
ASTAP	亚太地区电信标准化机构	Asia-Pacific Telecommunity Standardization Program
ASTM	美国试验与材料协会	American Society for Testing and Materials
BEC	英国电气技术委员会	British Electrotechnical Committee
BS	英国标准	Britain Standard
BSI	英国标准协会	Britain Standard Institute
CAB	合格评定委员会	Conformity Assessment Board
CASCO	合格评定委员会	Committee on Conformity Assessment
CBI	英国工业联合会	Confederation of British Industry
CD	委员会草案	Committee Draft
CDV	投票用委员会草案	Committee Draft for Vote

（续）

缩略词	中文名称	外文名称
COPOLCO	消费者政策委员会	Committee on Consumer Policy
CPSC	消费产品安全委员会	Consumer Product Safety Commission
CWA	CEN 研讨会协议	CEN Workshop Agreements
DEVCO	发展中国家事务委员会	Committee on Developing Country Matters
DIN	德国标准协会	Deutsches Institut für Normung
DIS	国际标准草案	Draft International Standard
DKE	德国电工委员会	Deutsche Kommission Elektrotechnik
DNA	德国标准委员会	Deutscher Normenausschuss
DRM	数字版权管理	Digital Rights Management
EA	欧洲认可合作组织	European Cooperation for Accreditation
ECISS	欧洲钢铁标准化委员会	European Commiitee for Iron and Steel Siandardization
EDR	基本差异要求	Essential Differences in Requirements
EN	欧洲标准	European Standards
FAO	联合国粮食和农业组织	Food and Agriculture Organization of the United Nations
FDIS	国际标准最终草案	Final Draft International Standard
F-SPEC	联邦规范	Federal Specifications
F-STD	联邦标准	Federal Standards
GATT	关贸总协定	General Agreement on Tariffs and Trade
GB	中国国家标准	Guo Biao
GPS	产品几何技术规范	Geometrical Product Specification and Verification
GSO	海湾合作委员会标准化组织	The Gulf Cooperation Council Standardization Organization
IA	ISO 协定	ISO Agreement
ICS	国际标准分类法	International Classification for Standards
IEC	国际电工委员会	International Electrotechnical Commission
IEC-APRC	IEC 亚太区域中心	IEC Asia-Pacific Regional Centre
IPR	知识产权	Intellectual Property Rights
IS	国际标准	International Standard
ISA	国际标准化协会	International Federation of the National Standardizing Associations
ISO	国际标准化组织	International Organization for Standardization
ITA	工业技术协议	Industry Technical Agreement
ITU	国际电信联盟	International Telecommunication Union
ITU-TSB	ITU 电信标准化局	The ITU Telecommunication Standardization Bureau

（续）

缩略词	中文名称	外文名称
IWA	国际研讨会协议	International Workshop Agreement
JESC	日本工业品规格统一调查会	Japanese Engineering Standards Committee
JIS	日本工业标准	Japanese Industrial Standards
JISC	日本工业标准调查会	Japanese Industrial Standards Committee
LR	劳氏船级社	Lloyd's Register of Shipping
MIL-SPEC	军用规范	Military specifications
MIL-STD	军用标准	Military Standards
NACCB	英国认证机构国家认可组织	National Accreditation Council for Certification Bodies
NADI	德国工业标准委员会	Normenausschuss der deutschen Industrie
NASA	美国国家航空航天局	National Aeronautics and Space Administration
NATO	北大西洋公约组织	The North Atlantic Treaty Organization
NBS	美国国家标准局	National Bureau of Standards
NEN	荷兰标准协会	Nederlands Normalisatie Instituut
NF	法国国家标准	Norme Francais
NGO	非政府组织	Non-Governmental Organization
NIST	美国国家标准与技术研究院	National Institute of Standards and Technology
INORMPAME	工艺、贸易暨中小企业标准化欧洲办公室	European Office of Crafts, Trades and Small and Medi-um-sized Enterprises for Standardization
NP	新工作项目提案	New Work Item Proposal
NSS	美国国家标准战略	The National Standards Strategy of the United States
NSSF	英国国家标准化战略框架	National Standardization Strategic Framework
OECD	世界经合组织	Organization for Economic Cooperation and Development
OSHA	职业安全与卫生管理局	The Occupational Safety and Health Administration
PAS	可公开提供的规范	Publicly Available Specification
REMCO	标准样品委员会	Committee on Reference Materials
RRB	无线电规则委员会	The Radio Regulations Board
SABS	南非国家标准局	South African Bureau of Standards
SAC	中国国家标准化管理委员会	Standardization Administration of the People's Republic of China
SC	分技术委员会	Subcommittee
SDO	标准制定组织	Standard-setting organizations
SIS	瑞典标准协会	Swedish Standards Institute
SMB	标准化管理局	Standardization Management Board

（续）

缩略词	中文名称	外文名称
SN	挪威标准协会	Standards Norway
SPRING SG	新加坡标准、生产力与创新局	Standards, Productivity and Innovation Board
STS	标准传输规范	Standard Transfer Specification
TAG	技术咨询组	Technical Advisory Groups
TBT	技术性贸易壁垒协定	Agreement on Technical Barriers to Trade
TC	技术委员会	Technical Committee
TMB	技术管理局	Technical Management Board
TR	技术报告	Technical Report
TS	技术规范	Technical Specification
UKAS	英国认可服务组织	United Kingdom Accreditation Service
UNSCC	国家标准联合协调委员会	United Nations Standards Coordinating Committee
USASI	美利坚合众国标准学会	United States of America Standards Institute
USSS	美国标准战略	United States Standards Strategy
VDE	德国电气工程师协会	Verband Deutscher Elektrotechniker
VDI	德国工程师协会	Verein Deutscher Ingenieure
WD	工作(组)草案	Working Draft
WG	工作组	Working Group
WMO	世界气象组织	World Meteorological Organization
WSC	世界标准合作论坛	World Standards Cooperation

注：附录2中记录的国际标准化机构/组织，本表不列入。

附录2　ISO、IEC、ITU 确认的其他国际标准化机构/组织

（资料来源：http://www.wssn.net①）

序号	简称	中 文 名 称	外 文 名 称
国际标准化机构（International Standardizing Bodies）			
1	BIPM	国际计量局	Bureau international des poids et mesures
2	BISFA	国际人造纤维标准化局	International Bureau for the Standardization of Manmade Fibres
3	CCSDS	航天数据系统咨询委员会	Consultative Committee for Space Data Systems
4	CIB	国际建筑物研究和创新理事会	International Council for Research and Innovation in Building and Construction
5	CIF	国际照明委员会	International Commission on Illumination
6	CIMAC	国际内燃机理事会	International Council on Combustion engines
7	CODEX	食品法典委员会	Codex Alimentarius Commission
8	CORESTA	烟草制品社会调查合作中心	Cooperation Centre for Scientific Research Relative to Tobacco
9	FDI	世界牙科联合会	International Dental Federation
10	FIATA	货物运输协会国际联合会	International Federation of Freight Forwarders Associations
11	FIB	建筑混凝土国际联合会	International Federation for Structural Concrete
12	FSC	林业工作理事会	Forest Stewardship Council
13	IAEA	国际原子能机构	International Atomic Energy Agency
14	IATA	国际航空运输协会	International Air Transport Association
15	ICAO	国际民用航空组织	International Civil Aviation Organization
16	ICC	国际谷类加工食品科学技术协会	International Association for Cereal Science and Technology
17	ICCROM	国际文化财产保护与修复研究中心	International Centre for the Study of the Preservation and Restoration of Cultural Property
18	ICDO	国际民防组织	International Civil Defence Organisation
19	ICID	国际排灌委员会	International Commission on Irrigation and Drainage
20	ICRP	国际辐射防护委员会	International Commission on Radiological Protection
21	ICRU	国际辐射单位和测量委员会	International Commission on Radiation Units and Measurements

（续）

序号	简称	中文名称	外文名称
国际标准化机构（International Standardizing Bodies）			
22	ICUMSA	糖分析方法国际委员会	International Commission for Uniform Methods of Sugars
23	IDF	国际制酪业联合会	International Dairy Federation
24	IETF	互联网工程特别工作组	Internet Engineering Task Force
25	IFLA	国际图书馆协会与学会联合会	International Federation of Library Associations and Institutions
26	IFOAM	国际有机农业联盟	International Federation of Organic Agriculture Movement
27	IGU	国际天然气联合会	International Gas Union
28	IIR	国际制冷学会	International Institute of Refrigeration
29	IIW	国际焊接协会	International Institute of Welding
30	ILO	国际劳工组织	International Labour Office
31	IMO	国际海事组织	International Maritime Organization
32	IOC	国际橄榄油理事会	International Oil Council
33	ISTA	国际种子测试协会	International Seed Testing Association
34	IULTCS	皮革加工与药剂师协会国际联盟	International Union of Leather Technologists and Chemists Societies
35	IUPAC	国际理论和应用化学联合会	International Union of Pure and Applied Chemistry
36	IWTO	国际毛纺组织	International Wool Textile Organization
37	OIE	国际兽疫防治局	International Office of Epizootics
38	OIML	国际法制计量组织	International Organization of Legal Metrology
39	OIV	国际葡萄与葡萄酒局	International Vine and Wine Office
40	OTIF	国际铁路客运政府间组织	Intergovernmental Organization for International Carriage by Rail
41	RILEM	国际材料与结构研究实验室联盟会	International Union of Testing and Research Laboratories for Materials and Structures
42	UIC	国际铁路联盟	International Union of Railways
43	UN/CEFACT	管理、商业和运输程序及操作简易中心	Centre for the Facilitation of Procedures and Practices for Administration, Commerce and Transport
44	UNESCO	联合国教科文组织	United Nations Educational, Scientific and Cultural Organization
45	UPU	万国邮政联盟	Universal Postal Union
46	WCO	国际海关组织	World Customs Organization

（续）

序号	简称	中文名称	外文名称
国际标准化机构（International Standardizing Bodies）			
47	WHO	世界卫生组织	World Health Organization
48	WIPO	世界知识产权组织	World Intellectual Property Organization
49	WMO	世界气象组织	World Meteorological Organization
区域标准化机构（Regional Standardizing Bodies）			
50	ARSO	非洲区域标准化组织	African Regional Organization for Standardization
51	COPANT	泛美标准委员会	Pan American Standards Commission
52	AIDMO	阿拉伯工业发展和矿业组织	Arab Industrial Development and Mining Organization
53	ACCSQ	东盟标准和质量咨询委员会	ASEAN Consultative Committee for Standards and Quality
54	PASC	太平洋地区标准会议	Pacific Area Standards Congress
55	EASC	标准化、计量和认证欧亚理事会	Euro Asian Council for Standardization, Metrology and Certification
56	CEN	欧洲标准化委员会	Comite Europeen de Normalisation
57	CENELEC	欧洲电工标准化委员会	Comite Europeen de Normalisation Electrotechnique
58	ETSI	欧洲电信标准学会	European Telecommunications Standards Institute
59	UN/ECE	联合国欧洲经济委员会	UN Economic Commission for Europe
60	UNECE-WP7	联合国欧洲经济委员会农业质量标准工作组	UNECE Working Party on Agricultural Quality Standards
其他开展相关活动的国际或区域组织（Other International/Regional Organizations）			
61	IAF	国际认可论坛	International Accreditation Forum, Inc
62	IFAN	国际标准用户联盟（国际标准实践联合会）	International Federation of Standards Users
63	ILAC	国际实验室认可合作组织	International Laboratory Accreditation Cooperation
64	ITC	联合国贸易和发展会议与世界贸易组织国际贸易中心	International Trade Centre UNCTAD/WTO
65	WTO	世界贸易组织	World Trade Organization

① www.wssn.net（世界标准服务网）是国际标准化组织推出的国际性标准信息检索网站。它以连接的方式，将各级各类标准信息网站连接在一起，形成一个统一的标准信息检索系统。

附录3　部分标准网站

网站名称	网站网址
ISO（国际标准化组织）	www. iso. ch
国际电工委员会	www. iec. ch
国际电信联盟	www. itu. ch
世界标准服务网	www. wssn. net
SAC（中国国家标准化管理委员会）	www. sac. gov. cn
中国国家安全生产监督管理总局	www. chinasafety. gov. cn
中国国家标准咨询服务网	www. chinagb. org
中国标准服务网	www. cssn. net. cn
中国标准网	www. zgbzw. com
美国国家标准系统网	www. nssn. org
NIST（美国标准与技术研究院）	www. nist. gov

附录4　中国行业标准代号及发布、制定、出版部门情况一览表

序号	行业名称	标准代号	批准发布部门	组织制定部门	出版单位
1	安全生产	AQ	国家安全生产监督管理总局	国家安全生产监督管理总局	煤炭工业出版社
2	包装	BB	国家发展和改革委员会	中国包装工业总公司	中国标准出版社
3	船舶	CB	国防科学技术工业委员会	中国船舶工业集团公司	船舶标准信息咨询中心
4	测绘	CH	国家测绘局	国家测绘局	中国地图出版社
5	城镇建设	CJ	住房与城乡建设部（建设部）	住房与城乡建设部（建设部）	中国标准出版社
6	新闻出版	CY	国家新闻出版总署	国家新闻出版总署	印刷工业出版社
7	档案	DA	国家档案局	国家档案局	中国标准出版社
8	地震	DB	中国地震局	中国地震局	地震出版社
9	电力	DL	国家发展和改革委员会	中国电力企业联合会	中国电力出版社
10	地质矿产	DZ	国土资源部	国土资源部	中国标准出版社
11	核工业	EJ	国防科学技术工业委员会	中国核工业集团公司	核工业标准化研究所
12	纺织	FZ	国家发展和改革委员会	中国纺织工业协会	中国标准出版社
13	公共安全	GA	公安部	公安部	中国标准出版社
14	供销	GH	中华全国供销合作总社	中华全国供销合作总社	中国标准出版社
15	广播电影电视	GY	国家广播电影电视总局	国家广播电影电视总局	国家广播电影电视总局工程建设标准定额管理中心
16	航空	HB	国防科学技术工业委员会	中国航空工业总公司	中国航空综合技术研究所
17	化工	HG	国家发展和改革委员会	中国石油和化学工业协会	化学工业出版社
18	环境保护	HJ	国家环境保护总局	国家环境保护总局	中国环境科学出版社
19	海关	HS	海关总署	海关总署	中国海关出版社
20	海洋	HY	国家海洋局	国家海洋局	中国标准出版社
21	机械	JB	国家发展和改革委员会	中国机械工业联合会	机械工业出版社
22	建材	JC	国家发展和改革委员会	中国建筑材料工业协会	中国建材工业出版社
23	建筑工业	JG	住房与城乡建设部	住房与城乡建设部	中国标准出版社
24	金融	JR	中国人民银行	中国人民银行	
25	交通	JT	交通部	交通部	人民交通出版社

（续）

序号	行业名称	标准代号	批准发布部门	组织制定部门	出版单位
26	教育	JY	教育部	教育部	语文出版社
27	旅游	LB	国家旅游局	国家旅游局	中国标准出版社
28	劳动和劳动安全	LD	劳动和社会保障部	劳动和社会保障部	中国劳动保障出版社
29	粮食	LS	国家粮食局	国家粮食局	中国标准出版社
30	林业	LY	国家林业局	国家林业局	中国标准出版社
31	民用航空	MH	中国民用航空管理总局	中国民用航空管理总局	中国民航出版社
32	煤炭	MT	国家发展和改革委员会	中国煤炭工业协会	中国标准出版社
33	民政	MZ	民政部	民政部	民政部人事教育司
34	农业	NY	农业部	农业部	中国标准出版社
35	轻工	QB	国家发展和改革委员会	中国轻工业联合会	中国轻工业出版社
36	汽车	QC	国家发展和改革委员会	中国汽车工业协会	中国计划出版社
37	航天	QJ	国防科学技术工业委员会	中国航天工业总公司	中国航天标准化研究所
38	气象	QX	中国气象局	中国气象局	中国标准出版社
39	商业	SB	国家发展和改革委员会	中国商业联合会	中国标准出版社
40	水产	SC	农业部	农业部	中国标准出版社
41	石油化工	SH	国家发展和改革委员会	中国石油和化学工业协会	中国标准出版社
42	电子	SJ	工业与信息化部（信息产业部）	工业与信息化部（信息产业部）	中国电子技术标准化研究所
43	水利	SL	水利部	水利部	中国水利电力出版社
44	出入境检验检疫	SN	国家质量监督检验检疫总局	国家认证认可监督管理委员会	中国标准出版社
45	石油天然气	SY	国家发展和改革委员会	中国石油和化学工业协会	石油工业出版社
46	海洋石油天然气	SY①	国家发展和改革委员会	中国海洋石油总公司	石油工业出版社
47	铁路运输	TB	铁道部	铁道部	中国铁道出版社
48	土地管理	TD	国土资源部	国土资源部	中国标准出版社
49	体育	TY	国家体育总局	国家体育总局	中国标准出版社
50	物资管理	WB	国家发展和改革委员会	中国物流与采购联合会	中国标准出版社
51	文化	WH	文化部	文化部	文化部印刷厂

（续）

序号	行业名称	标准代号	批准发布部门	组织制定部门	出版单位
52	兵工民品	WJ	国防科学技术工业委员会	中国兵器工业集团公司	中国兵器工业标准化研究所
53	外经贸	WM	商务部	商务部	中国标准出版社
54	卫生	WS	卫生部	卫生部	中国标准出版社
55	稀土	XB	国家发展和改革委员会稀土办公室	国家发展和改革委员会稀土办公室	中国标准出版社
56	黑色冶金	YB	国家发展和改革委员会	中国钢铁工业协会	中国标准出版社
57	烟草	YC	国家烟草专卖局	国家烟草专卖局	中国标准出版社
58	通信	YD	工业与信息化部（信息产业部）	工业与信息化部（信息产业部）	人民邮电出版社
59	有色冶金	YS	国家发展和改革委员会	中国有色金属工业协会	中国标准出版社
60	医药	YY	国家食品药品监督管理局	国家食品药品监督管理局	中国标准出版社
61	邮政	YZ	国家邮政局	国家邮政局	人民邮电出版社
62	中医药	ZY	国家中医药管理局	国家中医药管理局	

①：10000 号以上。

附录5　中国省(自治区、直辖市)行政区划代码表

(摘自 GB 2260—2002《行政区划代码》)

名　称	代　码	名　称	代　码
北京市	110000	湖南省	430000
天津市	120000	广东省	440000
河北省	130000	广西壮族自治区	450000
山西省	140000	海南省	460000
内蒙古自治区	150000	重庆市	500000
辽宁省	210000	四川省	510000
吉林省	220000	贵州省	520000
黑龙江省	230000	云南省	530000
上海市	310000	西藏自治区	540000
江苏省	320000	陕西省	610000
浙江省	330000	甘肃省	620000
安徽省	340000	青海省	630000
福建省	350000	宁夏回族自治区	640000
江西省	360000	新疆维吾尔自治区	650000
山东省	370000	台湾省	710000
河南省	410000	香港特别行政区	810000
湖北省	420000	澳门特别行政区	820000

附录6　中国国家标准化规章一览表(部分)

序　号	规 章 名 称	发布或实施日期
1	中华人民共和国标准化法	1988 年 12 月 29 日
2	中华人民共和国标准化法实施条例	1990 年 4 月 6 日
3	中华人民共和国标准化法条文解释	1990 年 7 月 23 日
4	国家标准管理办法	1990 年 8 月 24 日
5	行业标准管理办法	1990 年 8 月 24 日
6	地方标准管理办法	1990 年 9 月 6 日
7	企业标准化管理办法	1990 年 8 月 24 日
8	能源标准化管理办法	1990 年 9 月 6 日
9	国家实物标准管理办法	1980 年 1 月 2 日
10	采用国际标准管理办法	2001 年 11 月 21 日
11	国家标准化指导性技术文件管理规定	1998 年 12 月 24 日
12	关于加强强制性标准管理的若干规定	2002 年 3 月 7 日
13	采用快速程序制定国家标准的管理规定	1998 年 1 月 8 日
14	关于规范使用国家标准和行业标准代号的通知	1999 年 8 月 24 日
15	机电新产品标准化审查管理办法	1981 年 3 月 14 日
16	技术引进和设备进口标准化审查管理办法	1984 年 12 月 15 日
17	信息分类编码标准化管理办法	1988 年 5 月 7 日
18	标准档案管理办法	1991 年 10 月 28 日
19	关于进一步加强行业标准备案工作的通知	1996 年 9 月 4 日
20	标准化科技成果奖励办法	1990 年 5 月 9 日
21	标准情报工作管理办法	1991 年 3 月 12 日
22	标准出版发行管理办法	1991 年 11 月 7 日
23	国家标准英文版翻译出版工作管理暂行办法	1998 年 4 月 22 日
24	国家标准英文版翻译指南	2000 年 2 月 12 日
25	产品质量监督试行办法	1992 年 1 月 3 日
26	产品质量认证委员会管理办法	1992 年 1 月 30 日
27	全国专业标准化技术委员会章程	1990 年 8 月 24 日

附录7 制定(修订)标准常用的基础标准目录

序号	标 准 号	标 准 名 称
		(1) 标准化工作导则、指南和标准制定(修订)
1	GB/T 1.1—2009	标准化工作导则 第1部分：标准的结构和编写
2	GB/T 1.2—□□□□[①]	标准化工作导则 第2部分：标准制定程序
3	GB/T 20000.1—2002	标准化工作指南 第1部分：标准化和相关活动的通用词汇
4	GB/T 20000.2—2009	标准化工作指南 第2部分：采用国际标准
5	GB/T 20000.3—2003	标准化工作指南 第3部分：引用文件
6	GB/T 20000.4—2003	标准化工作指南 第4部分：标准中涉及安全的内容
7	GB/T 20000.5—2004	标准化工作指南 第5部分：产品标准中涉及环境的内容
8	GB/T 20000.6—2006	标准化工作指南 第6部分：标准化良好行为规范
9	GB/T 20000.7—2006	标准化工作指南 第7部分：管理体系标准的论证和制定
10	GB/T 20001.1—2001	标准编写规则 第1部分：术语
11	GB/T 20001.2—2001	标准编写规则 第2部分：符号
12	GB/T 20001.3—2001	标准编写规则 第3部分：信息分类编码
13	GB/T 20001.4—2001	标准编写规则 第4部分：化学分析方法
14	GB/T 20002.1—2008	标准中特定内容的起草 第1部分：儿童安全
15	GB/T 20002.2—2008	标准中特定内容的起草 第2部分：老年人和残疾人的需求
16	GB/T 10112—1999[②]	术语工作 原则与方法
17	GB/T 27000—2006	合格评定 词汇和通用原则
		(2) 技术文件编制与技术制图
18	GB/T 14691[②]	技术产品文件 字体
19	GB/T 16901.1—2008	技术文件用图形符号表示规则 第1部分：基本规则
20	GB/T 5094[②]	工业系统、装置与设备以及工业产品 结构原则与参照代号
21	IEC 61355	设施、系统和设备的文件分类和名称
22	GB/T 321—2005	优先数和优先数系
23	GB/T 19763—2005	优先数和优先数系的应用指南
24	GB/T 19764—2005	优先数和优先数化整值系列的选用指南
25	GB/T 2822—2005	标准尺寸

（续）

序号	标 准 号	标 准 名 称
		（2）技术文件编制与技术制图
26	IEC 指南 103	配合尺寸的指南（Guide on dimensional coordination）
27	GB/T 4457. 2—2003	技术制图　图样画法　指引线和基准线的基本规定
28	GB/T 14689—2008	技术制图　图纸幅面和格式
29	GB/T 14690—1993	技术制图　比例
30	GB/T 17450—1998	技术制图　图线
31	GB/T 17451—1998	技术制图　图样画法　视图
32	GB/T 17452—1998	技术制图　图样画法　剖视图和断面图
33	GB/T 17453—2005	技术制图　图样画法　剖面区域的表示法
34	GB/T 18686—2002	技术制图　CAD 系统用图线的表示
35	ISO 128[②]	技术制图　一般表示原则
36	ISO 129[②]	技术制图　尺寸和公差的表示方法
37	GB/T 4457. 4—2002	机械制图　图样画法　图线
38	GB/T 4458[②]	机械制图
39	GB/T 6988[②]	电气技术用文件的编制
40	GB/T 4728[②]	电气简图用图形符号
41	GB/T 5465. 2—2008	电气设备用图形符号　第 2 部分：图形符号
42	GB/T 15565[②]	图形符号　术语
43	GB/T 16900—2008	图形符号表示规则　总则
44	GB/T 16902. 1—2004	图形符号表示规则　设备用图形符号　第 1 部分：原形符号
45	GB/T 16901. 2—2000	图形符号表示规则　产品技术文件用图形符号　第 2 部分：图形符号
46	GB/T 16273[②]	设备用图形符号
47	ISO 7000	设备用图形符号索引和一览表
48	GB/T 16902. 2—2008	设备用图形符号表示规则　第 2 部分：箭头的形式和使用
49	GB/T 10001[②]	标志用公共信息图形符号
50	GB/T 16903. 1—2008	标志用图形符号表示规则　第 1 部分：公共信息图形符号的设计原则
51	GB/T 16903. 2—2008	标志用图形符号表示规则　第 2 部分：测试程序
52	GB/T 20063[②]	简图用图形符号
53	ISO 14617[②]	简图用图形符号
54	GB 3100—1993	国际单位制及其应用
55	CB 3101—1993	有关量、单位和符号的一般原则
56	GB 3102[②]	量和单位

（续）

序号	标 准 号	标 准 名 称
		(2) 技术文件编制与技术制图
57	GB/T 14559—1993	变化量的符号和单位
58	GB/T 15834—1995	标点符号用法
59	GB/T 15835—1995	出版物上数字用法的规定
60	GB/T 2659—2000	世界各国和地区名称代码
61	GB/T 4880②	语种名称代码
62	GB/T 7714—2005	文后参考文献著录规则
63	GB/T 16499—2008	安全出版物的编写及基础安全出版物和多专业共用安全出版物的应用导则
		(3) 统计方法
64	GB/T 3358②	统计学术语
65	GB/T 2828②	计数抽样检验程序
66	GB/T 6378②	计量抽样检验程序
67	GB/T 6379②	测量方法与结果的准确度（正确度与精密度）
68	GB/T 2829—2002	周期检验计数抽样程序及表（适用于对过程稳定性的检验）
69	GB/T 13262—2008	不合格品百分数的计数标准型一次抽样检验程序及抽样表
70	GB/T 13264—2008	不合格品百分数的小批计数抽样检验程序及抽样表
71	GB/T 13393—2008	验收抽样检验导则
		(4) 环境状况及其试验
72	ISO 554	条件和（或）测试的标准大气　规范
73	ISO 558	条件和测试　标准大气　定义
74	ISO 3205	优先试验温度
75	ISO 4677-1	条件和测试的大气　相对湿度的确定　第 1 部分：通风干湿表法
76	ISO 4677-2	条件和测试的大气　相对湿度的确定　第 2 部分：涡流干湿表法
77	IEC 指南 106	规定设备性能等级环境条件的指南
78	GB/T 24040—2008	环境管理　生命周期评价　原则与框架
79	GB/T 24044—2008	环境管理　生命周期评价　要求与指南
		(5) 质量管理和符合性
80	GB/T 19000—2008	质量管理体系　基础和术语
81	GB/T 19001—2008	质量管理体系　要求
82	GB/T 19004—2000	质量管理体系　业绩改进指南
83	GB/T 27050. 1—2006	合格评定　供方的符合性声明　第 1 部分：通用要求
84	GB/T 27050. 2—2006	合格评定　供方的符合性声明　第 2 部分：支持性文件
85	ISO/IEC 指南 23	第三方认证体系标示符合标准的方法

（续）

序号	标准号	标准名称
		（6）企业标准化
86	GB/T 15496—2003	企业标准体系　要求
87	GB/T 15497—2003	企业标准体系　技术标准体系
88	GB/T 15498—2003	企业标准体系　管理标准和工作标准体系

① 正在制定中。

② 包括所有部分。

参考文献

[1] 钱学森. 标准化和标准学研究[J]. 标准化通讯，1979(3)：12-13.

[2] 国家技术监督局. GB 13745—1992 学科分类与代码[S]. 北京：中国标准出版社，1992.

[3] 国家质量监督检验检疫总局，中国国家标准化管理委员会. GB 13745—2009 学科分类与代码[M]. 北京：中国标准出版社，2009.

[4] 王新泉. 安全标准化的概念及其特征[J]. 工业安全卫生，2010(4)：60-70.

[5] Gaillard John. Industrial standardization：its principles and application[M]. New York：H. W. Wilson Company，1934.

[6] T R B Sanders. 标准化的目的与原理[M]. 中国科学技术情报所，译. 北京：科学技术文献出版社，1974.

[7] IEC/ISO Directives Part 2：2004 Rules for the structure and drafting of International Standards[M].

[8] SAC 定义 GB 3935—1983 标准化基本术语[M]. 北京：中国标准出版社，1983.

[9] GB/T 20000. 1—2002 标准化工作指南 第 1 部分：标准化和相关活动的通用词汇[S]. 北京：中国标准出版社，2002.

[10] Lalc. Verman. 标准化是一门新学科[M]. 中国科学技术情报所，译. 北京：科学技术文献出版社，1980.

[11] 松浦四郎. 工业标准化原理[M]. 韩国凤，薄国华，译. 北京：中国标准出版社，1981.

[12] B. B. Ткаченко. 标准化的方法与实践[M]. 何振华，陈志田，宣湘，译. 北京：中国标准化协会出版，1981.

[13] 古川光，田中宏，藤田董，等. 经营工程学丛书(12)标准化[M]. 李自卫，周学敏，译. 北京：中国标准出版社，1984.

[14] J C 库蒂埃. 标准化理论的若干问题[M]. 国家标准总局标准化综合研究所，译. 北京：国家标准总局标准化综合研究所出版，1980.

[15] 李春田. 标准化概论[M]. 北京：人民大学出版社，2005.

[16] 邓力群. 当代中国的标准化[M]. 北京：中国社会科学出版社，1986.

[17] 王征. 标准化基础概论[M]. 北京：技术标准出版社，1981.

[18] 叶柏林. 标准化经济效果基础[M]. 北京：中国标准出版社，1984.

[19] 郎志正. 标准化工程学[M]. 北京：中国标准出版社，1991.

[20] 郎志正. 现代管理与标准化[M]. 北京：中国标准出版社，1988.

[21] 张锡纯. 标准化系统工程[M]. 北京：北京航空航天大学出版社，1992.

[22] 洪生伟. 标准化管理[M]. 4 版. 北京：中国计量出版社，2003.

[23] 沈同，邢造宇. 标准化理论与实践[M]. 北京：中国计量出版社，2007.

[24] 李春田. 标准化是一项科学活动[M]. 北京：中国计量出版社，2002.

[25] 陈渭，赵祖明. 标准化战略与实施[M]. 北京：中国标准出版社，2004.
[26] 裴光，徐文虎. 中国保险业标准化理论研究[M]. 北京：中国财政经济出版社，2008.
[27] 须浩风. 当代中国的标准化 [M]. 北京：中国社会科学出版社，1986.
[28] 张洪程. 农业标准化原理与方法 [M]. 北京：中国农业出版社，2002.
[29] 张洪程. 农业标准化概论 [M]. 北京：中国农业出版社，2004.
[30] 中华人民共和国标准化法[EB/OL]. http：//wenku. baidu. com/view/57691ace05087632311212db. html.
[31] 韩丹丹，洪生伟. 我国强制标准的由来和发展趋势研究[J]. 标准科学，2009(11)：48-52.
[32] 国家质量技术监督局. 国家标准化指导性技术文件管理规定[M]. 1998.
[33] 国家标准局政策研究室. 国外标准化[M]. 北京：中国标准出版社，1988.
[34] 张国华. 国内外标准化发展水平及其差距——2000年中国标准化研究之一[M]. 北京：[s. l.]，1984.
[35] 陈淑梅. 欧洲经济一体化背景下的技术标准化[M]. 南京：东南大学出版社，2005.
[36] 本刊编辑部. 欧盟推出“欧洲2020战略”[J]. 标准科学，2010(5).
[37] 国家技术监督局. 国家标准管理办法[EB]. 1990-8-24. http：//www. cnsis. info/E-C/pdf/10. pdf.
[38] 国家质量技术监督局. 关于规范使用国家标准和行业标准代号的通知(标发[1999]193号文件). 1990-8-24. [EB]. http：//law. lawtime. cn/d657312662406. html/pos =2.
[39] 国家技术监督局. 行业标准管理办法[EB]. 1990-8-24. http：//www. cnsis. info/BY2/pdf/012. pdf.
[40] 国家技术监督局. 关于进一步加强行业标准备案管理工作的通知[EB]. 1996-9-4. http：//www. cqn. com. cn/news/zjpd/zcfg/77062. html.
[41] 国家技术监督局. 关于发布《地方标准管理办法》的命令[EB]. 1990-9-6. http：//wenku. baidu. com/view/b4757e80d4d8d15abe234e72. html.
[42] 国家质量监督检验检疫总局. GB 2260—2002 中华人民共和国行政区划代码[S]. 北京：中国标准出版社，2002.
[43] 国家技术监督局. 企业标准化管理办法[EB/OL]. http：//wenku. baidu. com/view/51aff822bcd126fff7050b25. html.
[44] 中华人民共和国国家质量监督检验检疫总局，中国国家标准化管理委员会. GB/T 13017—2008 企业标准体系表编制指南[S]. 北京：中国标准出版社，2009.
[45] 王新泉. 中国大陆安全生产标准化体系框架结构[J]. 工业安全卫生，2010(7)：65-61.
[46] 中国标准化研究院. 标准化若干重大理论问题研究[M]. 北京：中国标准出版社，2007.
[47] 王平，王益谊，John Hill. 中国的标准化战略——成就与挑战[J]. 标准科学，2010(5).
[48] 中国标准化研究院. 2006 中国标准化发展研究报告[M]. 北京：中国标准出版社，2006.
[49] 中国标准化研究院. 2007 中国标准化发展研究报告[M]. 北京：中国标准出版社，2007.

[50] 中国标准化研究院. 2008 中国标准化发展研究报告[M]. 北京：中国标准出版社，2009.
[51] 中国标准化研究院. 2008 国际标准化发展研究报告[M]. 北京：中国标准出版社，2009.
[52] 窦以松. 俄罗斯联邦标准化[M]. 北京：中国水利水电出版社，2006.
[53] 刘春青. 俄罗斯标准化改革历程引发的思考[J]. 标准科学，2009(10)：8-13.
[54] 陈淑梅. 以规矩成方圆——欧盟技术标准化制度[M]. 南昌：江西高校出版社，2006.
[55] 刘彬彬，杜佳，张向荣. 标准竞争情报——高新技术企业标准战略制胜的利器[J]. 标准科学，2009(1)：53-60.
[56] 王益谊. 通过国家标准达到传播创新的作用[J]. 标准生活，2009(7)：14-15.
[57] 朱翔华. 国际标准中的知识产权政策及对我国的启示[J]. 标准科学，2009(2)：67-71.
[58] 张平，马骁. 标准化与知识产权战略[M]. 北京：知识产权出版社，2005.
[59] 武长海，论知识产权滥用的法律规制[D]. 北京：对外经济贸易大学，2007.
[60] 牛晓培. 技术标准中的知识产权垄断和反垄断问题[J]. 标准科学，2009(1)：47-53.
[61] 朱翔华，侯贵龙，杜小燕. 发达国家标准与知识产权战略及其对我国的启示[J]. 标准科学，2009(4)：47-50.
[62] 顾孟洁. 标准化——一门跨世纪的综合性边缘学科[J]. 中国标准化，1998(10).
[63] 夏爱民. 关于“标准科学”的再思考[J]. 标准科学，2010(3)：42-47.
[64] 姚宝伟，杨觅玫，洪生伟. 标准学是文献学与标准化学的交叉学科[J]. 标准科学，2010(2).
[65] 王新泉. 建筑概论[M]. 北京：机械工业出版社，2008.
[66] 范文澜. 中国通史简编[M]. 北京：人民出版社，1965.
[67] 李约瑟. 中国科学技术史：第1卷[M]. 北京：科学出版社，1975.
[68] 吴国盛. 科学的历程[M]. 北京：北京大学出版社，2002.
[69] 李孟思，宋子良. 科学技术史[M]. 武汉：华中理工大学出版社，2000.
[70] 赵全仁，黄儒虎. 标准化发展史[M]. 北京：中国标准出版社，1993.
[71] 赵全仁. 标准化科学研究导论——中国标准化科学研究史 [M]. 北京：中国标准出版社，1996.
[72] 张云奚，杨斌，程天柱，等. 标准化世界漫游——科普文选[M]. 北京：北京大学出版社，1989.
[73] 顾孟洁. 憧憬与探索——标准化科普与学术文集[M]. 北京：中国标准出版社，1999.
[74] 顾梦洁. 栉风沐雨六十春：上[J]. 标准生活，2009(9)：10-14.
[75] 顾梦洁. 栉风沐雨六十春：下[J]. 标准生活，2009(10)：26-31.
[76] 王平. 中国标准化六十年回顾[J]. 标准生活，2009(10)：22-24.
[77] 王保国，王新泉，刘淑艳，等. 安全人机工程学[M]. 北京：机械工业出版社，2007.
[78] 隋鹏程，陈宝智，隋旭. 安全原理[M]. 北京：化学工业出版社，2005.
[79] 陈宝智. 安全原理[M]. 2版. 北京：冶金工业出版社，2002.
[80] 隋鹏程，陈宝智. 安全原理与事故预测[M]. 北京：冶金工业出版社，1988.
[81] 陈宝智. 系统安全评价与预测[M]. 北京：冶金工业出版社，2005.

[82] 国家安全生产监督管理局. 安全评价[M]. 北京：煤炭工业出版社，2002.
[83] 徐志胜. 安全系统工程[M]. 北京：机械工业出版社，2008.
[84] 国家安全生产监督管理总局. AQ/T 9006—2010 企业安全生产标准化基本规范[EB/OL]. http：//www. chinasafety. gov. cn/newpage/Contents/Channel _4141/2010/0419/91241/content _91241. htm.
[85] 孙华山. 国家安全生产监督管理总局副局长孙华山就《企业安全生产标准化基本规范》发布实施答记者问[EB/OL]. http：//www. chinasafety. gov. cn/newpage/Contents/Channel _20132/2010/0419/91186/content _91186. htm.
[86] 煤炭工业部. 关于在全国煤炭企业全面、深入、持久地开展"质量标准化、安全创水平"活动的决定(煤炭工业部[88]煤生字第1号). 煤矿安全工作指南. 北京：煤炭工业出版社，1988.
[87] 陈正信. 不断深化矿井质量标准化，为实现煤矿管理现代化而努力[J]. 河北煤炭，1988(3).
[88] 邢铁寰. 煤矿质量标准化的探索[J]. 内蒙古煤炭经济，1990(4)：26-29.
[89] 薛忠臻. 坚持大搞质量标准化促进矿井安全生产[J]. 煤矿安全，1993(11)：39-41.
[90] 杨增夫. 安全质量标准化与煤矿安全监察的关系[J]. 煤炭企业管理，2003(12)：31-32.
[91] 王峰. 以点带面轮番推动煤矿安全质量标准化[J]. 煤炭企业管理，2003(11)：31-33.
[92] 杜平. 实现安全质量标准化促进安全生产稳定好转——黑龙江省七台河市地方煤矿安全质量标准化建设纪实[J]. 煤炭企业管理，2003(11)：63-64.
[93] 官家祥，陈捷添. 开展运输提升专项整治探讨安全质量标准化[C]//中国职业安全健康协会首届(会暨职业安全健康论坛论文集). 北京：中国职业安全健康协会，2004.
[94] 雷转林. 对以创新精神抓好安全质量标准化的思考[J]. 甘肃科技，2004(03)：33-35.
[95] 漆旺生，李桦. 浅析煤矿安全质量标准化管理体系的构建[J]. 华北科技学院学报，2004(03)：2-4.
[96] 王宜刚，缪广甫，刘宝明. 谈提高矿井安全质量标准化达标水平[J]. 能源技术与管理，2004(03)：23-24.
[97] 崔金涛. 当前煤矿安全质量标准化工作应着力解决好的几个问题[J]. 煤矿安全，2004(10)：33-34.
[98] 编辑部. 推广国有煤矿安全质量标准化——4个企业的经验简介[J]. 劳动保护，2004(10)：89-90.
[99] 刘元照. 建设质量标准化矿井促进煤矿生产长治久安[J]. 煤炭企业管理，2005(01)：70-71.
[100] 许兆贵，姚焕全，李自然，等. 浅谈安全质量标准化长效机制的建立[J]. 江西煤炭科技，2005(01)：86-87.
[101] 王凯. 如何搞好煤矿安全质量标准化[J]. 煤炭企业管理，2005(02)：37.
[102] 宋桂江，秦保新，刘鑫，等. 浅谈安全质量标准化工作在港口管理中的应用[J]，矿山机械，2005(03)：125-127.
[103] 王润平，李江. 如何理解煤矿安全质量标准化[J]. 煤矿安全，2005(03)：54-56.
[104] 郑学强，霍秉贵. 试论煤矿物流企业如何搞好安全质量标准化工作[C]//第十四届海峡

两岸及香港、澳门地区职业安全健康学术研讨会暨中国职业安全健康协会 2006 年学术年会论文集. 北京：中国职业安全健康协会，2006.

[105] 胡新根，黄美娟，聂志刚. 坪湖煤业开展安全质量标准化工作的几点体会[C]//江西省煤炭工业协会、江西省煤炭学会 2006 年学术年会学术论文集. 2006.

[106] 国家煤矿安全监察局、中国煤炭工业协会. 关于召开煤矿安全质量标准化现场会的通知(煤安监办字[2003]86 号，2003 年 9 月 24 日)[EB/OL]. http：//law.148365.com/39604.html.

[107] 湖北省安全生产监督管理局. 关于转发国家煤矿安全监察局、中国煤炭工业协会《关于在全国煤矿深入开展安全质量标准化活动的指导意见》的通知(鄂安监管煤[2004]45 号，2004 年 3 月 4 日)[EB/OL]. http：//www.hubeisafety.gov.cn/content/content_a.asp?id=224.

[108] 赵铁锤. 认真开展煤矿安全质量标准化活动[J]. 中国煤炭，2003(12)：6-9.

[109] 赵铁锤. 以创新精神抓好安全质量标准化工作[J]. 煤炭企业管理，2003(12)：14-18.

[110] 瞿剑. 安全生产标准面临全面清盘[J/OL]. [2004-2-17]. www.stdaily.com/gb/policy/2004-02/17/cont.

[111] 国家安全生产监督管理总局. 劳动部有关安全行业标准目录(一). [EB/OL]. http：//www.chinasafety.gov.cn/newpage/Contents/Channel_4143/2003/1227/13811/content_13811.htm.

[112] 国家安全生产监督管理总局. 国标中有关安全标准目录(一)[EB/OL]. http：//www.chinasafety.gov.cn/newpage/Contents/Channel_4142/2003/1227/13720/content_13720.htm.

[113] 国家安全生产监督管理总局. 关于发布《煤矿许用炸药井下可燃气安全度试验方法和判定规划》等二项行业标准的通知[EB/OL]. http：//www.chinasafety.gov.cn/newpage/Contents/Channel_4112/2003/1225/13377/content_13377.htm.

[114] 国家安全生产监督管理总局. 关于颁布《煤矿用爆破器材管理规定》和《煤矿井下爆破作业安全规程》的通知[EB/OL]. http：//www.chinasafety.gov.cn/newpage/Contents/Channel_4112/2003/1225/13380/content_13380.htm.

[115] 国务院. 关于进一步加强安全生产工作的决定(国发[2004]2 号)[EB/OL]. 2004-1-9. http：//www.gov.cn/gongbao/content/2004/content_63137.htm.

[116] 国家安全生产监督管理局，国家煤矿安全监察局. 关于开展安全质量标准化活动的指导意见(安监管政法字[2004]62 号)[EB/OL]. 2004-5-11. http：//china.findlaw.cn/fagui/jj/25/102699.html.

[117] 政策法规司. 安全生产有了自己的标准代号 AQ[EB/OL]. [2004-07-15]. http：//www.chinasafety.gov.cn/newpage/Contents/Channel_4141/2004/0715/13717/content_13717.htm.

[118] 国家安全生产监督管理总局. 国有煤矿安全质量标准化工作座谈会于 24 日在乌鲁木齐召开[EB/OL]. http：//www.chinasafety.gov.cn/meikuangjiancha/2004-08/24/content_28882.htm.

[119] 佚名. 全国非煤矿山及相关行业安全质量标准化现场会在河南郑州举行[J]. 中国

安全科学学报，2004(9)：98.
[120] 国家安全生产监督管理局. 国家安全生产监督管理局、国家煤矿安全监察局令第 14 号[EB/OL]. 2004-1-11. http：//www. chinasafety. gov. cn/2004-11/08/content _ 55765. htm.
[121] 国家安全生产监督管理局. 国家安全生产监督管理局公告(2004 年第 1 号)[EB/OL]. http：//www. chinasafety. gov. cn/newpage/Contents/Channel _ 4143/2005/0105/13809/content _ 13809. htm.
[122] 国家煤矿安全监察局，中国煤炭工业协会. 煤矿安全质量标准化标准及考核评级办法[M]. 北京：煤炭工业出版社，2004.
[123] 国家安全生产监督管理局. 机械制造企业安全质量标准化考核评级办法[EB/OL]. http：//www. chinasafety. gov. cn/files/pjbf. wps.
[124] 国家安全生产监督管理局. 机械制造企业安全质量标准化考核评级标准[EB/OL]. http：//www. chinasafety. gov. cn/files/kpbz. wps.
[125] 国家安全生产监督管理局. 关于印发《机械制造企业安全质量标准化考核评级办法》和《机械制造企业安全质量标准化考核评级标准》(安监管管二字[2005]11 号)的通知[EB/OL]. 2005-1-24. http：//www. chinasafety. gov. cn/zhengwuxinxi/2005-02/22/content _ 76001. htm.
[126] 徐风. 我国亟待完善机械安全标准体系[N]. 中国质量报，2005-11-30(2).
[127] 奚天宝. 特种设备安全监察法规标准体系初成[EB/OL]. http：//news. sina. com. cn/o/2005-11-16/08207451232s. shtml.
[128] 国家质量监督检验检疫总局，国家标准化管理委员会. GB/T 10632—2004 烟花爆竹抽样检查规则[S]. 北京：中国标准出版社，2004.
[129] 韩乐悟. 特种设备安全监察法规标准体系初成[R/OL]. http：//www. jnfzb. gov. cn/show. php? id =839.
[130] http：//www. chinasafety. gov. cn/newpage/Contents/Channel _ 4143/2005/0302/13807/content _ 13807. htm.
[131] http：//www. chinasafety. gov. cn/newpage/Contents/Channel _ 4143/2005/0311/13806/content _ 13806. htm.
[132] http：//www. chinalawedu. com/news/1200/22016/22026/22258/22320/2006/3/pa5898756531223600237050. htm.
[133] http：//www. chinasafety. gov. cn/newpage/Contents/Channel _ 4143/2005/0527/13805/content _ 13805. htm.
[134] http：//www. chinasafety. gov. cn/newpage/Contents/Channel _ 4143/2005/0825/13804/content _ 13804. htm.
[135] http：//www. chinasafety. gov. cn/zhuantipindao/2006-01/04/content _ 151574. htm.
[136] http：//www. chinasafety. gov. cn/2006-11/15/content _ 203621. htm.
[137] 薛剑光. 《金属非金属矿山安全标准化规范》解读[J]. 劳动保护，2007(8).
[138] 侯茜，王云海，程五一，等. 金属非金属矿山安全标准化创建与考评[J]. 金属矿山，2009(8).
[139] http：//www. gov. cn/gzdt/2006-06/27/content _ 321164. htm.

[140] 舒安东. “安标”工作面临问题多多[J]. 中华合作时报·安全时讯，2006(24).
[141] http://www.chinasafety.gov.cn/jishubiaozhun/2006-03/02/content_155101.htm.
[142] http://www.chinasafety.gov.cn/2006-04/27/content_163414.htm.
[143] http://www.chinasafety.gov.cn/2006-07/14/content_178866.htm.
[144] http://www.chinasafety.gov.cn/2006-11/15/content_203621.htm.
[145] http://www.chinasafety.gov.cn/2006-11/15/content_203616.htm.
[146] http://www.chinasafety.gov.cn/2007-01/08/content_214687.htm.
[147] http://www.chinasafety.gov.cn/jishubiaozhun/2007-04/05/content_228265.htm.
[148] http://www.chinasafety.gov.cn/jishubiaozhun/2007-04/05/content_228266.htm.
[149] http://www.chinasafety.gov.cn/2007-06/05/content_243281.htm.
[150] http://www.chinasafety.gov.cn/2007-06/05/content_243282.htm.
[151] 国家安全生产监督管理总局. 国家安全生产监督管理总局公告(2009 年第 21 号)[EB/OL]. http://www.chinasafety.gov.cn/newpage/Contents/Channel_4143/2009/1215/80142/content_80142.htm.
[152] 国家安全生产监督管理总局. 国家安全生产监督管理总局公告(2009 年第 22 号)[EB/OL]. http://www.chinasafety.gov.cn/newpage/Contents/Channel_4143/2009/1215/80141/content_80141.htm.
[153] 国家安全生产监督管理总局政策法规司. 关于征求《2008—2010 年全国安全生产(主要工业领域)标准化发展规划》意见并公示 591 项安全生产标准制修订计划项目的通知[EB/OL]. http://www.chinasafety.gov.cn/newpage/Contents/Channel_4143/2008/0515/13721/content_13721.htm.
[154] 国家安全生产监督管理总局. 国家安全生产监督管理总局公告(2009 年第 21 号)[EB/OL]. http://www.chinasafety.gov.cn/newpage/Contents/Channel_5492/2008/1016/38335/content_38335.htm.
[155] 国家安全生产监督管理总局. 国家安全生产监督管理总局公告(2008 年第 23 号)[EB/OL]. http://www.chinasafety.gov.cn/newpage/Contents/Channel_4143/2008/1120/40857/content_40857.htm.
[156] 国家安全生产监督管理总局. 国家安全生产监督管理总局公告(2008 年第 24 号)[EB/OL]. http://www.chinasafety.gov.cn/newpage/Contents/Channel_4143/2008/1120/40862/content_40862.htm.
[157] 国家安全生产监督管理总局. 关于加强金属非金属矿山安全标准化建设的指导意见(安监总管一〔2009〕80 号)[EB/OL]. http://www.chinasafety.gov.cn/newpage/Contents/Channel_6288/2009/0420/57740/content_57740.htm.
[158] 国家安全生产监督管理总局. 国家安全生产监督管理总局公告(2009 年第 21 号)[EB/OL]. http://www.chinasafety.gov.cn/newpage/Contents/Channel_4143/2009/1215/80142/content_80142.htm.
[159] 国家安全生产监督管理总局. 国家安全生产监督管理总局公告(2009 年第 22 号)[EB/OL]. http://www.chinasafety.gov.cn/newpage/Contents/Channel_4143/2009/1215/80141/content_80141.htm.

[160] 国质检标联[2009]574号，关于公布2009年“中国标准创新贡献奖”获奖项目的通知. [EB/OL]. http://www.sac.gov.cn/templet/default/ShowArticle.jsp?id=5426.
[161] 王新泉. 安全生产·安全标准·和谐社会[J]. 机械工业标准化与质量，2007(10).
[162] 王新泉. 安全标准是实现本质安全的基石[C]//中国职业安全健康协会，中国百名专家论安全. 北京：煤炭工业出版社，2008.
[163] 李晓林. 法律和标准关系浅析[J]. 标准科学，2009(11)：48-52.
[164] 石少华. 论安全标准的法律化[J]. 电器工业，2006(3)：74.
[165] 韩灵丽. 标准法律制度分析[J]. 中国标准化，2003(1).
[166] 薛英. 法规与自愿性标准的关系[J]. 中国标准化，2001(9).
[167] 陆红. 从两项安全标准透视美国技术法规的制定与实施[J]. 标准科学，2009(3)：68-72.
[168] 朱宏亮，张君. 从标准与技术法规的关联区别谈我国技术法规体系的建设[J]. 标准科学，2010(3).
[169] 朱梅，齐兵. 加入WTO后铁路相关技术政策研究(下)——关于技术法规和标准体系的研究[J]. 铁道技术监督，2005(10).
[170] 付尧，施晓琳. 俄罗斯规范性标准文件辨析[J]. 标准科学，2009(5)：91-94.
[171] 梅建. 我国危险化学品安全管理标准体系和国家、行业标准介绍[J]. 化工标准·计量·质量，2004(5)：42-61.
[172] 马立毅. 国际原子能机构安全标准现状[J]. 辐射防护通讯，2006(1)：32-38.
[173] 刘辰. 美国安全标准与认证体系及相关机构[J]. 中国安防，2007(1)：158-160.
[174] 陈开泰，朱春标，黄松杰. 机械安全标准体系及其安全实现[J]. 仪器仪表标准化与计量，2007(6)：17-18.
[175] 李勤，宁燕，隰永才，等. 国内外机械安全标准化发展现状及展望[J].
[176] 陈健，马茂冬，荐黎明. 国内外安全标准现状与发展及其对构建国防工业安全标准体系的启示[J]. 国防技术基础，2007(11)：16-19.
[177] 张兴凯，王立国. 我国非煤矿山安全标准与煤矿安全标准比对分析[J]. 中国安全生产科学技术，2008(2).
[178] 苏宏杰. 我国安全生产标准体系的构建设想[J]. 中国安全生产科学技术，2008(3).
[179] 刘秋实，李翠平，李仲学. 美国矿山安全健康管理与标准体系特征[J]. 中国安全生产科学技术，2008(3).
[180] 王庆，李仲学，李全明，等. 国外非煤矿山安全生产标准研究[J]. 中国安全生产科学技术，2008(3).
[181] 刘秋实，李翠平，李仲学，等. 中美非煤矿山职业健康法律法规标准对比分析[J]. 标准科学，2009(1)：42-47.
[182] 张帮富，刘双跃，李仲学. 德国矿山安全健康管理与标准体系及其特征[J]. 标准科学，2009(2)：71-76.
[183] 李佳洁，李翠平，李仲学. 中国与南非矿山安全标准的对比[J]. 标准科学，2009(5)：33-38.

[184] 袁光明，李翠平，赵怡晴，等. 中美矿山安全监控系统相关标准对比分析及启示[J]. 标准科学，2009(12)：23-27.
[185] 邬燕云. 安全生产标准的走向[J]. 劳动保护，2005(10)：12-13.
[186] 邬燕云. 我国的安全生产标准化工作[J]. 劳动保护，2007(3)：10-11.
[187] 邬燕云. 劳动防护用品知识讲座(7)个体防护装备标准化体系建设[EB/OL]. http://www.80075.com/DangAnGuanLi/20080308/75321-1.shtml.
[188] 张文显. 法理学[M]. 北京：法律出版社，1997.
[189] 赵耀江. 安全法学[M]. 北京：机械工业出版社，2006.
[190] 张付领. 公共安全法学与法律法规概论[M]. 北京：当代中国出版社，2007.
[191] 梁治平. 法律的文化解释[M]. 北京：生活·读书·新知三联书店出版社，1998.
[192] 谢邦宇. 行为法学[M]. 北京：法律出版社，1993.
[193] 刘万金. 浅析标准化与行政执法的关系[J]. 标准科学，2010(8).
[194] 张瑜. 浅谈我国行政执法中的问题及其对策[J]. 高等教育与学术研究，2008(4).
[195] 白桦，洪生伟. 法律和标准实施监督检查的比较分析和研究——法律与标准生命周期过程比较分析研究之三[J]. 标准科学，2010(3)：52-60.
[196] 齐陵，齐格奇，洪生伟. 执法和实施标准的比较分析和研究——法律与标准生命周期过程的比较分析研究之二[J]. 标准科学，2009(7)：17-23.
[197] 白桦，洪生伟. 立法和制定标准的比较分析和研究——法律与标准生命周期过程比较分析研究之一[J]. 标准科学，2009(2)：40-47.
[198] 王季云. 标准化运行机制研究——基于熵和耗散结构理论[J]. 标准科学，2009(6)：4-10.
[199] 黄敬. 技术标准的管理与运行[C]//贵州省科学技术优秀学术论文集(2004)贵阳：贵州省科学技术协会，2004.
[200] 林海燕. 建立标准实施与监督机制的思路和模式[J]. 国防技术基础，2005(9).
[201] 荆光. 论标准实施与监督的功能[J]. 轻工标准与质量，2005(2).
[202] 张吟鹤，张新华. 谈标准实施监督与质量监督[J]. 石油工业技术监督，2004(6).
[203] 毕雅南，关于对标准实施进行监督的思考[J]. 铁道技术监督，1997(6).
[204] 吕品晶. 质量监督与标准实施监督[J]. 石油工业技术监督，1997(2).
[205] 贺明辉. 我国农产品标准化监管体系研究[D]. 湖南农业大学，2004.
[206] 汪晓波. 对标准化审查工作的认识与理解[J]. 机械工业标准化与质量，2003(1).
[207] 张馥生. 核查标准的实施[J]. 计量技术，2008(5).
[208] 陈凤琴. 关于标准化审查报告内容的探讨[J]. 农机化研究，1986(3).
[209] 田梦实. 新产品标准化审查的内容和方法[J]. 企业标准化，1995(4).
[210] 杨耀. 加强工艺规程标准化审查[J]. 中国标准化，1994(12).
[211] 艾昌荣. 如何提高新产品开发标准化审查的质量[J]. 企业标准化，1998(6).
[212] 伍小秦. 加强管理，制定进口产品标准化审查管理办法[J]. 中国标准化，1996(11).
[213] 刘发清. 试论航运标准化审查在市场经济中的作用[J]. 交通标准化，1995(1).
[214] 胡蜀娟. 信息网络技术在企业标准化管理工作中的应用[C]//全国第八届工业工程

与企业信息化学术会议论文集，北京：全国工业工程学会，2004.
[215] 姜秋．我国海洋标准实施监督的现状及对策[J]．海洋开发与管理，2009(3).
[216] 王新泉．标准的制定、实施与监督[J]．河南安全，2009(8).
[217] 狄春丽．论我国的立法审议程序[J]．沧桑，2008(1).
[218] 熊小玲．产品认证法律制度研究[D]．重庆大学，2007.
[219] 中华人民共和国标准化法实施条例[J]．航空标准化与质量，1990(4).
[220] 全国工业过程测量和控制标准化技术委员会．充分发挥中介机构的桥梁作用　开创标准化工作新局面[EB/OL]．http：//www. csres. com/info/19602. html.
[221] 国家标准化管理委员会，国家发展和改革委员会，民政部，等．关于推进服务标准化试点工作的意见　国标委农联[2007]7 号[EB/OL]．http：//www. sdpc. gov. cn/fwyfz/t20070227 _ 118470. htm.
[222] 洪生伟．我国标准化教育点滴回顾[J]．标准生活，2009(9)：15-19.
[223] 洪生伟．标准化专业人才的高等学历教育研讨[J]．机械工业标准化与质量，2005(11).
[224] 洪生伟．高校标准化课程的策划与研究[J]．上海标准化，2009(7).
[225] 洪生伟．论我国标准化人才的专业设置、知识结构和核心课程[J]．中国标准化，2006(10).
[226] 洪生伟．标准化专业教育的发展策划[J]．上海标准化，1999(4).
[227] 国家质量监督检验检验总局，国家标准化管理委员会．GB/T 321—2005　优先数和优先数系[S]．北京：中国标准出版社，2005.
[228] 马克思．《黑格尔法哲学批判》导言，《马克思恩格斯选集》：第 1 卷[M]．北京：人民出版社，1995.
[229] 李春田．重温综合标准化——20 年前综合标准化在我国的精彩实践[J]．标准科学，2009(1)：4-13.
[230] 李春田．系统科学与标准化的交汇点——试论综合标准化的科学价值[J]．标准科学，2009(3)：4-13.
[231] 鲍仲平．《系统科学与标准化的交汇点》对“标准体系”的论述值得商榷[J]．标准科学，2010(4).
[232] 李春田．学术争鸣是学术繁荣的温床——兼论综合标准化与企业标准体系的关系[J]．标准科学，2010(6).
[233] 国家技术监督局．GB/T 12366. 1—1990　综合标准化工作导则　原则与方法[S]．北京：中国标准出版社，1990.
[234] 国家技术监督局．GB/T 12366. 2—1990　综合标准化工作导则　工业产品综合标准化一般要求[S]．北京：中国标准出版社，1990.
[235] 国家技术监督局．GB/T 12366. 3—1990　综合标准化工作导则　农业产品综合标准化一般要求[S]．北京：中国标准出版社，1990.
[236] 国家技术监督局．GB/T 12366. 4—1991　综合标准化工作导则　标准综合体规划编制方法[S]．北京：中国标准出版社，1991.
[237] 国家技术监督局．GB/T 12366. 5—1991　综合标准化工作导则　确定超前指标的

一般要求[S]. 北京：中国标准出版社，1991.

[238] GB/T 1.1—2009 标准化工作导则 第1部分：标准的结构和编写(ISO/IEC Directives, Part 3:1997, NEQ)[1][M]. 北京：中国标准出版社，2009.

[239] GB/T 1.2—2002 标准化工作导则 第2部分：标准中规范性技术要素内容的确定方法(ISO/IEC Directives, Part 2:1992)[S]. 北京：中国标准出版社，2002.

[240] GB/T 20000.1—2002 标准化工作指南 第1部分：标准化和相关活动的通用词汇(ISO/IEC Guide 2:1996, MOD)[S]. 北京：中国标准出版社，2002.

[241] GB/T 20000.2—2009 标准化工作指南 第2部分：采用国际标准的规则(ISO/IEC Guide 21:1999, MOD)[S]. 北京：中国标准出版社，2009.

[242] GB/T 20000.3—2003 标准化工作指南 第3部分：引用文件[S]. 北京：中国标准出版社，2003.

[243] GB/T 20000.4—2003 标准化工作指南 第4部分：标准中涉及安全的内容(ISO/IEC Guide 51:1999, MOD)[S]. 北京：中国标准出版社，2003.

[244] GB/T 20000.5—2004 标准化工作指南 第5部分：产品标准中涉及环境的内容(ISO Guide 64:1997, NEQ)[S]. 北京：中国标准出版社，2004.

[245] GB/T 20000.6—2006 标准化工作指南 第6部分：标准化良好行为规范(ISO/IEC Guide 59:1994, MOD)[S]. 北京：中国标准出版社，2006.

[246] GB/T 20000.7—2006 标准化工作指南 第7部分：管理体系标准的论证和制定(ISO Guide 72:2001, MOD)[S]. 北京：中国标准出版社，2006.

[247] GB/T 10112—1999 术语工作 原则与方法[S]. 北京：中国标准出版社，1999.

[248] 中华人民共和国计量法[EB/OL]. http://wenku.baidu.com/view/131118360b4c2e3f5727630a.html.

[249] GB 3100—1993 国际单位制及其应用[S]. 北京：中国标准出版社，1993.

[250] GB 3101—1993 有关量、单位和符号的一般原则[S]. 北京：中国标准出版社，1993.

[251] GB 3102.1～3102.13—1993 量和单位[S]. 北京：中国标准出版社，1993.

[252] GB/T 15834—1995 标点符号用法[S]. 北京：中国标准出版社，1995.

[253] GB/T 20001.1—2001 标准编写规则 第1部分：术语(ISO 10241:1992, NEQ)[S]. 北京：中国标准出版社，2001.

[254] GB/T 20001.2—2001 标准编写规则 第2部分：符号[S]. 北京：中国标准出版社，2001.

[255] GB/T 20001.3—2001 标准编写规则 第3部分：信息分类编码[S]. 北京：中国标准出版社，2001.

[256] GB/T 20001.4—2001 标准编写规则 第4部分：化学分析方法(ISO 78-2:1999, MOD)[S]. 北京：中国标准出版社，2001.

[257] 白殿一. 标准编写指南——GB/T 1.2—2002 和 GB/T 1.1—2000 的应用[M]. 北

[1] 为对应的国际文件。

京：中国标准出版社，2002.
[258] 逄征虎. GB/T 20000.2—2001《标准化工作指南 第2部分:采用国际标准的规则》实施指南[M]. 北京：中国标准出版社，2002.
[259] 白殿一. 标准的编写[M]. 北京：中国标准出版社，2009.
[260] 李春田. 工业工程(IE)及其应用[M]. 北京：中国标准出版社，1992.
[261] 国家质量技术监督局. GB/T 19000—2000 质量管理体系 基础和术语[EB/OL]. http：//wenku.baidu.com/view/7c5cfdd376eeaead1f330a4.html.
[262] 周三多，陈传明，鲁明鸿. 管理学——原理与方法[M]. 复旦大学出版社，1999.
[263] 弗雷德里克 W 泰罗. 科学管理原理[M]. 胡隆昶，冼子恩，曹丽顺，译. 北京：中国社会科学出版社，1984.
[264] 田水承. 安全管理学[M]. 北京：机械工业出版社，2009.
[265] 西村伸二. 日本的企业标准化[M]. 周学敏，译. 北京：技术标准出版社，1981.
[266] 李毅中. 在全国安全生产标准化技术委员会成立大会上的讲话[EB/OL]. http：//www.chinasafety.gov.cn/zhengwugongkai/2006-06/27/content_174282.htm.
[267] 王新泉. 企业安全生产标准化建设[J]. 河南安全，2009(5).
[268] 梁燕君. 技术、经济与未来标准化发展[J]. 标准生活，2009(2)：76-80.
[269] 编辑部. 标准是提升制造业质量和安全的基础[J]. 标准生活，2009(4)：16-18.
[270] 王棣华，陈翠竹. 企业社会责任与绩效的关系[J]. 标准科学，2010(8).
[271] 薛福连. 企业标准化与质量管理[J]. 交通标准化，2003(2)13-15.
[272] 陈庆今. 新版 RoHS 的要求及对国内企业的影响与对策分析[J]. 标准科学，2009(6)：24-29.
[273] 彭华岗. 企业社会责任标准研究[J]. 标准科学，2009(2)：4-9.
[274] 童有好. 以标准化引领信息化与工业化融合[J]. 标准科学，2009(2)：34-40.
[275] 马俊杰. 企业专业化、标准化、集约化与信息化统筹建设方略[J]. 标准科学，2010(7).
[276] 徐生强，李贤清，顾志军. 关于企业标准化管理改革问题的探讨[J]. 中国标准化，2004(2)：50-52.
[277] 林刚，沃银花. 化工标准与标准化概述[J]. 低温与特气，2004(4)：1-4.
[278] 卢丽丽. 标准化如何促进文化创意产业的发展[J]. 标准科学，2009(3)：18-21.
[279] 杜佳，刘彬彬. 建立实施企业标准体系，全面提升旅游企业核心竞争力[J]. 标准科学，2009(5)：14-18.
[280] 陈学章，马勇. 旅游饭店安全管理标准化初探[J]. 标准科学，2010(7).
[281] 安应民. 关于加快旅游标准化建设的思考[J]. 标准科学，2009(1)：31-35.
[282] 王新泉. 企业安全生产标准体系编制[J]. 河南安全，2009(9).
[283] 王新泉. 企业安全生产标准化建设策划[J]. 河南安全，2009(11).
[284] 张天林，张思敏. 企业标准化难点的原因分析及对策[J]. 标准科学，2009(8)：15-17.
[285] 李毅，赵祖明. 企业标准体系文件是整合企业其他各类管理体系文件的平台[J]. 标准科学，2010(6).

[286] 国家质量监督检验检疫总局. GB/T 15498—2003 企业标准体系 管理标准和工作标准体系[EB]. http://wenku. baidu. com/view/c394657d27284b73f24250b8. html.

[287] 孙恒年. 浅谈职业健康安全管理体系与安全质量标准化整合[J]. 标准科学，2009(11)：86-90.

[288] 马骅，范慎荣. 管道局整合HSE体系管理、构建企业安全文化、实施安全质量标准化的探讨[C]//中国职业安全健康协会2005年学术年会论文集，北京：中国职业安全健康协会，2005.

[289] 编辑部. 解读ISO 14000环境管理系列标准[J]. 标准生活，2009(3)：66-72.

[290] 陈亮，刘玫，黄进. GB/T 24040—2008《环境管理 生命周期评价 原则与框架》国家标准解读[J]. 标准科学，2009(2)：76-81.

[291] 王征. 标准化概念、本质和功能[J]. 中国标准化，1984(4).

[292] 孔宪伦. 军用标准化[M]. 北京：国防工业出版社，2003.

[293] 王建中. 产品标准编写指南[M]. 北京：中国标准出版社，1997.

[294] 王新泉. 企业安全生产标准化建设案例分析[J]. 河南安全，2009(12).

[295] 武明霞. 建筑安全技术与管理[M]. 北京：机械工业出版社，2007.

[296] 陈东佐. 建筑法规概论[M]. 北京：中国建筑工业出版社，2005.

[297] 中华人民共和国安全生产法[M]. 北京：中国法制出版社，2002.

[298] 中华人民共和国建筑法[EB/OL]. http://wenku. baidu. com/view/789c6b86bceb19e8b8f6ba4e. html.

[299] 中华人民共和国消防法[EB/OL]. http://wenku. baidu. com/view/e31e621252d380eb62946d71. html.

[300] 建设工程安全生产管理条例[EB/OL]. http://wenku. baidu. com/view/58a4b52f0066f5335a812179. html.

[301] 安全生产许可证管理条例[EB/OL]. http://wenku. baidu. com/view/d1d92e7302768e9951e738d1. html.

[302] 中华人民共和国建设部. 建筑施工企业安全生产许可证管理规定(建设部令[2004]第128号)[S]. 北京：中国建筑工业出版社，2004.

[303] 国务院关于进一步加强安全生产工作的决定(国发[2004]2号)[EB/OL] http://wenku. baidu. com/view/1c448a4ac850ad02de8041e0. html.

[304] 中华人民共和国建设部. 关于进一步开展建筑施工安全质量标准化活动的指导意见. 2005-12-22. [EB/OL]. http://www. china. com. cn/chinese/PI-c/1079056. htm.

[305] 建设工程质量管理条例(国务院令第279号)[EB/OL]. http://wenku. baidu. com/view/b8a9fe7f5acfa1c7aa00cced. html.

[306] 建筑安全生产监督管理规定(建设部令[1991]第13号)[EB/OL]. http://wenku. baidu. com/view/3a446b335a8102d276a22f27. html.

[307] 实施工程建设强制性标准监督规定(建设部令[2000]第81号令)[EB/OL]. http://wenku. baidu. com/view/a5f628d126fff705cc170ad1. html.

[308] 建设项目(工程)劳动安全卫生监察规定(劳动部令第3号)[EB/OL]. http://wenku. baidu. com/view/acc1cf956bec0975f465e281. html.

[309] 国际劳工局. 建筑业安全卫生国际公约(经1988年6月1日第75届国际劳工组织大会通过)[EB/OL]. http://wenku.baidu.com/view/8d9a3aa20029bd64783e2c4d.html.

[310] 建筑施工安全技术规范[S]. 北京：中国建筑工业出版社，2003.

[311] 中华人民共和国建设部. JGJ/T 77—2003 施工企业安全生产评价标准[S]. 北京：中国建筑工业出版社，2008.

[312] 建设部建筑管理司. 建筑施工安全检查标准实施指南[M]. 北京：中国建筑工业出版社，2001.

[313] 中华人民共和国建设部. JGJ/T 146—2004 建筑施工现场环境与卫生标准[S]. 北京：中国建筑工业出版社，2007.

[314] 建筑施工现场管理标准(试行)[EB/OL]. http://wenku.baidu.com/view/de1b9c4ae45c3b3567ec8b71.html.

信息反馈表

尊敬的老师：

您好！感谢您对机械工业出版社的支持和厚爱！为了进一步提高我社教材的出版质量，更好地为我国高等教育发展服务，欢迎您对我社的教材多提宝贵意见和建议。另外，如果您在教学中选用了《安全生产标准化教程》(王新泉　邬燕云主编)，欢迎您提出修改建议和意见。索取课件的授课教师，请填写下面的信息，发送邮件即可。

一、基本信息

姓名：________性别：________职称：________职务：________________

单位：____

邮编：________地址：____

任教课程：______________电话：______—________(H)__________(O)

电子邮件：___________________________________手机：______________

QQ：______________________

二、您对本书的意见和建议

(欢迎您指出本书的疏误之处)

三、您对我们的其他意见和建议

请与我们联系：

100037　北京百万庄大街 22 号

机械工业出版社·高等教育分社　冷彬　收

Tel：010—8837 9720(O)，6899 4030（Fax）

E-mail：myceladon@ yeah. net

http://www. cmpedu. com(机械工业出版社·教材服务网)

http://www. cmpbook. com(机械工业出版社·门户网)

http://www. golden-book. com(中国科技金书网·机械工业出版社旗下网站)